高等学校智能科学与技术专业系列教材

CNN 可视化解释原理与实例

主编　王晓东　赵　铭　胡钰琪　颜逸凡
参编　郭江坡　张盖群　李孟珏

西安电子科技大学出版社

内 容 简 介

本书系统介绍了CNN(卷积神经网络)可视化解释技术的原理及实现方法。全书共8章，内容围绕科学研究及工程应用需求组织，涉及深度学习的CNN可解释概念与基础、可视化解释实现方法、可视化解释应用等。本书语言简练，案例丰富，重点突出，逻辑性强，便于读者学习与掌握。

本书可以作为普通高等院校人工智能、智能科学与技术、计算机科学与技术、模式识别等专业本科生、研究生的学习材料，也可以为从事深度学习相关领域设计应用和开发工作的研究人员、工程技术人员提供参考。

图书在版编目（CIP）数据

CNN可视化解释原理与实例 / 王晓东等主编. -- 西安 ：西安电子科技大学出版社，2024. 12. --ISBN 978-7-5606-7413-1

Ⅰ. TP311.561

中国国家版本馆CIP数据核字第202416J6P9号

策　　划　刘玉芳
责任编辑　张　玮
出版发行　西安电子科技大学出版社（西安市太白南路2号）
电　　话　(029) 88202421　88201467　　邮　　编　710071
网　　址　www. xduph. com　　电子邮箱　xdupfxb001@163. com
经　　销　新华书店
印刷单位　陕西天意印务有限责任公司
版　　次　2024年12月第1版　2024年12月第1次印刷
开　　本　787毫米×1092毫米　1/16　印张　17
字　　数　402千字
定　　价　45.00元
ISBN 978-7-5606-7413-1
XDUP 7714001-1

前言

成熟的科学技术应该是可解释的。

近些年来，在人工智能机器学习领域广大学者与图形加速软硬件工程技术人员的共同努力下，深度学习异军突起，在自然语言处理、图像识别、语音识别等多个领域取得了巨大成功，显著提高了人工智能水平。然而，由于深度学习是一种通过标注大量数据进行误差反向传播来优化参数的机器学习方法，工作在“端到端”模式下，模型内部机理不透明，解释性较弱，因而被喻为“黑盒”。这一缺陷带来的突出问题是，在诸如自动驾驶、医疗和金融决策等“高风险”领域应用中，采用深度学习进行重大决策，将无法知晓算法所给出结果的依据，因而难以取得人类信任。这种“不可解释”的缺陷大大限制了深度学习的推广应用。鉴于此，深度学习可解释性的理论研究与工程应用近些年来迅速流行起来。在此背景下，本书作者结合自己的研究工作以及国内外文献，面向技术发展前沿，撰写了本书，以期为相关专业学生、学者和工程技术人员提供帮助。

深度学习的可解释问题是一个深奥、庞大的科学问题，必须找到合适的切入点，从而渐次解决整个问题。为此，本书聚焦深度学习中 CNN 分类模型的可视化解释技术。之所以选择 CNN，是因为它是一种模拟人类视觉的深度神经网络模型，非常适合采用人类易于理解的可视化解释方法，并能够获得良好的解释效果。得益于相关学者前期的不懈努力，CNN 可视化解释方法目前发展相对成熟。通俗地讲，CNN 可视化解释可以被视作“结在可解释人工智能(XAI)大树上，枝头最低的苹果”。科学系统地解决 CNN 可视化解释对于深度学习乃至机器学习的可理解都具有极好的启示作用。

本书共 8 章，分为三个部分。

第一部分是绪论与基础。该部分对应第 1、2 章：第 1 章简要介绍了深度学习的发展、可解释性及 CNN 可视化解释；第 2 章介绍了深度学习的基本原理、深度学习的框架、CNN 的关键技术及典型的网络结构等内容。

第二部分是可视化解释实现方法。该部分对应第 3～7 章：第 3 章介绍了模型框架和模型滤波器可视化解释方法；第 4 章介绍了前向传播的可视化解释方法，并按照传播的模型深度，由浅及深地介绍了样本、隐层特征、分类函数三个可视化解释子类；第 5 章介绍了反向传播的可视化解释方法，同样按照传播的模型深度，由深及浅地介绍了类激活图、梯度反向传播、输入反演重绘三个可视化解释子类；第 6 章在梯度可视化解释的基础上，介绍了一些梯度方法的高级变式，包括层级相关性传播、深度泰勒分解、光滑梯度、整流梯度、积分梯度、XRAI、深度学习重要特征、全梯度等方法；第 7 章基于前述方法，对 CAM 从梯度依赖和梯度非依赖两个方面进行了改进方法的介绍。本部分讨论的主要方法，均结合 PyTorch 框架给出了示例代码(详见出版社网站：www. xduph. com)。

第三部分是可视化解释应用。该部分对应第 8 章，从可解释教育领域应用、模型训练分析应用、用户认同及工程辅助应用三个方面对可视化解释的典型应用进行了举例介绍。

本书的内容组织结构如下图所示。

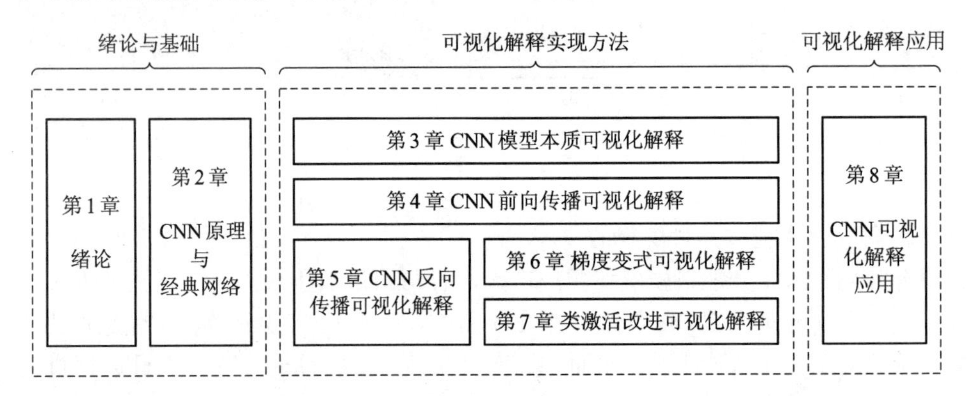

王晓东构建了本书的架构，并编写了第1～6章；胡钰琪编写了第7章的7.1、7.2节；颜逸凡编写了第7章的7.3节；赵铭编写了第8章；郭江坡、张盖群、李孟珏进行了代码调试等辅助工作；颜逸凡、胡钰琪还共同完成了审校工作。

本书获得2023年全国高等院校计算机基础教育研究会计算机基础教育教学研究项目(2023-AFCEC-052)、国家自然科学基金项目(62472437)和福建省自然科学基金项目(2023J01035)、厦门市自然科学基金项目(3502Z20227326)，以及福建省本科高校教育教学研究项目"'数智赋能　虚实融合'——面向新工科应用型人才培养的教育教学数字化探索与实践"支持。

由于作者研究范围和水平有限，书中疏漏之处在所难免，恳请广大读者不吝批评指正。

编　者

2024年5月

目　录

第1章
绪　论

近些年来，深度学习已经在人工智能(Artificial Intelligence)领域取得了有目共睹的成功。然而，深度学习(Deep Learning)作为一种“端到端”的“黑盒”决策模式，其解释性不足的弊端也逐步暴露出来。这一缺陷使得深度学习模型在医疗诊断、自动驾驶、金融决策等高风险、重大问题方面，即使拥有很高的精度，也因缺乏解释，难以被人们所真正信服、接受既而落地应用。此外，随着深度学习的发展步入“深水区”，深度学习可解释性研究在模型算法本身的改进(将人类知识引入进行监督)、人类学习的启迪、推荐系统等方面也愈发重要。在此双重需求的迫切推动下，深度学习可解释性已经成为学者以及工程技术人员广泛关注的热点，且相关研究成果在 *Nature Science*、AAAI、IJCAI 等顶级学术期刊或会议中都时有报道，甚至设有专题栏目讨论，足以体现其重要的理论价值。在深度学习工程应用中，人们也开始针对“黑盒”质疑付诸解释以使技术落地。总体来看，现阶段人们已经达成共识，即：深度学习可解释理论与工具在未来人工智能相关研究与应用中是不可或缺的。

本章从深度学习的发展历程及面临的解释性问题入手，逐步过渡到 CNN 的可视化解释问题，为后续内容的展开做好铺垫。

1.1　深度学习的发展回顾

深度学习属于人工智能机器学习领域的重要分支——人工神经网络。在人工智能的三大主流学派中，人工神经网络属于连接主义学派。连接主义也被业界称为“仿生学派”，它源自对人脑运行机制的研究。人工神经网络试图用计算机模拟人类大脑神经网络，再将研究结果应用到工程实践中。

虽然进入 21 世纪以来，人工神经网络发展方才显得如火如荼，但其实人工神经网络在人工智能研究中并非新鲜事物，很早就被提出了。它几乎经历了人工智能发展的所有低谷与高潮时期。结合人工智能的发展，人工神经网络的成长一般可以划分为神经网络萌芽期、浅层学习浪潮期、深度学习产生期、深度学习爆发期四个阶段(如图 1-1 所示)。

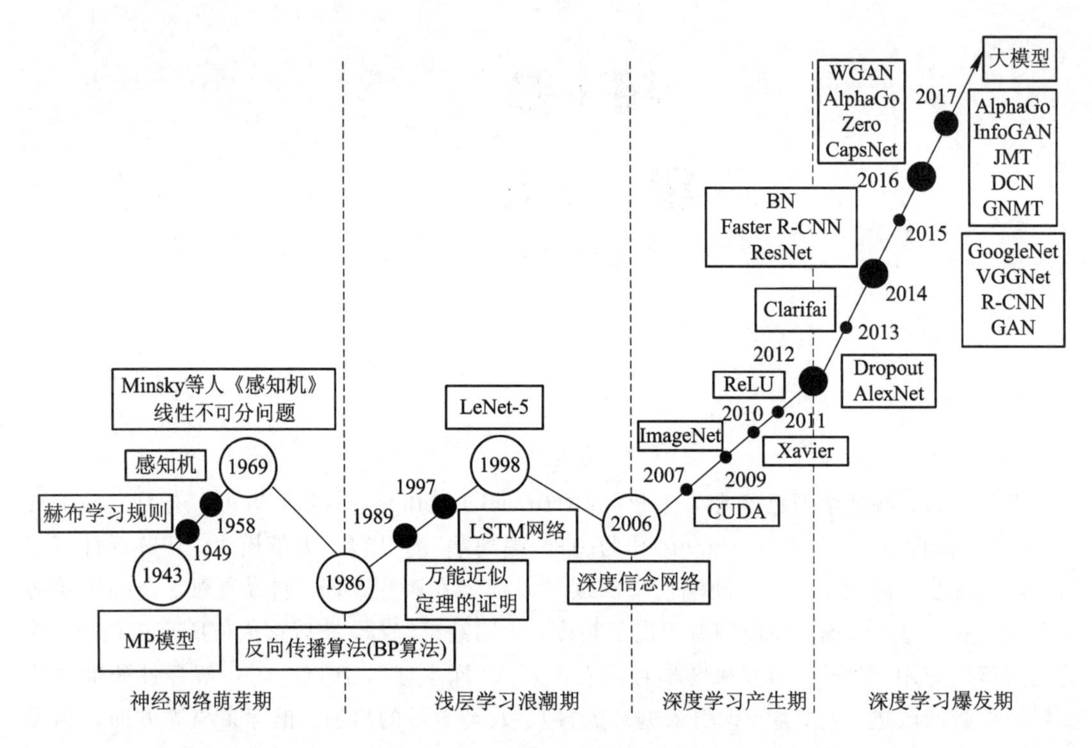

图1-1 人工神经网络发展回顾

1. 神经网络萌芽期

深度学习的研究始于20世纪40年代。

早在1943年，心理学家麦卡洛克(Warren McCulloch)和数学逻辑学家皮兹(Walter Pitts)在其发表的论文《神经活动中内在思想的逻辑演算》中提出了一种被称为McCulloch & Pitts的模型(简称：MP模型)。MP模型模仿人类大脑神经元的结构和工作原理，是一种基于神经网络的数学模型，它本质上是"人类大脑"的仿生系统(详见2.1.1节介绍)。

MP模型虽然简单，但是却很重要，它的提出标志着人工神经网络时代的开启。

在随后的几年中，MP模型相关理论被逐步丰富、完善。1949年，加拿大著名心理学家唐纳德·赫布在《行为的组织》一书中提出了一种基于无监督学习的规则——赫布学习规则(Hebb Rule)。赫布学习规则认为：当两个神经元同时兴奋时，它们之间的突触就得到加强。赫布学习规则是对人类认知世界过程的进一步模仿，它虽然源于理论猜测，但是后经多年的实验检验，确认这条学习规则是普遍存在于神经元之间的。赫布学习规则的重要价值在于，通过它可以建立一种"网络"，该网络可以针对训练集进行大量的学习训练并提取训练集的统计特征，然后按照样本的相似程度进行分类，从而把相互之间联系密切的样本分为一类(这可以说是后续深度学习的基本"游戏"规则)。赫布学习规则与"条件反射"机理一致，为以后的现代意义神经网络学习算法奠定了基础，同样具有里程碑意义。

在萌芽期初期，刚刚被提出的上述神经"网络"是单层的。直至20世纪50年代末，在原有MP模型和赫布学习规则的研究基础上，美国科学家罗森布拉特提出了一种类似于人类学习过程的学习算法——感知机学习算法，并于1958年，基于该研究正式提出了由两层神经元组成的神经网络，称之为感知机(或称感知器)。感知机本质上是一种线性模型，可以对输入的训练集数据进行二分类，且能够在训练集中自动更新权值(这相当于赋予神经网络“学”的能力)。感知机的提出立即引起大量科学家的兴趣，掀起一股热潮。然而，随着研究的深入，感知机的缺陷逐渐暴露出来。1969 年人工智能(AI)之父马文·明斯基(MarvinMinsky)和 LOGO 语言的创始人西蒙·派珀特(Seymour Papert)共同编写了一本名为《感知机》的书籍，在书中他们证明了感知机无法解决线性不可分问题(如：异或问题)。由于这个致命缺陷的存在，在 20 世纪 70 年代，人工神经网络进入了第一个寒冬期。自此，神经网络的研究也随之沉寂了将近 20 年。

值得注意的是，在这一时期末段也出现了一些神经网络相关的其他有意义的探索。1980 年日本科学家福岛邦彦在论文《Neocognitron：一个不受位置变化影响的模式识别机制的自组织神经网络模型》(Neocognitron：a self-organizing neural network model for a mechanism of pattern recognition unaffected by shift in position)中提出了一种名为 Neocognitron 的人工神经网络，该网络采用分层的设计，允许计算机“学习”识别视觉模式，这是第一个使用卷积和下采样的神经网络，为后续的 CNN 的发展构建了雏形。但是由于 Neocognitron 没有使用误差反向传播训练，因此并不能算是现代意义的 CNN(详见 1.3 节介绍)。此外，1982 年著名物理学家约翰·霍普菲尔德提出了 Hopfield 神经网络。Hopfield 神经网络是一种结合存储系统和二元系统的循环神经网络，可以模拟人类的记忆。Hopfield 神经网络根据选取的激活函数的不同可分为连续型和离散型两种类型，分别用于优化计算和联想记忆。但由于 Hopfield 网络存在容易陷入局部最小值的缺陷，因此并未在当时引起很大的轰动。

此外的一些其他工作这里不再一一枚举。

2. 浅层学习浪潮期

人工神经网络的第一个低潮直到 20 世纪 90 年代中期才结束。

1986 年，深度学习之父杰弗里·辛顿(Geoffrey Hinton)和他的团队提出了一种适用于多层感知机的反向传播算法——BP(Back-Propagation 或 Backward Propagation)算法。BP 算法在传统神经网络正向传播的基础上，增加了误差的反向传播过程。反向传播过程能通过不断地调整神经元之间的权值和阈值，直到输出的误差减小到允许的范围之内或达到预先设定的训练次数后才停止训练。BP 算法和多层感知机完美地解决了非线性分类问题，使得人工神经网络再次引起人们广泛的关注。

在辛顿的启发下，他的学生、也是合作者的 Yann LeCun(译名：杨立昆)于 1988 年提出了用于数字识别的网络结构 LeNet，为人们打开了人工神经网络走向实际应用的大门。尤其是伴随着 1989 年万用近似定理(或称通用近似定理)的证明(详见 2.1.1 节介绍)，人工神经网络的理论基础被完全奠定了。

同一时期，还有一位学者约书亚·本吉奥(Yoshua Bengio)也对深度学习的发展作出了突出贡献。为此本吉奥与辛顿、杨立昆被人们合称为“深度学习教父”或“深度学习三巨头”。2018 年，国际计算机协会(ACM)宣布把图灵奖颁发给这三位学者，以表彰他们为当前人工智能繁荣发展所作出的贡献。

LeNet 之后，一批具有影响力的研究成果纷纷涌现。其中最为突出的是 Hochreiter 和

Schmidhuber提出的长短期记忆(Long Short-Term Memory, LSTM)网络以及LeNet-5(LeNet的后继改进)的面世。前者解决了时序反向传播算法(BPTT)梯度爆炸和消失问题,这才使得人工神经网络在未来大放异彩;后者标志着深度学习的重要分支CNN的正式面世。

由于这一阶段计算机硬件水平有限,人工神经网络基本都是浅层的,一旦神经网络的规模增大,训练就会变得难以执行,这使得BP算法的发展受到了很大的限制。再加上20世纪90年代中期以支持向量机(SVM)为代表的其他具有竞争力的浅层机器学习算法被提出,这些方法在分类、回归问题上均取得了很好的效果,且其原理相较于神经网络模型简单,所以人工神经网络的发展再次进入了瓶颈期。这一点从2004年到2006年"三巨头"的论文几乎被所有机器学习领域重要会议拒收的悲惨境遇就可以看出,人工神经网络遭受到前所未有的冷遇。

3. 深度学习产生期

随着网络硬件的不断发展和训练算法的改良,浅层的瓶颈制约在不断好转。2003年,在多伦多大学工作的辛顿得到加拿大先进研究院(CIFAR)的资助后,正式将神经网络改名为深度学习,自此人工神经网络进入深度学习发展阶段。

2006年,辛顿以及他的学生鲁斯兰·萨拉赫丁诺夫在世界顶级学术期刊*Science*发表的一篇文章中提出了深度信念网络(Deep Belief Network, DBN)。DBN使用非监督的逐层贪心训练算法,为高效地训练深度神经网络带来了希望。该思想的提出,标志着将深度学习算法推向实践的条件已经成熟,这立即在学术圈引起了巨大的反响。这一时期,以斯坦福大学、多伦多大学为代表的众多世界知名高校纷纷开始投入巨大的人力、财力进行深度学习领域的相关研究,随后深度学习热潮又迅速蔓延到工业界中。

在DBN的框架下,很多有效的新技术也不断加入进来,使得深度学习快速成熟起来。

考虑到对于模型而言,参数初始化是初始阶段比较重要的环节,初始化不当会导致模型不收敛或者训练根本没反应,2010年加拿大学者Xavier Glorot与Yoshua Bengio提出了Xavier初始化方法。为了使得网络中的信息更好地流动,Xavier初始化方法要求每一层输出的方差应尽量相等,这在实践中取得了良好效果。

2011年,这两位学者还提出了一种新的激活函数——ReLU(详见2.3.1节介绍)。ReLU也被称为修正线性单元,它的引入不仅使得识别错误率普遍降低,而且其有效性对于神经网络是否已预训练过这一条件并不敏感。ReLU也不明显存在传统激活函数的梯度消失问题,因此得到了业界广泛的认可。

同期,一种称为Dropout的技术也被提出(详见2.3.2节介绍),并在训练过程中取得奇效。

特别值得注意的是,除算法的日趋成熟之外,这一时期深度学习三大基础的另外两个——算力和数据也开始迅速崛起。2007年,英伟达公司推出CUDA软件接口,使得GPU编程得以极大发展,算力得到显著增强。正是得益于算力的提升,2009年6月,斯坦福大学的Rajat Raina和吴恩达合作发表文章,论文模型参数甚至高达一亿(是名副其实的超级"深"度学习网络),但通过使用GPU训练模型却相比传统双核CPU快70倍。可见,算力的进步加速了人工智能的快速发展。在数据方面，2009年斯坦福大学的李飞飞博士建立了ImageNet数据集，使深度学习数据建设迈出重要一步。在2010年，以ImageNet为基础的大型图像识别大赛ILSVRC2010第一次举办，这项比赛为参赛者提供了丰富、规范的数据，在日后有力地推动了深度学习图像识别技术的飞速发展。

4. 深度学习爆发期

21世纪第二个十年开始之际，深度学习算法在世界各项智能大赛中脱颖而出。

在2012年的ImageNet图像识别大赛中，辛顿领导的小组综合采用多种技术训练模型(如使用新一代的深度学习模型AlexNet和ReLU激活函数解决了梯度消失问题，采用Dropout算法防止过拟合问题，采用GPU提高模型的训练速度)，在这些卓越技术的加持下一举在该项赛事中夺冠，将深度学习的发展推向高潮。同年，由吴恩达和世界顶尖计算机专家Jeff Dean共同主导的深度神经网络在图像识别领域也取得了惊人的成绩，在ImageNet评测中成功地把错误率从26%降低到了15%，也再一次吸引了更多的学术界和工业界的关注。

深度学习的爆发还可以从其逐年呈指数级增长的投资看出：初创资金从2011年的6.7亿美元已经增长至2020年的360亿美元，并于2021年再次翻番达到770亿美元。

随着深度学习技术的不断进步以及数据处理能力的不断提升，2014年Facebook基于深度学习技术的DeepFace项目在人脸识别方面的准确率已能达到97%以上，该准确率已经跟人类识别的准确率几乎没有差别了。随后，诸如VGGNet(Visual Geometry Group Network，视觉几何小组网络)、ResNet(Residual Neural Network，残差神经网络)、GAN(Generative Adversarial Network，生成对抗网络)、Transformer、GNN(Graph Neural Network，图神经网络)等一批更强大的网络和技术也在不断地被提出，进一步丰富了深度学习模型家族。

目前，深度学习已经在语音识别、图像识别、自然语言处理等几个主要领域都获得了突破性的进展，在乳腺癌转移的初步测试、胸部X光片诊断肺炎等领域的表现已经超过了人类专家。深度学习几乎以一己之力推动了近些年人工智能领域整体的进步，人工智能也因深度学习而开始被大众所了解，取得了举世公认的成功。

随着深度学习模型在各个领域的深入成功应用，人们已经开始关注如何将深度学习模型扩大到更大的规模。学者们纷纷开始尝试训练更大的深度学习模型，甚至是参数达到百亿级别的超大规模，即名副其实的“大模型”。虽然这样的模型通常需要在超级计算机上才能进行训练，且需要消耗大量的时间和能源，但是它可以为机器学习应用带来更多的可能性。以深度学习为引领的人工智能下一步将围绕着“大模型”的结构设计、解释性、跨模态、压缩与加速等技术展开。

【思政融入点】 随着人工智能的发展，我国学者也应建立“自信”。值得一提的是，我国在人工智能以及深度学习方面的重视程度是非常明确的。经国务院签批，于2015年5月印发的部署全面推进实施制造强国的战略文件《中国制造2025》便提出，要以智能制造为主攻方向，推动信息技术与制造业融合发展。2017年是中国人工智能发展元年，国务院印发的《新一代人工智能发展规划》正式出台，明确了我国人工智能产业发展的路线，厘清了我国人工智能发展的基本原则、战略目标和重点任务。规划制定出人工智能产业2020年、

2025年及2030年的“三步走”目标，提出了从人工智能技术和应用水平与世界先进水平同步到领先、再到建立成为世界主要人工智能创新中心的宏伟蓝图。在人工智能人才培养方面，2017年12月教育部颁布的《高等学校人工智能创新行动规划》提出人工智能人才培养在2020—2030年“三步走”的战略目标，夯实人工智能发展的智能化底层。2020年1月，相关政策接续出台，基础理论人才与“人工智能＋X”复合型人才并重的培养体系和深度融合的学科建设及人才培养模式成为重点。在人工智能平台建设方面，2019年8月，科技部印发《国家新一代人工智能开放创新平台建设工作指引》和《国家新一代人工智能创新发展试验区建设工作指引》，承载人工智能前沿科技发展的企业平台和试验区先试先行，应用牵引、企业主导、市场运作的人工智能发展得到有效支撑。在人工智能应用落地方面，2022年7月，科技部等六部门发布的《关于加快场景创新以人工智能高水平应用促进经济高质量发展的指导意见》出台，依托于国内海量数据和统一大市场的内源驱动，我国积极拓展人工智能的各类场景应用，设计场景系统、开放场景机会、完善场景创新生态，并发挥其在赋能实体经济高质量发展中的重要作用。各地方纷纷响应国家号召，具有代表性的包括：上海市在2017年颁布的《关于本市推动新一代人工智能发展的实施意见》制定了2020至2030年人工智能产业发展目标，通过全面实施“智能上海(AI@SH)”行动，将人工智能技术打造为上海“四个中心”建设的发展引擎；2022年10月，《上海市促进人工智能产业发展条例》出台，全面覆盖科技创新、产业发展、应用赋能、安全治理等多个领域，上海市打造世界级人工智能产业集群的思路更加清晰；2023年5月，《北京市加快建设具有全球影响力的人工智能创新策源地实施方案(2023—2025年)》和《北京市促进通用人工智能创新发展的若干措施》相继出台，明确了人工智能核心产业规模突破3000亿元、保持10%以上增长的总体目标，同时在算力、算法、数据三大要素等方面提出具体措施，等等。

此外，华人以及广大国内学者在人工智能以及深度学习方面的贡献也是值得骄傲的。根据《人工智能全球2000最具影响力学者榜单》报告显示，全球入选AI2000学者之中，美国共有1163人次，占比58.2%，超过总人数的一半；中国位列第二，有223人次，占比11.2%；德国位列第三，是欧洲学者数量最多的国家；其余国家的学者数量均在100人次以下。其中，以何恺明、任少卿、孙剑等人为代表的一批学者，已经在全球人工智能研究领域享有很高的声誉，因此在人工智能以及深度学习方面国人当自信。此外，我国社会也保有全球最佳的热情，CNN“之父”杨立昆(Yann LeCun)在接受DeepTech采访时谈及中国粉丝对于自己的喜爱时表示：“上海恐怕是世界上唯一会有人在街头拦住我并索要我的签名的城市，在美国只有电影明星才有这种待遇，科学家是没那么多人追捧的，这种热情令人难以置信。”

在此也呼唤更多的年轻学者加入相关的学习与研究。

1.2 深度学习的可解释性

1.2.1 深度学习可解释的含义

深度学习虽取得成功，但是其可解释性问题却成为“阿克琉斯之踵”。

1. 神马汉斯与飞猪

正如前言开篇所述，“成熟的科学技术应该是可解释的”。虽然深度学习已取得巨大成功，但是人们在探索、设计、开发、应用过程中却逐渐发现，深度学习模型存在的“黑盒”问题，即：惊人的精度表现下却包裹着难以解释的内核。

根据大多数人的体会，往往事物的本质并非所看到的表象，例如著名的“神马汉斯”的故事。

早在100多年前，德国有一匹名叫“汉斯”的马成为当地家喻户晓的明星，这是因为它似乎知道10以内的算术，无论是加法、减法还是乘除法，能用它的蹄子敲击地面从而给出问题的正确答案！很多人对“汉斯”的表现都感到惊讶和迷惑，媒体也争相报道。后来一位叫奥斯卡·芬斯特的心理学家听说了这件事情，想要揭示其中的奥秘。于是他设计了一系列的实验来进行“解释”。从实验中芬斯特发现，“汉斯”敲答案时会一直盯着出题者的头部，当提问者不知道问题的答案时，“汉斯”就会失去“数学能力”。此外，当提问人站在隔板后面或者蒙上“汉斯”的眼睛提问时，“汉斯”也无法给出正确的答案。最终，芬斯特逐渐发现了问题的答案，即：“汉斯”的神奇之处在于它敏锐的观察能力，能够发现出现正确答案时人的细微表情变化，所谓的“计算”并非算术能力本身。这个故事告诉我们，现象与本质往往是两码事。

那么，是否可以把深度学习模型也视为另一匹“神马”呢？因为人们惊奇地发现深度学习模型也显露出一些不合逻辑的行为表现。正如图1-2所示的人类很容易辨识的“飞猪”图片，却被识别其他常规图片时具有极高准确率的VGG模型识别成“蝾螈(axolotl)”(VGG预训练模型用包含1000类物品的ImageNet库标注图像样本训练而成，在测试识别时，VGG会分别给出输入图像分属1000类的概率，一般认为概率值较大的类别就是VGG识别出的物品类别，对于飞猪图片，VGG给出的排序前3位的ImageNet物品的分类概率、分类排序、分类依次是：(0.45390657，29，'axolotl(蝾螈)')，(0.3289837，4，'hammerhead(双髻鲨)')，(0.042173326，3，'tiger shark(虎鲨)'))。

图1-2 著名的“飞猪”识别问题

显然，由这个实例可以看出，深度学习模型对于动物的分类并不是采用类似人类的识别方式。至此，人们不禁要问“错误是如何产生的呢?”或者“VGG图像分类到底依据的是什么呢?”这就需要通过解释来进行揭示。

2. 可解释的定义

为了展开后续讨论，下面首先明确相关定义和术语。

什么是可解释呢？目前，可解释的定义尚不统一，其中认可度比较高的主要有：

定义一：可解释性是指人们能够理解决策原因的程度。

定义二：可解释性是指人们能够一致地预测模型结果的程度。

定义三：可解释性是指人们具有足够的可以理解的信息来解决某个问题，具体到人工智能领域，可解释的深度模型是指能够给出每一个预测结果的决策依据。

对于深度学习可解释性内涵，可解释领域的著名学者 Lipton 还从可信任性、因果关联性、迁移学习性、信息提供性四个方面综合考量，提出了"可解释的深度学习模型做出的决策往往会获得更高的信任，甚至当训练的模型与实际情况发生分歧时，人们仍可对其保持信任；可解释性可以帮助人类理解深度学习系统的特性，推断系统内部的变量关系；可解释性可以帮助深度学习模型轻松应对样本分布不一致性问题，实现模型的迁移学习；可解释性可为人们提供辅助信息，即使没有阐明模型的内部运作过程，可解释模型也可以为决策者提供判断依据"等重要观点。

综合起来，可解释深度学习模型至少应包含"透明性"和"因果关联性"。

学术界指代"可解释"的术语也非常多，主要包括可解释性(Interpretability)、可理解性(Explainability)、可懂性(Intelligibility)、易理解性(Legibility)、透明性(Transparency)等，其中可解释性与可理解性使用得最多。

在大多数场合下可解释性与可理解性是可以互换的，它们的差别如下：可解释性表示从抽象概念(向量空间、非结构化特征空间)到人类可理解的领域(图像、文字等)的映射，而可理解性表示可解释域内促使模型产生特定决策的一组特征。从这种区分看，"可解释性"的研究重点在于将以参数化形式表示的特征映射为人类可直观感受的表示形式，而"可理解性"侧重在人类可理解的领域中寻找与模型某个决策相关的具体特征。可理解性更加偏重可解释的概念，如果系统的所有操作可以被人类所明白，则该系统是可理解的。也就是说，"解释"是一种从不可解释域到可解释域的映射动作，"理解"则是一种在可解释域内寻找感兴趣证据的过程。

这里约定，本书后续主要采用名词"可解释"进行叙述。

1.2.2 深度学习可解释的目的

如前所述，深度学习虽表现出了惊人的能力却往往难以解释，对于这种"黑盒"模型内部的机理与判断依据，人们还存在许多困惑，这也为深度学习的应用与发展带来种种质疑。如果一个模型完全不可解释，那么其在众多领域的应用就会因为无法展现更多可靠的信息而受到限制，因此必须开展可解释研究。

1. 目的

归纳起来，解释的目的主要包括用户认同、模型进化、合规性、模型安全与稳定学习等。

1）用户认同

解释是赢得用户认同，直到最终获得信赖的关键。

对于推荐系统，从用户的角度而言，深度学习系统不仅需要向用户展现推荐的结果，还需要向用户解释推荐的原因。例如：在新闻推送的应用方面，针对不同的用户群体需要推荐不同类型的新闻，以满足他们的需求。此时不仅要向用户提供推荐的新闻，还要让用户知道推荐这些新闻的意义。因为一旦用户认为推荐的内容不够精准(甚至可能存在种族、文化歧视)，那么他们就会认为深度学习系统在某些方面存在偏差，进而将其抛弃。

在经济学方面，对于股价的预测以及楼市的预测，深度学习有可能会表现得很好，但是由于深度学习的不可解释，因此在应用中人们可能会更偏向于使用传统可被解释的机器学习。

此外，深度学习在人力资源方面的履历公平筛选判读、法务方面的罪犯是否可以假释评判等领域，也需要得到用户的认同。

2）模型进化

在模型进化方面，解释显得尤其重要。如果模型具备可解释性，则算法研发者可根据其输出结果优劣的原因对算法进行改良。如果算法不具备解释性，则改良算法变得异常艰难。

从系统开发人员的角度来说，深度学习一直以来是作为一个黑盒在实验室的研究过程中被直接使用的。大多数情况下，深度学习模型的结果比传统机器学习的结果更精准。但是，关于如何获得这些结果的原因以及如何设定使结果更好的参数问题并未给出解释。与此同时，当结果出现误差的时候，也无法解释为什么会产生该误差。

深度学习的出现，前所未有地提供了“机器教授人类”的新模式，人类渴望寻求深度学习对人类知识的启迪。当一个学习模型从海量数据中萃取出知识时，这些知识完全可使人类提高自身能力。例如，如果能解释 AlphaGo 是如何从浩瀚棋局中采样得到人类棋手几乎从未涉足的棋局妙招，就可以提高棋手对围棋的认识水平，势必有利于人类棋艺的提高。

3）合规性

从监管机构的立场来看，监管机构更迫切希望作为技术革命推动力的深度学习具有可解释性。

2017 年监督全球金融稳定委员会称，金融部门对不透明模型的广泛应用可能导致的缺乏解释和可审计性表示担忧，因为这可能导致宏观层级的风险。该委员会于 2017 年年底发布了一份报告，强调 AI 的进展必须伴随对算法输出和决策解释。人工智能具有技术属性和社会属性高度融合的特点，随着智能算法逐渐赋能社会，则需要算法对执行结果具有解释能力，并且符合法律法规要求。例如，《欧盟数据保护通用条例》就规定使用者拥有“要求解释的权力”。因此，在医疗、金融决策等领域进行重大决策时，深度学习还不能被接受。

尤其是对于目前朝气蓬勃的自动驾驶市场，人们越来越关注自动驾驶汽车的透明度和问责制，而解释是实现这些目标合规性的重要方式。通过多种方法解决深度学习模型如何用于自动驾驶决策应用的解释探索方兴未艾(见图 1-3)。

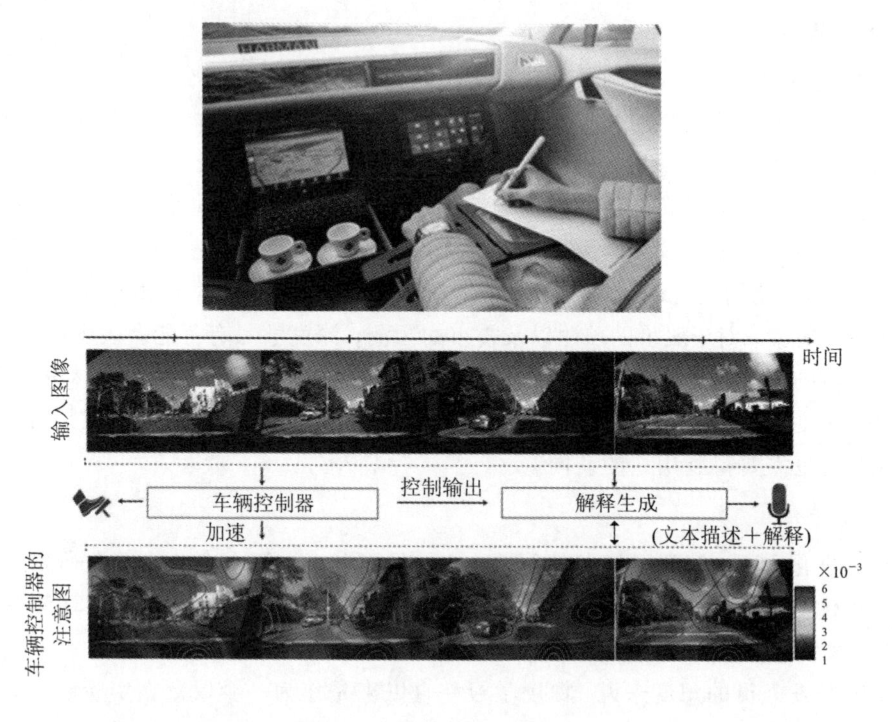

图 1-3　自动驾驶决策解释

4）模型安全与稳定学习

对抗样本引发人们对深度学习稳健性的深层次担忧。

所谓对抗样本，是指受轻微扰动的样本，但其依然可导致深度学习模型以高置信度输出错误结果。这一“荒谬”现象引发的担忧进一步迫使人们去探寻深度学习可解释方法，以得到稳健的输出结果。对抗样本问题实际反映的是模型稳定性的问题。根据近期提出的“稳定学习”理论，未来的深度学习模型关键是需要通过排除虚假相关并使用因果关联来指导模型学习，从而根本性地提升模型稳定性和可解释性。要达成上述稳定学习的目的，前提条件是对模型对象的相关性进行准确发现和进行合理筛选。

2. 争论

当然，恰如硬币的两面，质疑可解释性在机器学习中是否必要的观点目前也依然存在，为此 NIPS(Neural Information Processing Systems)2017 会议还关于该问题专门展开过辩论。

会上杨立昆对可解释的价值意义就持否定意见。他认为：人类大脑是非常有限的，没有那么多脑容量去研究所有东西的可解释性。有些东西是需要解释的，比如法律，但大多数情况下，它们并没有想象中那么重要。杨立昆以互联网网站为例，认为人们在获取信息的同时并没有去寻求网站背后的可解释性。他又以药物为例类比可解释，提出虽然人们并不知道药物里的成分，但一直使用且很少寻求解释。

美国东北大学体验式人工智能研究所的高级研究科学家 Walid S. Saba 也从组合语义的角度出发提出一个观点：由于深度学习无法构造一个可逆的组合语义，所以它无法实现可解释。神经网络中的表示并不是真正与任何可解释的事物相对应的“符号”，而是分布的、相关的和连续的数值，它们本身并不意味着任何可以在概念上解释的东西。用更简单的术语来说，神经网络中的子符号表示本身并不指代人类在概念上可以理解的任何事物(隐藏单元本身不能代表任何形而上学意义的对象)。

然而，总体而言大多数学者还是认同可解释性的价值的。NIPS 2017 会议上就有观点认为杨立昆提出的反例只是涉及本节前述的用户认同问题，而对于模型进化、合规性和模型安全与稳定学习等问题，杨立昆的观点并不能很好地予以反驳，因此不足以否定可解释的价值。此外，一些新开发出来的方法也可以替代深度学习可逆的组合语义，从而回答了Walid 所提出的疑问。

当然，关于可解释的争论并没有最终定论。

1.2.3 深度学习可解释的发展

虽然有争论，实际上很早以前深度学习的可解释就已经引起一些学者的思考，其探索几乎伴随着深度学习同步进行，只是没有立即成为热点，其发展脉络如图 1-4 所示。

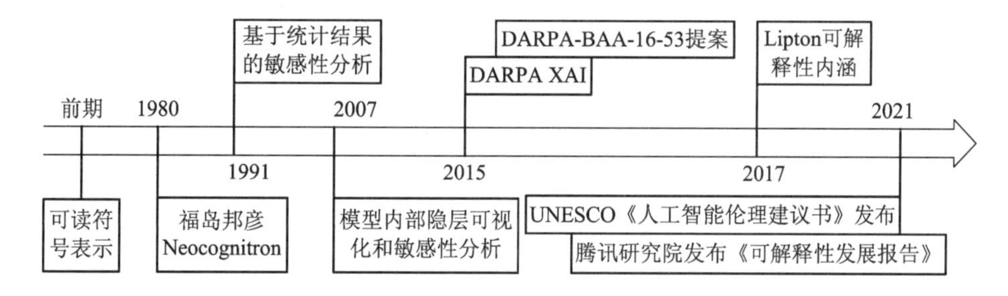

图 1-4 深度学习可解释的发展

仿照 1.1 节深度学习的发展，这里将可解释发展划分为萌芽期、探索期、加速期三个阶段。

1. 萌芽期

在人工智能的早期，人工智能系统通过对人类可读的符号进行某种形式的逻辑推理，生成其推理步骤的痕迹，这个痕迹就成为解释技术的基础。然而，随着研究人员开发出新的机器学习技术，这些新技术使用它们自己的内部表征(例如支持向量、随机森林、概率模型和神经网络等)构建世界模型，这些新表征一般无法用可读符号表示，因此它们在早期的解释技术面前就必然变得不透明、难以解释。尤其是在深度学习发展进入爆发期后，人们对于精度和可解释的共同需求，使得这一问题变得更加突出。

即使这样，在人工神经网络提出的初期，人们对于深度学习的可解释还是进行了一些大胆尝试。

福岛邦彦的 Neocognitron 经过多层重复激活的强化策略训练使其性能逐渐增强，因为层数较少、学习内容固定，所以仅具有最初步的可解释性能。

1991 年 Garson 提出了基于统计结果的敏感性分析方法，从机器学习模型的结果对模型进行分析，试图得到模型的可解释性，可以用于人工神经网络。

在这些早期研究的启迪下，越来越多的研究者加入了深度学习可解释性研究中。

2. 探索期

在随后的数十年中，研究者们从实验和理论两方面都进行了积极的探索研究，并取得了显著进展。

在实验研究方面，可解释研究主要包括深度学习模型内部隐层可视化和敏感性分析等实验。除了对深度学习模型的可解释分析，人们还将目光转向了可解释模型构建的思路，通过尝试引入知识信息来构建本身具有可解释性的深度模型。

里程碑事件出现在2015年。继2012年ImageNet的突破性成果之后，深度学习革命为人们展示了一个充满奇幻的未来，但由于机器无法向人类用户解释其决定和行动，其有效性受到限制，也使得人们顾虑重重。为此，美国国防部高级研究计划局(DARPA)于2015年制订了可解释人工智能(XAI)计划，该计划提出了可解释性的初步想法。研究人员选择了不同的解释方法来探索深度学习技术，如利用去卷积网络来可视化卷积网络的层次；还有一些研究人员则追求学习更多可解释性模型技术，如贝叶斯规则列表等。为了给XAI建立良好的研究基础，DARPA花了一年时间调查研究，分析可能的研究策略，并制定了该计划的目标和结构。2016年8月，DARPA发布了DARPA-BAA-16-53来征集提案，最终形成三个主要技术领域(TA)，即：开发新的XAI机器学习和解释技术，以生成有效的解释；通过总结、扩展和应用解释的心理学理论来理解解释的原理；在数据分析和自主性这两个具有挑战性的领域评估新的XAI技术。

2017年5月，XAI计划正式开始，经过历时4年的研究，XAI计划第一阶段已经于2021年结束。项目创建了一个收集了各种项目工件(如代码、论文、报告等)的XAI工具包，以及从为期4年的DARPA XAI项目中获得的经验教训，这标志着可解释的工程研究取得了阶段性进展。

在理论方面，研究者们也对深度学习可解释性理论进行了探索性研究。2017年Lipton在题为《模型可解释性的神话》(The mythos of model interpretability)的论文中汇总了如前文所述的深度学习模型可解释性内涵，使得人们对于可解释性的认识得到了一定程度的统一。

3. 加速期

进入21世纪第3个十年，人工智能以及深度学习的可解释性问题的全面解决已经迫在眉睫，因此被国际组织和业界正式提上日程。2021年11月联合国教科文组织(UNESCO)通过了首个全球性AI伦理协议《人工智能伦理建议书》，其中“透明性与可解释性”被列为未来人工智能的十大原则之一。2022年1月，腾讯研究院发布的《可解释性发展报告》也首次给出了国内XAI完整性报告，全面梳理了XAI的概念、监管政策、发展趋势、行业实践，并给出未来发展建议规划。随着新的人工智能技术的开发，对解释的需求也将持续推进，XAI将在一段时间内继续作为一个活跃的研究领域。中国科学院院士、清华大学类脑计算研究中心学术委员会主任张钹院士在其现场演讲“AI和神经科学”中明确提出：可解释、可理解是当前人工智能研究的主攻方向之一。

经统计，2015—2020年期间，有关XAI的出版物增加了近50倍。哈佛大学、麻省理工学院等名校也开设有相关的课程，学者也开辟了网站专栏对相关问题进行讨论，GitHub平台上可以检索到的深度学习可解释研究开源代码激增，都展示出当下深度学习可解释性高涨的研究热度。

1.2.4 深度学习可解释的方法

深度学习可解释性应该满足可模拟性、可分解性、算法透明度三方面的需求，其难度主要在于人类局限性、商业阻碍、数据异质化、算法复杂性，实现起来是非常困难的。即便如此，学者们还是开展了许多卓有成效的探索尝试，提出包括自解释、可视化解释、交互式解释、黑盒测试解释等可解释方法。

1. 自解释

实现可解释性的最简单方法是仅使用自解释模型构建机器学习模型。

自解释模型本身内嵌可解释性，通常结构简单、易于实现。比如：一些简单的机器学习方法使人们很容易理解其决策过程，线性回归、决策树就是这类模型的典型代表(虽然这些方法的精度不如深度学习，但是其可解释性能力要高于后者，其中精度与可解释能力的关系如图1-5所示)。

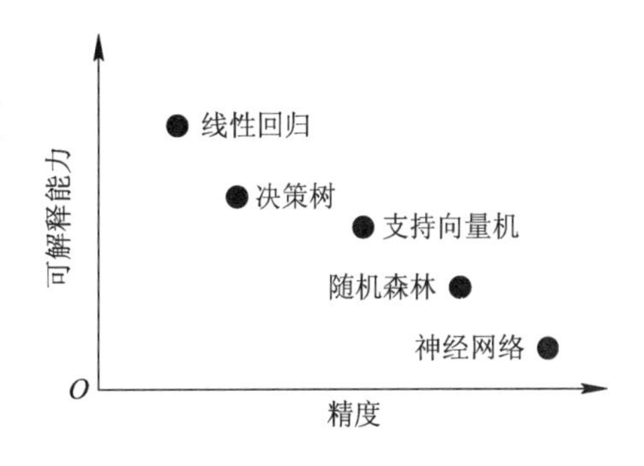

图1-5 机器学习精度与可解释能力的关系

一般规律下，自解释模型的内嵌可解释性与准确性之间存在一种平衡。如果自解释模型结构简单、可解释性好，那么模型的拟合能力必会受到限制，导致其预测精度不高，进而会限制这些算法的应用场景。为解决此问题，研究人员将复杂的模型迁移到自解释模型中，从而实现对黑盒模型决策结果的解释。但值得注意的是，对于规则复杂的模型或深度极深的决策树，人类也未必能理解，其内嵌可解释性并不能保证优于深度神经网络的可解释性。

2. 可视化解释

可视化是将大型数据集中的数据以图形、图像、动画等易于理解的方式展示，是探索深度学习可解释认知因素最直观的方法之一。

可视化解释通过将抽象数据映射为图像，建立模型的可视表达演绎模型的决策过程或决策原因，从而实现理解深度学习的内部表达，降低模型复杂度的同时提高透明度。由于人类获取信息的83%都是来自于视觉，可视化自然成为人类最直观、最容易理解的解释方式。

深度学习可视化解释的示意图如图1-6所示。

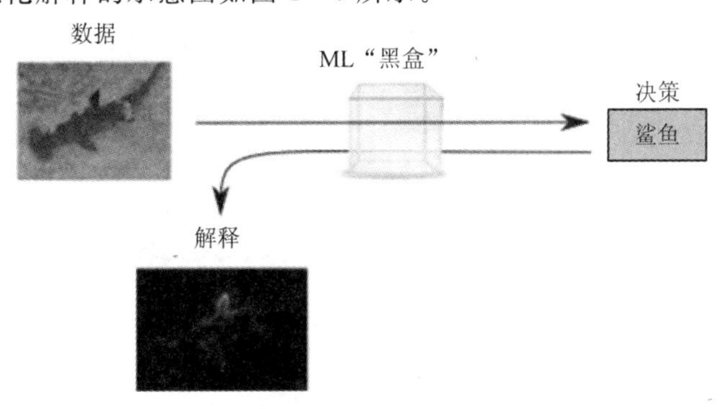

图1-6 深度学习可视化解释示意图

图 1－6 中，数据为何被模型分类为鲨鱼的解释，是由在决策中发挥重要作用的像素点构成的热图给出的，非常直观且易于理解。

3. 交互式解释

交互式解释是指通过领域专家与深度学习过程的交互，理解深度学习内部的决策过程。

这种解释方式通过可视化人机交互工具，让人与模型之间形成“问答式”的对话机制；也可以通过深度干预神经网络内部的训练和验证来实现，例如：以 GAN 为基础，在自然图像中对神经网络的内部神经元进行模块化处理，在模型诊断时，结合可视化工具直接激活深度网络的神经元，观察由 GAN 生成并导致激活的输入来实现解释。

最新的研究成果也揭示了人类参与模型训练的一些必要性。2022 年 6 月，斯坦福大学计算机系的 Ranjay Krishna、Donsuk Lee、李飞飞等学者针对智能体社会隔绝的问题，指出了应将智能体从只有一堆书的房间里“解放”出来，让它在广阔的社会情境中学习才能获得更好的学习效果。为此他们提出了一种新的研究框架——社会化人工智能(Socially Situated AI)，即智能体通过在现实社会环境中与人的持续互动来学习。这也为交互式解释提供了良好的理论支持。

4. 黑盒测试解释

黑盒(或称为不可知模型，Model-Agnostic，MA)测试解释是指解释与模型分离，通过分析模型的输入和输出来解释模型的预测。

与特定模型解释方法深入研究模型结构和参数不同的是，黑盒测试解释不关心模型的中间过程，只分析模型的输入和输出。这类解释方法灵活性强，适用于任何类型的模型，可直接从其预测过程中提取重要知识，也可通过模型代理方法(详见 4.4.3 节介绍)来降低模型操作复杂度。但该解释方法由于只能对待解释模型进行局部近似，因而只能捕获模型的局部特征，无法解释模型的整体决策行为。

此外，还有因果可解释性、语义化、逻辑关系量化、反事实解释、认知与因果推理等方法。如果更加笼统一点，从切入点角度来说，目前可解释研究主要可以分为两类。一类是关注如何促进模型透明性，例如通过控制或解释 AI 模型/算法的训练数据、输入输出、模型架构、影响因素等，使监管部门、模型使用者以及用户能够更加容易理解模型；另一类则是研究和开发可解释性工具，即利用工具对已有的 AI 模型进行解释，例如：微软的用于训练可解释模型、解释黑盒系统的开源软件包 InterpretML(https://github.com/interpretml/interpret-community)，TensorFlow 的可解释性分析工具 tf-explain(https://github.com/sicara/tf-explain)，IBM 的 AI Explainability 360 toolkit(https://ai-explainability-360.org/)，以及本书后续介绍的工具等。

在众多深度学习可解释的分支中，本书所聚焦的是 CNN 可视化解释。

1.3 CNN 可视化解释

1.3.1 CNN 发展历程

本节首先回顾 CNN 的发展历程(如图 1－7 所示)。

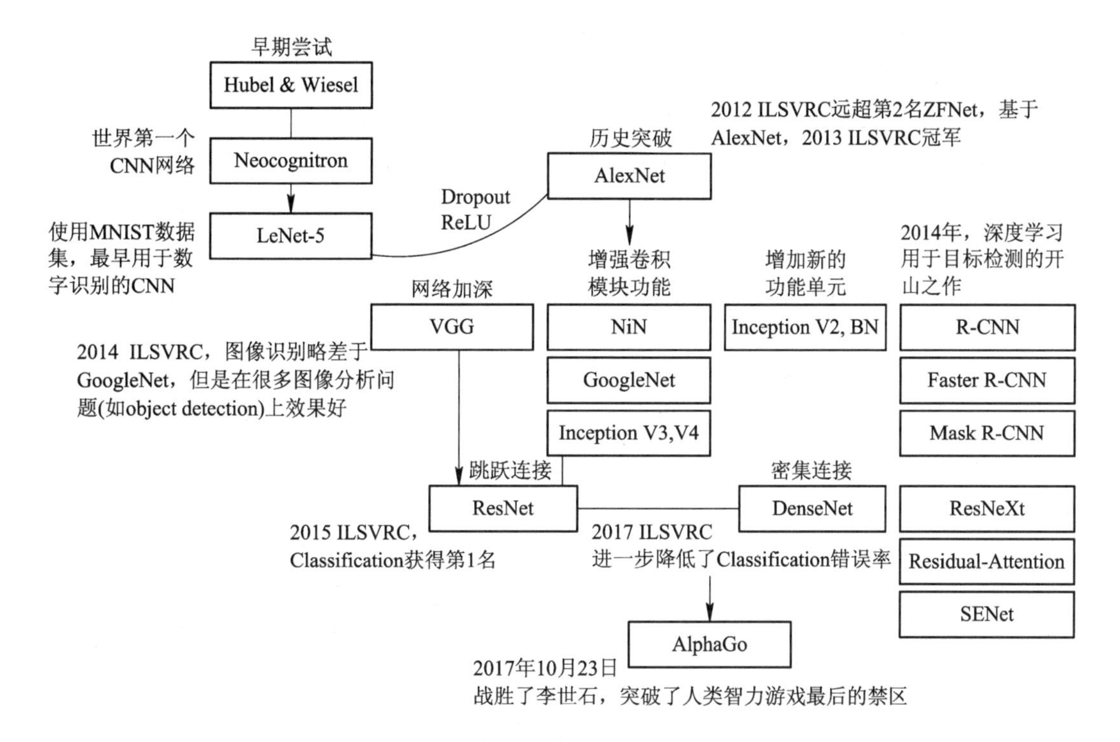

图 1-7 CNN 模型发展历程

CNN 最早可以追溯到 1962 年对猫脑视觉系统的研究。

在 20 世纪 60 年代初，Hubel、Wiesel 和 Steven Kuffler 在哈佛医学院建立了神经生物学系。他们在论文《猫视觉皮层中的感受野双目交互与功能结构》(Receptive fields binocular interaction and functional architecture in the cat's visual cortex)中提出了感受野(receptive fields)的概念(他们也因此杰出贡献在 1981 年获得了诺贝尔生理学或医学奖)。Hubel 和 Wiesel 的研究记录了猫脑中各个神经元的电活动，尤其是使用幻灯机向猫展示特定的模式，并发现特定的模式会刺激猫大脑特定部位的活动。文中的实验采用了由 Hubel 早期发明的特殊记录电极，实现了猫脑单神经元记录，这在当时是一项重大创新。他们通过这些实验，系统地创建了猫视觉皮层的地图。

基于上述发现，1980 年福岛邦彦提出了 Neocognitron。这是一个包含卷积层、池化层的神经网络结构，将脑神经科学的结构进行了计算机模拟，实现了感受野的思想。该网络被一些学者、组织认为是世界第一个 CNN 网络(如前所述，大多数学者并不认同)。

杨立昆在 Neocognitron 基础上提出了 LeNet 网络结构，并于 1998 年在论文《基于梯度的学习在文档识别中的应用》(Gradient-based learning applied to document recognition)中提出了 LeNet-5，将 BP 算法应用到这个神经网络结构的训练上，这才形成了真正意义上的 CNN 原型。

自 LeNet-5 之后，CNN 就开始了不断的改进，只是起初发展较慢。

直到 2012 年，在 ImageNet 图像识别大赛中，Hinton 小组的论文《基于深度 CNN 的图像网络分类》(ImageNet classification with deep convolutional neural networks)中提到的 AlexNet 引入了全新的深层结构和 Dropout 方法，将错误率从 25%以上降低到了 15%。

AlexNet有很多创新点，其中最大的贡献就是让人们意识到初代的LeNet结构是有很大改进空间的，这打破了人们的思想禁锢。

沿着AlexNet的思想，杨立昆研究小组2013年提出了DropConnect，把实验的错误率进一步降低到了11%。而同期新加坡国立大学的颜水成小组则提出了另一种名为“网中网”(Network in Network，NiN)的网络，其思想是在CNN原来结构可变的基础上加入一个1×1的卷积层。该网络赢得了2014年ImageNet图像检测的冠军。借鉴NiN的思想，后续提出的Inception和VGG网络在2014年进一步把网络加深到了20层左右，图像识别的错误率也大幅降低到6.7%，已经非常接近人类的5.1%了。

2015年，微软亚洲研究院的任少卿、何凯明、孙剑、张祥雨共同发表了一篇名为《深度残差学习在图像识别中的应用》的论文，论文提出通过一种残差学习结构以缓解网络训练难度，虽然这一结构非常简单却取得了出人意料的效果，直接使CNN能够深化到152层、1202层等，错误率也降低到了3.6%。

后来，ResNet、Residual-Attention、DenseNet、SENet等一批新的网络也先后被提出，它们各自贡献了Group convolution、Attention、Dense connection、Channel wise-attention等技术，在新技术的合力推动下，最终ImageNet分类任务的错误率被降低到了2.2%，识别能力明显超越人类。

在图像检测中，任少卿、何恺明、孙剑等还优化了原先的R-CNN提出Faster R-CNN，其主要贡献是使用和图像识别相同的CNN特征识别并定位其位置，该项创新实现了图像检测平均精度均值的翻倍。更进一步，何恺明后来又提出了Mask R-CNN，得到了更好的结果。

在CNN的发展中存在众多的“大事件”，但最具轰动效应的是AlphaGo战胜了李世石。2017年10月23日仅仅训练了72小时后，采用CNN的AlphaGo Zero就彻底突破了围棋领域人类智力游戏最后的禁区，轻松击败了人类冠军，把深度学习的热潮推向另一个高峰。

基于前人卓越的工作，当前CNN的研究已经呈现出百花齐放的态势，并成功应用于不同的机器视觉相关任务中，如对象检测、识别、分类、回归、分割等。

1.3.2 CNN视觉特性

1. 人类视觉与CNN

CNN在解决图像问题时表现出的卓越性能与其特有的视觉特性不无关系。

CNN的提出受到了视觉系统早期发现的启发。正如前文所述，1962年，Hubel和Wiesel的实验发现初级视觉皮层的神经元会响应视觉环境中特定的简单特征(尤其是有向的边)。此外，他们还发现存在两种不同类型的细胞，即简单细胞和复杂细胞。简单细胞只在非常特定的空间位置对它们偏好的方向具有最强烈的响应，而复杂细胞的响应有更大的空间不变性。因此，他们得出结论：复杂细胞是通过在来自多个简单细胞(每个都有一个不同的偏好位置)的输入上进行池化而实现其不变性的。这种对特定特征的选择性以及通过前馈连接增大空间不变性的学说，构成了CNN的理论基础。

人们发现，人在认知图像时是分层抽象的。人脑首先理解的是颜色和亮度，而后是边缘、角点、直线等局部细节特征，接下来是纹理、几何形状等更复杂的信息和结构，最后形成整个物体的概念。视觉神经科学(Visual Neuroscience)对于视觉机理的研究也验证了动物大脑的视觉皮层具备分层结构。也就是眼睛将看到的景象成像在视网膜上，视网膜把光学信号转换成电信号，传递到大脑的视觉皮层(Visual Cortex)，而视觉皮层则是大脑中负责处理视觉信号的部分。

CNN经过卷积和池化操作自动学习图像在各个层次上的特征，完全符合上述人脑理解图像的常识。

图1-8比较展示了人类视觉皮层系统如何处理视觉信息以及CNN如何提取特征。

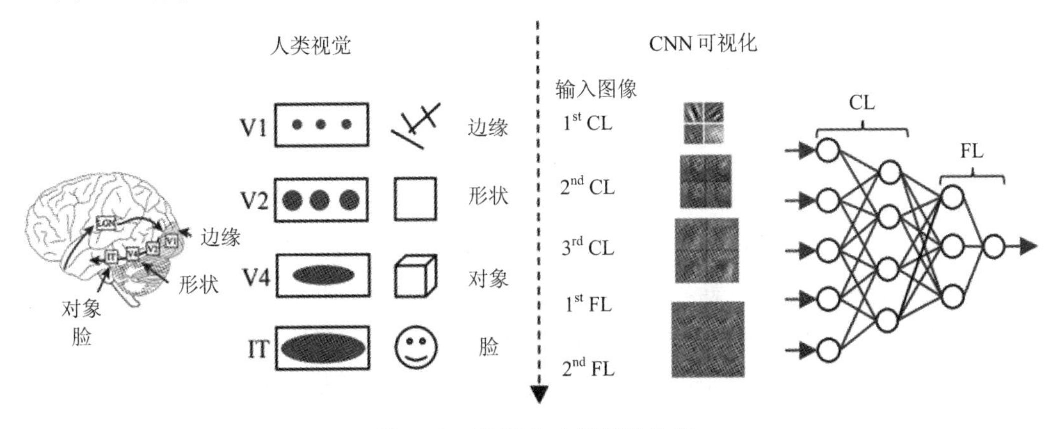

图1-8 CNN与人类视觉比较

如图1-8左侧所示，人类视觉系统通过多个视觉神经元区域以前馈和分层的方式处理对象特征。当人类识别人脸时，下部视觉神经元区域(如V1)中具有小感受野的视觉神经元对基本视觉特征(如边缘和线条)产生敏感。在较高的视觉神经元区域(如V2和V4)中，视觉神经元具有较大的感受野，并且对复杂的特征(如形状和物体)产生敏感。在IT的视觉神经元区域中，视觉神经元具有最大和最全面的感受野，因此它们对整个面部都很敏感。

对于CNN研究可以发现类似的特征表示，如图1-8右侧所示。通常，CNN特征提取从第一卷积层中的边缘和彩色斑点等小特征开始。然后，特征提取进行到具有较深层的一般形状和局部对象，并以具有完全连接层的最终输出分类结果。

因此，通过比较大脑视觉神经元的感受野与CNN神经元的功能，不难得出结论：CNN与人类视觉具有相同的视觉特性。

2. CNN可视化解释

CNN进行解释非常适合采用可视化方法。正如其他深度学习模型一样，CNN同样存在着可解释的问题。通过不断尝试，在众多可解释方法中，人们发现其中最为成功的方法可以算是可视化解释了。之所以CNN可视化解释效果如此突出，与上述CNN的视觉特性设计不无关系。正如Keras之父弗朗索瓦·肖莱指出的那样：由于CNN学到的表示是视觉概念，因此非常适合可视化解释。

实践也证明可视化解释可以发现CNN分类模型存在的错误，其中经典案例不胜枚举，例如：CNN模型对伪装的坦克误识别(见图1-9(a))，将雪地背景中的“哈士奇”识别成狼(见图1-9(b))，将黑色绵羊误识成牛(见图1-9(c))等。通过可视化解释方法，就可以显而易见地发现存在错判的原因，即：图1-9(a)将阴天关联为伪装坦克，图1-9(b)将雪地关联到狼，图 1-9(c)将黑色关联到牛，这对于可视化而言是容易实现解释的。

(a)

(b)

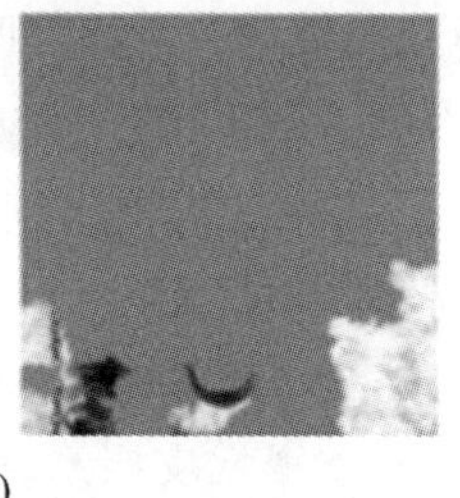

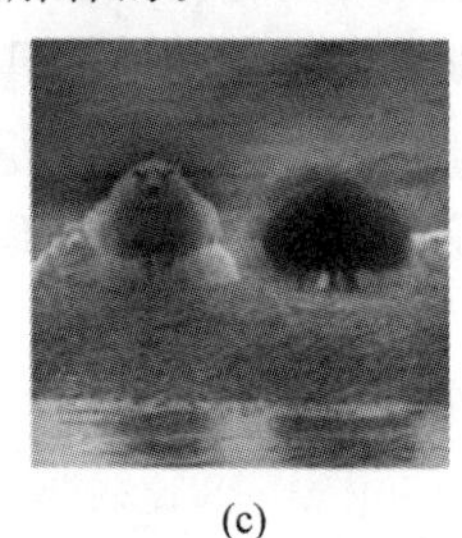
(c)

图 1-9　CNN 分类典型错例与解释

1.3.3　CNN 解释实现

1. 可视化解释研究视角

CNN 与其他深度学习模型类似，其结构是十分复杂的，在整个 CNN 图像分类过程中，CNN 模型各部起到的作用也是各异的。因此要对该复杂系统进行可视化解释，必须首先明确以下关键问题：位置对象、范围、模型介入、模型可知性、时机、数据流向。

位置对象：整个 CNN 模型可以实现可视化解释的位置对象不同，包括模型、特征图、样本(包括测试样本和训练样本)、网络结构。

范围：解释的作用区域，分为全局和局部。局部可解释性方法主要聚焦于模型的单个输出结果，一般通过设计能够解释特定预测或输出结果的原因的方法来实现。相反，全局方法聚焦于模型本身，利用模型、训练和相关数据的整体知识，试图从总体上解释模型的行为。

模型介入：可视化解释过程有的需要对模型进行修改，有的可以直接对训练好的模型进行可视化，当模型进行修改后通常需要重新进行训练。

模型可知性：模型分为可知和不可知(MA)两类，前者视为白盒，后者视为黑盒，二者的可视化解释方法完全不同。

时机：可视化解释的时机也有区别，分为训练前、构建模型中和构建之后。

数据流向：有时可视化解释需要借助流经模型的数据，数据流向也是区分可视化解释的要素。

上述划分方式都不是绝对的，即都是非排他性的，不同的分类方法之间可以存在重叠。

2. 可视化解释探索

业界对于 CNN 以及其他机器学习方法的可解释已经予以了充分重视，在相关工作中具有代表性贡献的公司、机构(如华为、微软、Meta(原 Facebook)、谷歌以及 OpenAI 等)也大都制订了各自的 CNN 可视化解释研发计划，并推出了具体的技术或解决方案，下面进行简要介绍。

1) 华为公司 XAI

华为公司的 XAI 是一个基于昇思 MindSpore 的可解释 AI 工具箱，其框架如图 1-10 所示，旨在为用户提供对模型决策的解释，帮助用户更好地理解模型、信任模型，以及当模型出现错误时有针对性地改进模型。除了提供多种解释方法，华为 XAI 工具箱还提供了一套对解释方法效果评分的度量方法，从多种维度评估解释方法的效果，从而帮助用户比较和选择最适合于特定场景的解释方法。其中，mindspore.explainer包提供了CNN模型的解释方法以及给解释方法进行评估的度量。

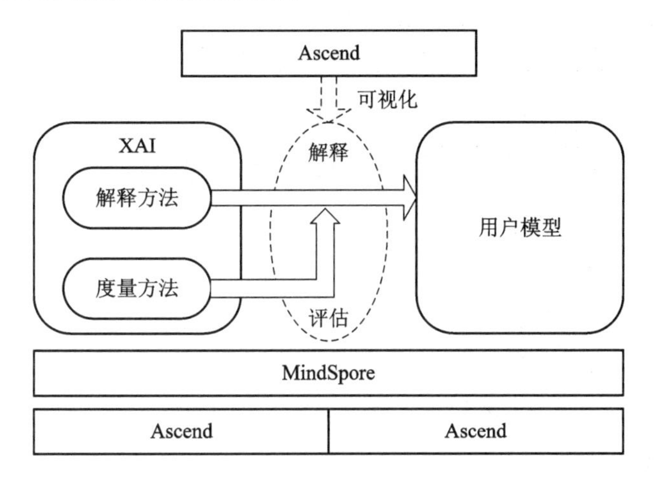

图1-10 华为公司的MindSpore XAI框架

2）微软公司InterpretML

微软公司推出的InterpretML用于训练可解释的模型，并帮助解释不透明盒AI系统。其关注解答的可解释性问题主要表现在：

（1）模型调试，模型哪里出现了错误？

（2）检测偏差，模型表现出哪些区分能力？

（3）策略学习，模型是否满足某些规则要求？

（4）高风险的应用，模型在医疗保健、金融、司法等领域有什么用途？

微软给出的可解释分类如图1-11所示。

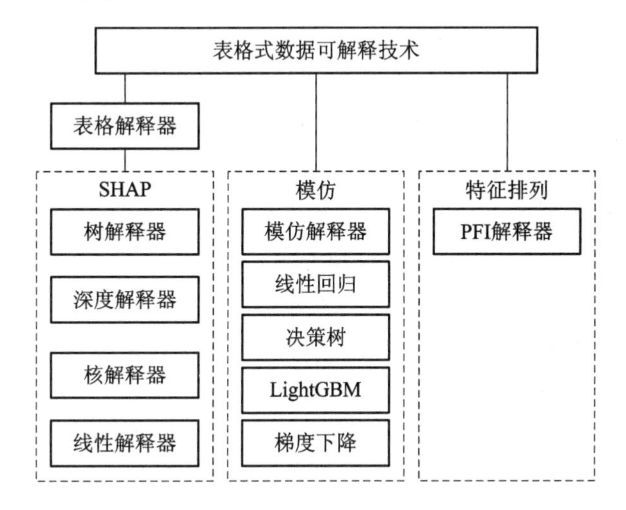

图1-11 微软给出的可解释分类

3）Meta 公司 Captum

Meta 也推出了可视化工具 Captum，其分类如图 1－12 所示。

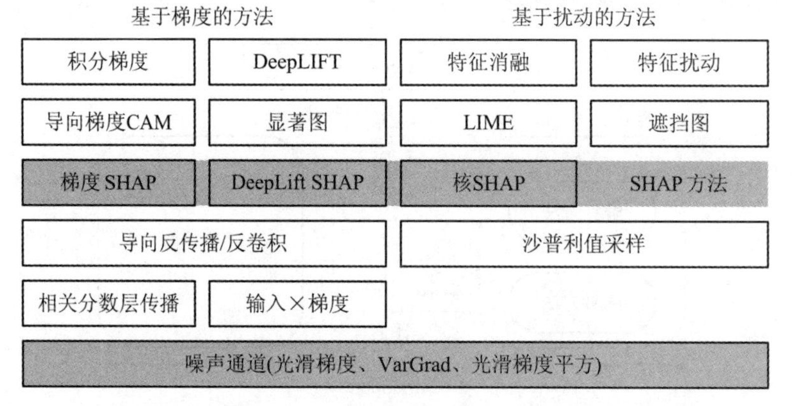

图 1－12 Meta 的可视化工具分类

4）谷歌公司 DeepDream

谷歌对可解释问题的探讨开始较早，在 2015 年其可视化神经网络理解图像方式的早期尝试就催生了迷幻图像(Psychedelic Images)技术。不久之后，谷歌开源了 DeepDream 代码，从而衍生出一种小型艺术流派(用 CNN 生成图画的一种流派)。沿着 DeepDream 的研究思路，谷歌又开始尝试揭示神经网络的自身运行机理。2018 年，谷歌在线上期刊 *Distill* 上介绍了这些技术如何展示神经网络中单个神经元的行为。随后，谷歌又发布了 Lucid，以提供神经网络可解释性的根底架构和工具。Lucid 建立在 DeepDream 上，具备顶尖的特征可视化技术实现和灵活的抽象能力，使新研究方向的探索变得非常简单。除了输出更艺术化的 DeepDream 图像，Lucid 还允许使用者进行有趣的 CNN 模型特征可视化。

5）OpenAI 机构 Microscope

对于神经元的可视化，非营利组织 OpenAI 也推出了一款名为“显微镜”(Microscope)的工具。该工具目前包含了 9 个流行的神经网络，它可以像实验室中的显微镜一样工作，帮助 AI 研究人员更好地观察理解具有成千上万个神经元的神经网络的结构和行为。

其他技术与方案介绍从略。

3. 可视化解释方法谱系

上述工具虽然提供了各自的可视化解释方案，但是实际上 CNN 的可视化解释方法手段要更为宽泛。

为了厘清纷繁复杂的 CNN 可视化解释方法，本书作者提出基于参考数据流向和探索深度两个维度，将现有主要方法囊括于一张谱系图(如图 1－13 所示)之中，具体划分为模型本质(Intrinsic)、数据前向传播和数据反向传播可视化解释三类，其中后面两类统归为数据传播类，又可按照数据可视化施效的网络深度(输入端、中端、输出端)依序细分排列，下面分别进行介绍。

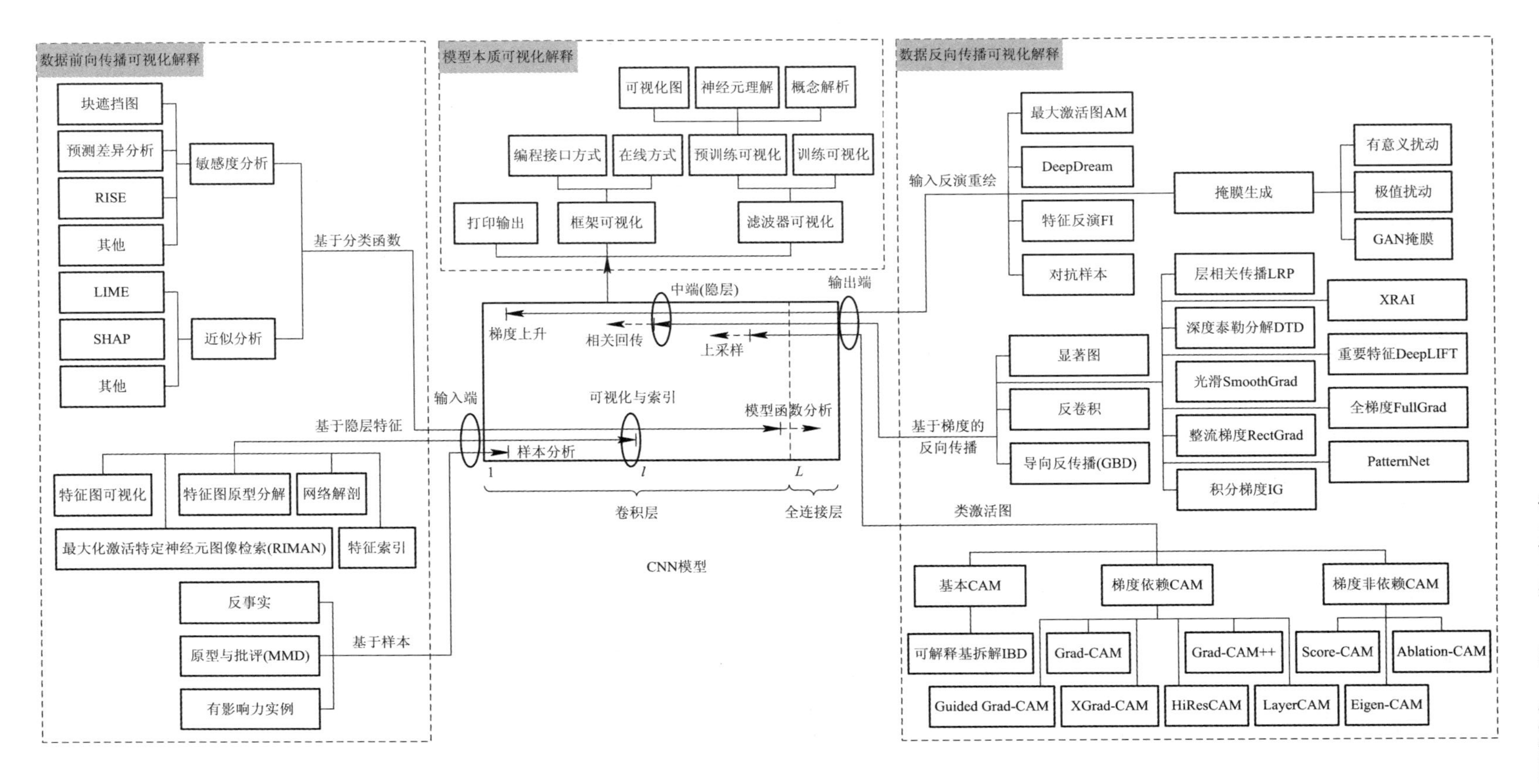

图1-13 CNN可视化解释方法谱系图

（1）模型本质可视化解释。

模型本质可视化是指对模型自身进行呈现，以展示模型的结构、学习所获得的模式信息、学习的性能等。其目的是明确“模型本身是什么样子的?”“模型学习到的特征是什么?”“有哪些因素在模型的任务中发挥了主要作用?”等问题。要解答这些问题，需关注稀疏性、单调性、因果性、外在约束、模型权重、超参数等模型特性，这些特性均独立于输入。

模型本质可视化将在第3章进行详细介绍。

（2）数据前向传播可视化解释。

数据前向传播可视化解释是指向模型导入样本数据后，观察模型对数据特征或分类结果的影响，进而对模型进行呈现、分析和解释，这是典型的因果分析。根据传播方向的深度，该方法分为基于样本、基于隐层特征和基于分类函数三类可视化解释。

数据前向传播可视化将在第4章进行详细介绍。

（3）数据反向传播可视化解释。

如前所述，深度学习模型之所以能够实现不断地“学习”与自我修正，得益于反向传播算法。对反向传播算法关注了哪些梯度进行探究，可以从一个侧面解释模型是如何学习的。数据反向传播可视化解释从输出端侧反向溯源，对输入样本分类进行归因分析。根据传播方向的深度，该方法亦可依次分为类激活图、基于梯度的反向传播、输入反演重绘三大类。

数据反向传播可视化将在第5～7章进行介绍，其中第5章介绍反向传播基本方法，第6章介绍基本梯度方法的一些变式，第7章介绍类激活图的一些改进方法。

CNN可视化解释方法的发展十分迅速，还有很多新解释方法在不断涌现，该谱系规模处于不断扩充中。

本章小结

深度学习发展一路走来取得了辉煌的成果，又因其可解释缺陷也引起了人们的广泛注意。作为深度学习一族中应用最广泛的成员，CNN从实验室走向实用化的程度不断加深，亦使人们对深度神经网络“黑盒”揭示的渴求更加迫切。前人已经通过可视化的方法开辟了一条CNN可解释可行之路，未来CNN可视化解释技术势必由教学、研究中的辅助角色发展为影响CNN技术升级的主攻方向之一。

第 2 章
CNN 原理与经典网络

本章介绍深度学习的原理以及 CNN 有关基础知识，包括深度学习理论基础、深度学习开发框架、CNN 原理与技术、典型 CNN 等，这些都是学习本书后续内容的必要准备。

2.1 深度学习理论基础

2.1.1 神经网络演进过程

现代深度学习神经网络的架构形成并不是一蹴而就的，而是得益于神经学的重要发现逐步改进完成的，其发展可以简单概括为从神经元到感知机、再到前馈神经网络的过程。

1. 神经元

20 世纪初，生物学家发现了生物神经网络的基本单元，其结构示意图如图 2－1 所示。生物神经元由多个树突和一条轴突组成，其中树突用来接收信号，而轴突用来传送信号，两个神经元由突触相连。

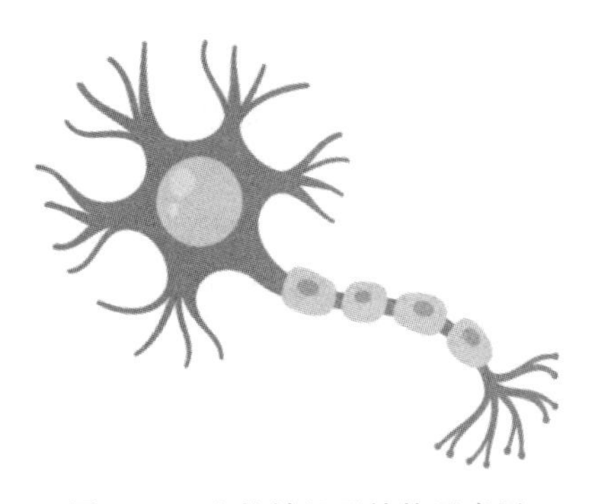

图 2－1 生物神经元结构示意图

每一个神经元都有一个“阈值”，只有当神经元获得的输入信号积累到一定水平直至大于设定的阈值时，神经元才被“激活”，神经元就开始处于兴奋状态，并发出电脉冲信号；否则神经元处于未被“激活”的抑制状态。

对于生物神经元的结构，应当着重记住“阈值”和“激活”这一对概念。

如前所述，心理学家麦卡洛克和数学逻辑学家皮兹在总结生物神经元基本特性的基础上，给出了神经元的形式化数学描述，这就是著名的人工神经元 MP 模型，其结构如图2－2 所示。他们还证明了单个神经元能够执行逻辑功能，后续人们将这一简单的人工神经元模型逐渐发展成为现代人工神经网络。图中 $x_j\ (j=1, 2, \cdots, n)$

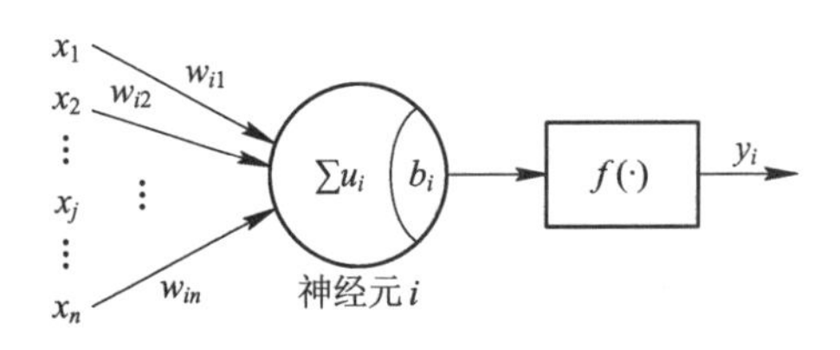

图 2－2 人工神经元 MP 模型

为神经元 i 的输入信号，w_{ij} 为突触强度或连接权重(或权值)。u_i 是由输入信号线性加权求和后的输出，b_i 为神经元 i 的阈值或偏置值(相当于为激活设定一个“门槛”)。输入与输出的关系可以表示为下式：

$$y_i = f(u_i - b_i) = f\left(\sum_{j=1}^{n} w_{ij} x_j - b_i\right) \tag{2-1}$$

其中，$f(\cdot)$为激活函数，y_i 为神经元的输出。

与上述生物神经元比较不难发现，这种MP人工神经元(后续简称“神经元”)结构很好地模拟了前者的基本功能。进一步将大量的这样的人工神经元互连，可以构成庞大的神经网络，从而实现对复杂信息的处理与存储，这种设计在实践中表现出了各种优越性，因此MP模型的设计被认为是非常成功的。

2. 感知机

在MP模型中权值来自外部，是预先设置的，不属于神经元的可控部分，故不能自主修改。因此，需要设计能够自动调整权值的方法解决该问题。正如1.1节所述，20世纪50年代末，在MP模型和海布学习规则(详见1.1节)研究的基础上，美国科学家罗森布拉特提出了由两层神经元(输入层和输出层)组成的神经网络，即感知机(结构如图2-3所示)。

图2-3是一个多输入多输出的单层感知机，其中最左侧一列为多个神经元单元构成的输入层，也称为感知层，有 n 个神经元节点(每个圆圈代表一个MP神经元节点)，这里输入层的任意节点用 j 表示，即 $j \in [1, n]$。这些节点只负责引入外部信息，自身无信息处理能力。每个节点接收一个输入信号，n 个输入信号加上偏置(有时也可将偏置视为特殊的输入，记为 $\boldsymbol{X}$)，则 $j \in [0, n]$，构成 $n+1$ 维输入列向量 $\boldsymbol{X}$。图2-3中右侧的一列神经元称为输出层，也称为处理层，有 m 个神经元节点，这里输出层的任意节点用 i 表示，即：$i \in [1, m]$。输出层每个节点均具有信息处理能力，主要完成加权求和与激活功能(图中分别用符号“$\sum$”与“σ”表示)。m 个节点向外输出处理信息，构成输出列向量 $\boldsymbol{O}$。两层之间的神经元 i 与 j 连接权值用 w_{ij} 表示，从而 $(n+1)\times m$ 个权向量构成感知机的权值矩阵 $\boldsymbol{W}$。

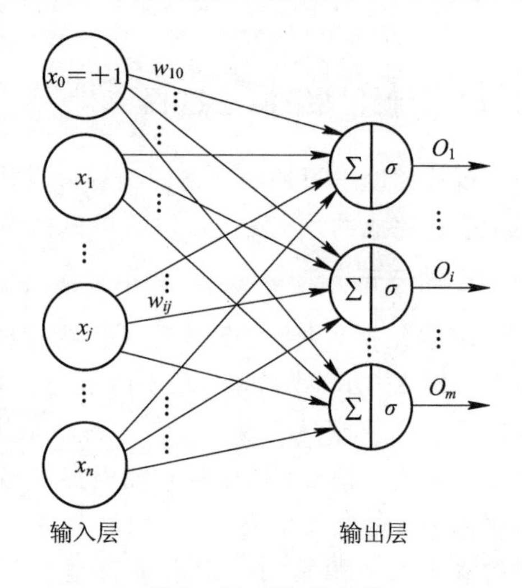

图2-3 感知机结构

感知机不同于传统的逻辑门，可以通过设计学习算法令计算机自动调整权值和偏置值，因而使得机器具有了学习能力。

3. 前馈神经网络

感知机的提出具有划时代的意义，然而通过一段时间的研究，人们发现感知机存在着一个严重的缺陷，这就是著名的“异或门问题”。1969年，明斯基等人发现感知机只能处理线性可分问题，对于线性不可分问题(如图2-4所示)简单感知机则无能为力。

感知机不能将图2-4中最右侧存在异或(XOR)关系的方块与圆圈切分开来。

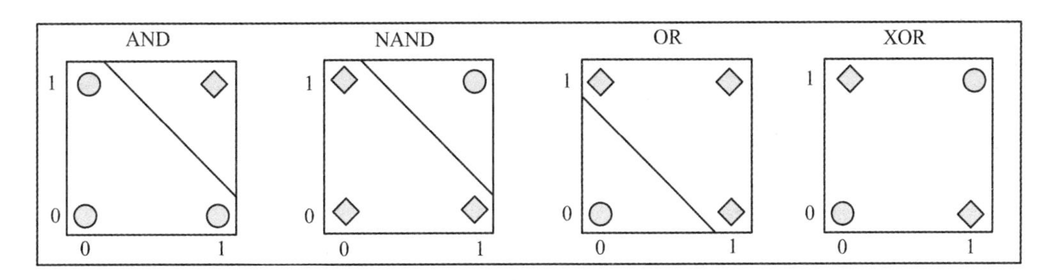

图2-4 感知机的异或局限

受该问题的影响，感知机研究乃至整个人工智能领域都一度陷入了发展的寒冬。转机出现在1975年，Werbos博士在其论文中证明，将多层感知机（MLP，结构如图2-5所示，也被称为全连接前馈神经网络，简称前馈神经网络）堆叠构成神经网络，并利用反向传播算法训练得到的神经网络就可以解决“异或门问题”。

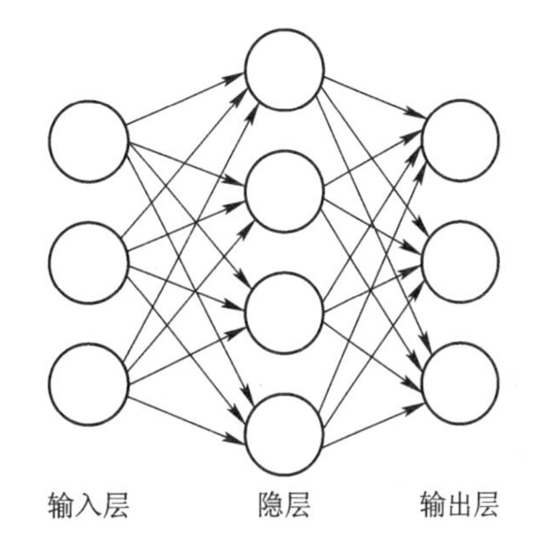

图2-5 多层感知机结构

图2-5中的MLP结构在单层神经网络的基础上引入了一个或多个隐藏层，隐藏层位于输入层和输出层之间，实际上这种含有多隐层的MLP就是一种深度学习结构。MLP隐藏层中的神经元和输入层各个输入完全连接，输出层中的神经元和隐藏层中的各个神经元也完全连接。MLP除了解决了上述“异或门问题”外，Werbos的MLP也使得早在1970年就提出的“自动微分的反向模型(Reverse Mode of Automatic Differentiation)”——算法得以发挥了效用。BP算法就是在MLP中自动微分反向模型的实现(2.1.2小节将进行详细介绍)。

直到今天BP算法仍然是神经网络架构的关键因素，采用BP算法的MLP也是至今为止应用最为广泛的神经网络，这种网络统称为BP神经网络，后续讨论的深度学习模型也都是BP神经网络。

如1.1节所述，除人工神经网络自身的演进之外，万用近似定理(也有文献称为通用近似定理)①的证明也为人工神经网络奠定了理论基础。

人类对世界的认识是一个哲学问题，可以概括为一个从“过程”到“函数”的提升活动。简而言之，从人的直觉认识到世界是一个过程，通过人对客观世界反复实践，慢慢发现指导“世界过程”运转的内在部分，即“函数”。例如：迄今人们发现的重要函数有质能函数、时空函数、波函数、电磁转换函数，等等。进一步，如果认为“世界客观规律皆函数”，则认识世界、模仿世界的活动就是对世界内在规律所表示函数的抽取和利用。

根据已经证明的万用近似定理，如果一个前馈神经网络具有线性输出层和至少一层隐藏层，只要给予网络足够数量的神经元单元，它可以以任意的精度来近似任何从一个有限

① 万用近似定理：对于具有线性输出层和至少一个使用“挤压”性质激活函数(类似sigmoid的有界函数)隐藏层组成的前馈神经网络，只要其隐藏层神经元足够多，它可以以任意的精度来近似任何从一个定义在实数空间中的有界闭集函数。

维空间到另一个有限维空间的紧子集上的连续函数。因此，要使机器具有智能，我们不需要去分解、重新组装获得一个人造的智能体，而是可以利用前馈神经网络去模拟智能体所蕴含的“函数”，就可以达到创造智能的目标。

万用近似定理为人工智能的发展指出了一条阳光大道。

2.1.2 BP 神经网络算法

MLP 中的神经元连接权值是可调节的。通过网络的不断迭代修正，可以实现网络对目标函数的模拟，这一反复迭代的过程就是神经网络的学习过程。

在神经网络的学习过程中，数据沿着网络传播，传播的方向可以分为前向(或称正向)和反向。前向是指信息从输入层开始，逐层向输出方向传播，一直到输出层结束。如果在前向传播过程中网络不调整权值，神经元之间也不存在跨层连接、同层连接，输入层用于数据的输入，由隐含层与输出层神经元对数据进行加工。

反向主要是指数据从输出层开始，逐层向反方向逐层传播，一直到输入层结束。反向传播主要用于学习以调整神经元的连接权值。最常见的学习方法就是 BP 神经网络算法。当然，BP 神经网络算法也并不是人工神经网络唯一的训练方法，其他类似可用的训练方法还有遗传算法(GA)等，本书不作详细介绍。

下面对 BP 神经网络算法进行详细介绍。

1. 前向传播过程

BP 神经网络开始训练时，待学习的神经元连接权值通常是随机赋值的，这显然不能正确模拟目标函数。因此需要通过“学习”对它们不断迭代修正。

如前所述，这个过程可以分为前向传播过程和反向传播过程，首先介绍前向传播过程。

如图 2-6 所示是只有一个隐层的前馈神经网络，其中输入层有 3 个神经元，输出层有 2 个神经元，这里偏置也被当作一种特殊神经元，其输入为“+1”或“-1”。

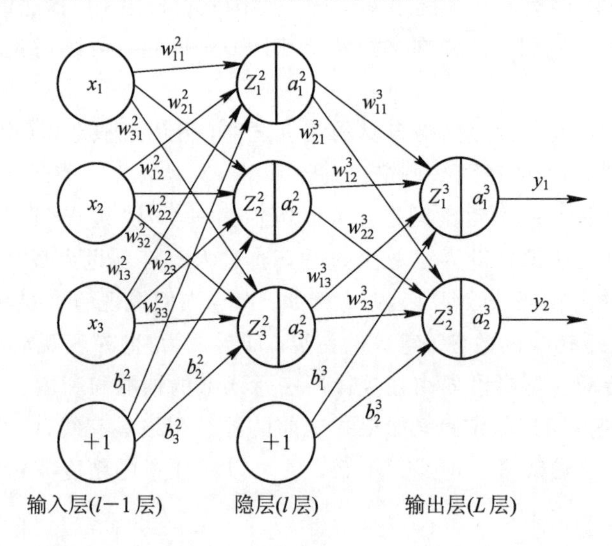

图 2-6 前向传播过程

隐层的输出为

$$a_1^2=\sigma(z_1^2)=\sigma(w_{11}^2x_1+w_{12}^2x_2+w_{13}^2x_3+b_1^2) \tag{2-2}$$

$$a_2^2=\sigma(z_2^2)=\sigma(w_{21}^2x_1+w_{22}^2x_2+w_{23}^2x_3+b_2^2) \tag{2-3}$$

$$a_3^2=\sigma(z_3^2)=\sigma(w_{31}^2x_1+w_{32}^2x_2+w_{33}^2x_3+b_3^2) \tag{2-4}$$

其中，a_i^l 表示第 l 层第 i 个神经元的输出，上标表示神经元层数，下标表示神经元序号；w_{ij}^l 表示第 l 层第 i 个神经元与第 $l-1$ 层第 j 个神经元的连接权值；b_i^l 为第 l 层第 i 个神经元的偏置；z_i^l 表示第 l 层第 i 个神经元的净输入；$\sigma(\cdot)$为激活函数。

输出层的输出为

$$a_1^3=\sigma(z_1^3)=\sigma(w_{11}^3a_1^2+w_{12}^3a_2^2+w_{13}^3a_3^2+b_1^3)=y_1 \tag{2-5}$$

$$a_2^3=\sigma(z_2^3)=\sigma(w_{21}^3a_1^2+w_{22}^3a_2^2+w_{23}^3a_3^2+b_2^3)=y_2 \tag{2-6}$$

进行一般化推广，不难从式(2-5)、式(2-6)看出 a_i^l 的值取决于上一层与之相连的神经元的输出，并有

$$a_i^l=\sigma\left(\sum_j w_{ij}^l a_j^{l-1}+b_i^l\right) \tag{2-7}$$

模拟式(2-7)，将 l 层全部神经元的输出表示为矩阵形式，则有

$$\boldsymbol{a}^l=\sigma(\boldsymbol{w}^l\boldsymbol{a}^{l-1}+\boldsymbol{b}^l) \tag{2-8}$$

为了方便，用 $\boldsymbol{z}^l=\boldsymbol{w}^l\boldsymbol{a}^{l-1}+\boldsymbol{b}^l$ 表示每一层的神经元输入，则式(2-7)可以进一步简化为：$\boldsymbol{a}^l=\sigma(\boldsymbol{z}^l)$。利用式(2-8)，逐层地计算网络的激活输出值，最终就能获取输入 $\boldsymbol{x}$ 的网络输出$\hat{\boldsymbol{y}}$。

2. 反向传播过程

显然，起初权值随机赋值的 BP 神经网络，其前向传播计算获得的输出$\hat{\boldsymbol{y}}$ 与样本的实际标注 $\boldsymbol{y}$ 势必存在误差。

假设(误差)损失函数为ℓ，定义单个数据样本代入网络获得输出的损失值为

$$\mathcal{L}=\ell(\hat{\boldsymbol{y}},\ \boldsymbol{y}) \tag{2-9}$$

以二次损失函数为例，误差ℓ可以取 L_2 范数，则总的代价函数可以表示为同批输入集合 x 所有单个样本的损失函数之和的平均：

$$\mathcal{L}=\sum \ell(\hat{\boldsymbol{y}},\ \boldsymbol{y})=\frac{1}{2\mid x\mid}\sum_x\|\hat{y}_x-y_x\|_2 \tag{2-10}$$

式中，$|x|$为样本集合 x 的元素个数。

由于$\hat{\boldsymbol{y}}$ 是人工神经网络诸权值 w_{ij}^l 的函数，因此对$\mathcal{L}$求偏导，导数指向的方向就是误差最小的方向，这样就可以对导致误差的权值和偏置进行修正了，即执行学习过程。

BP 神经网络学习的过程不是一次完成的，而是通过反复迭代实现的。也就是每次反向传播只是在原来的权值和偏置值的基础上修正一个小值。

误差的偏导数可以认为是沿着神经网络由输出端向输入端进行反向传播的过程示意图如图 2-7 所示。图 2-7 中，输出层$\mathcal{L}$任意神经元 i 以及与之相连的隐层 l 任意神经元 j 关于净输入的损失偏导数分别记为 δ_i^L 和 δ_j^l，其计算公式如下：

$$\delta_i^L=\frac{\partial\mathcal{L}}{\partial z_i^L}=\frac{\partial\mathcal{L}}{\partial a_i^L}\cdot\sigma'(z_i^L) \tag{2-11}$$

式中，σ'为激活函数的导数。

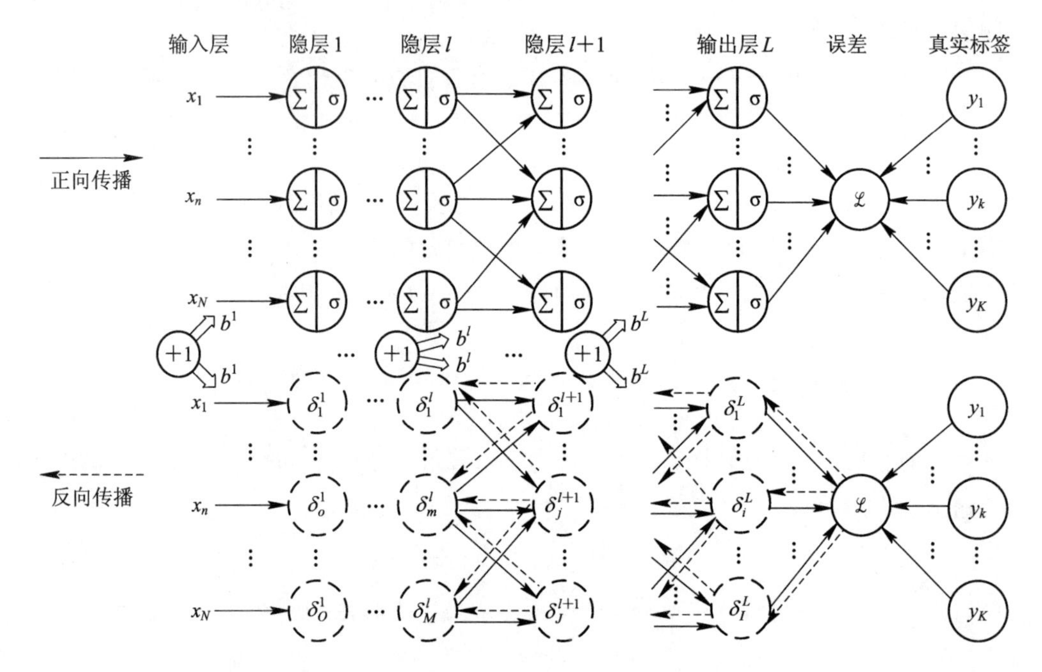

图 2-7　反向传播过程

进一步，求出 δ_i^L 就可以利用下列公式求出与神经元 i 相连的，隐层 l 层的神经元 j 关于输入 z_j^l 及权重 w_{ij}^l、b_i^l 的误差偏导数：

$$\frac{\partial \mathcal{L}}{\partial z_j^l}=\delta_j^l=\frac{\partial \mathcal{L}}{\partial a_j^l}\cdot\sigma'(z_j^l)=\sum_i\left[\delta_i^L\cdot w_{ij}^L\right]\cdot\sigma'(z_j^l) \tag{2-12}$$

$$\frac{\partial \mathcal{L}}{\partial w_{ij}^l}=\frac{\partial \mathcal{L}}{\partial a_i^L}\cdot\sigma'(z_i^L)\cdot\frac{\partial z_i^L}{\partial w_{ij}^l}=a_j^l\delta_i^L \tag{2-13}$$

$$\frac{\partial \mathcal{L}}{\partial b_i^l}=\frac{\partial \mathcal{L}}{\partial a_i^L}\cdot\sigma'(z_i^L)\cdot\frac{\partial z_i^L}{\partial b_i^l}=\delta_i^L \tag{2-14}$$

式中，$\frac{\partial z_i^L}{\partial w_{ij}^l}=\frac{\partial(a_j^l w_{ij}^l)}{\partial w_{ij}^l}=a_i^l$，$\frac{\partial z_i^L}{\partial b_i^l}=1$。

同理得 $l-1$ 层与神经元 j 相连的任意神经元 m 关于输入 z_m^l 及权重 w_{jm}^l、b_j^l 的误差偏导数：

$$\frac{\partial \mathcal{L}}{\partial z_m^{l-1}}=\delta_m^{l-1}=\sum_j\left[\delta_j^l\cdot w_{jm}^l\right]\cdot\sigma'(z_j^{l-1}) \tag{2-15}$$

$$\frac{\partial \mathcal{L}}{\partial w_{jm}^l}=a_m^{l-1}\delta_j^l \tag{2-16}$$

$$\frac{\partial \mathcal{L}}{\partial b_j^l}=\delta_j^l \tag{2-17}$$

在图 2-6 中，由于只有三层结构，$l-1$ 层即为输入层，因此 z_m^{l-1} 就是输入 x_m，$m\in[1,3]$，该层也没有激活，所以 $\sigma'(z_m^{l-1})$ 略去。

为了对误差的传播进行一般性描述，定义 δ^l 为敏感性。结合上述图 2-7 网络的结构，不难发现敏感性是从最后一层开始计算，并通过网络逐层传递到第一层的，表示如下：

$$\delta^L \to \delta^l \to \delta^{l-1} \to \cdots \to \delta^2 \to \delta^1 \tag{2-18}$$

通过上述敏感性传递，网络内的权值和偏置就可以不断地得到更新了。

若采用近似均方误差的梯度下降算法，则有

$$w_{ij}^l(t+1) = w_{ij}^l(t) - \Delta w_{ij}^l = w_{ij}^l(t) - \eta \frac{\partial \mathcal{L}}{\partial w_{ij}^l} \tag{2-19}$$

$$b_i^l(t+1) = b_i^l(t) - \Delta b_i^l = b_i^l(t) - \eta \frac{\partial \mathcal{L}}{\partial b_i^l} \tag{2-20}$$

式中，t 为迭代轮次，Δw_{ij}^l、Δb_i^l 是迭代增量，η 为学习率(通常是一个小值)。有时为了简便起见，将当前的梯度$\partial\mathcal{L}/\partial w_{ij}^l$、$\partial\mathcal{L}/\partial b_i^l$ 表示为 g_t。

3. 过拟合与欠拟合

在 BP 神经网络学习的过程中，应当注意过拟合和欠拟合的问题。

欠拟合是指模型不能在训练集上获得足够低的误差，也就是模型复杂度低，模型在训练集上表现很差，无法学习到数据背后的规律。过拟合是指训练误差和测试误差之间的差距太大，也就是模型复杂度高于实际问题。过拟合的模型在训练集上表现很好，但在测试集上却表现很差，这显然是模型对训练集机械模拟，没有学习到数据背后的规律，泛化能力差的具体表现。

欠拟合与过拟合的数据示意如图 2-8 所示，图中“×”为训练样本，“线”为学习获得的函数曲线。

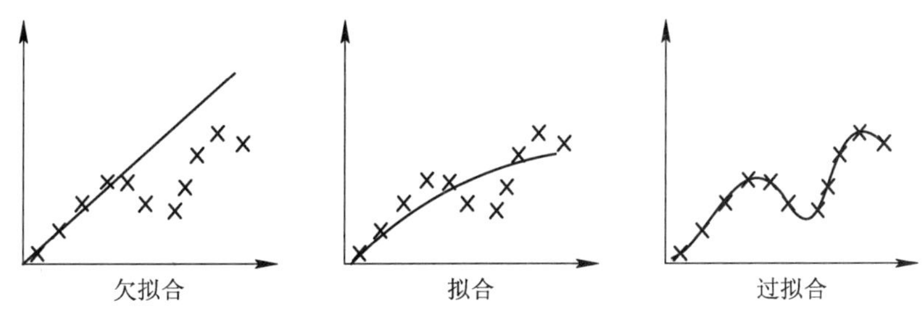

图 2-8　过拟合与欠拟合的数据示意

通常，欠拟合是逐步过渡到过拟合的。在训练刚开始的时候，模型还在学习过程中，处于欠拟合区域。随着训练的进行，训练误差和测试误差都下降。在到达一个临界点之后，训练集的误差下降，测试集的误差开始上升，这时就进入了过拟合区域。因此，可以根据这一事实进行训练策略的调整。

对于过拟合和欠拟合的处置建立在合理的判断基础上。常用的判断方法是从训练集中随机选一部分作为一个验证集，采用 K 折交叉验证(详见 2.3.2 节介绍)的方式，用训练集训练的同时在验证集上测试算法效果。在缺少有效预防欠拟合和过拟合措施的情况下，随着模型拟合能力的增强，错误率在训练集上逐渐减小，而在验证集上先减小后增大；当两者的误差率都较大时，则判断处于欠拟合状态；当验证集误差率达到最低点时，说明拟合效果最好。当误差率由最低点开始增大时，则模型开始进入过拟合状态。

消除欠拟合的常用方法包括：① 增加训练迭代次数；② 增加网络复杂度；③ 在模型中增加特征。

消除过拟合的常用方法包括：① 获取和使用更多的数据，如采用数据增强技术；② 采用合适的模型，控制模型的复杂度；③ 降低特征的数量；④ 采用正则化方法；⑤ 随机地“删除”(Dropout，详见2.3.2节介绍)一部分隐层神经元；⑥ 提前终止训练。

2.1.3 训练求解过程优化

在BP神经网络训练求解过程中，为了尽快实现梯度下降并合理地处理求解过程中容易出现的诸多问题，如局部最优、鞍点、学习率自动调节等，需要对训练求解过程实施优化，具体方法包括：随机梯度下降(Stochastic Gradient Descent，SGD)、动量法(Momentum)、自适应梯度(Adaptive Gradient，AdaGrad)、均方根误差(Root Mean Squared Propagation，RMSProp)、自适应梯度德尔塔改进(Adaptive gradient Delta improvment，AdaDelta)、自适应矩估计(Adaptive Moment Estimation，Adam)等，本节进行简要介绍。

1. SGD

随机梯度下降(SGD)的最原始形式就是批量梯度下降法(Batch Gradient Descent，BGD)。

BGD每迭代一步或更新每一个参数时，都要用到训练集中的所有样本数据。当样本数目巨大时，训练过程会非常慢，尤其是训练过程会随着样本数量的增加而变得异常缓慢。SGD正是为了解决BGD的这一弊端而提出的，它通过每个样本来迭代更新一次(即每迭代一步只用到训练集中的一个样本数据)。

SGD虽然在一定程度上解决了训练缓慢的问题，但伴随的一个问题是噪声较BGD要多，这使得SGD并不是每次迭代都向着最优化方向进行。为此，人们又提出了小批量梯度下降法(Mini-Batch Gradient Descent，MBGD)，一般情况下SGD其实指的就是MBGD。MBGD是BGD和SGD的折中，在梯度计算过程中每次从所有训练数据中取一个子集(Mini-Batch)，即：m'个样本，m'远小于总样本数m。

SGD在实践中取得了不错的效果。

2. Momentum

SGD的一个缺点是其更新方向完全依赖于当前训练样本批(Batch)计算出的梯度，因而十分不稳定，为此人们提出了动量法(Momentum)，其表达式如下：

$$\Delta w(t+1)=\rho\Delta w(t)-\eta g_t \tag{2-21}$$

式(2-21)中，ρ是一个常数，它控制着以前的参数下降的快慢。Momentum方法借用了物理中的动量概念，它模拟的是物体运动时的惯性，即更新$\Delta w(t+1)$的时候，在一定程度上保留之前$\Delta w(t)$更新的方向，同时利用当前的梯度g_t微调最终的更新方向。这样Momentum可以在一定程度上增加稳定性，从而学习得更快，并且还具有一定的摆脱局部最优的能力。

3. AdaGrad

大多数的梯度下降算法都需要选择超参数学习率η，而选择一个好的学习率并不容易，这是因为学习率设置过高会使得系统发散，但设置过小又会使学习过程变慢。并且，不同学习阶段的学习率可能不完全一样。

为了解决这个问题，AdaGrad方法在训练中自动地对学习率η进行调整，表达式如下：

$$\Delta w(t+1)=-\frac{\eta}{\sqrt{\sum_{\tau=1}^{t}g_\tau^2}}g_t \tag{2-22}$$

式中，g_τ 为历史梯度。

AdaGrad 实现了动态学习，学习率与梯度的幅值成反比，梯度越大学习率越小，梯度越小学习率越大。AdaGrad 有一个非常好的特性，即随着时间的推移在各个维度上的速度会趋于一致。因此 AdaGrad 方法非常适合处理稀疏数据。

4. RMSProp

RMSProp 是 Geoff Hinton 提出的一种自适应学习率方法。

AdaGrad 会累加之前所有的梯度平方，而 RMSProp 仅仅是计算对应的平均值，故可缓解 AdaGrad 方法学习率下降较快的问题。

5. AdaDelta

AdaGrad 存在两个缺点：① 随着训练学习率逐渐减小；② 需要人工选择全局学习率。由公式(2-22)可知，AdaGrad 方法中分母从开始训练就对每一次迭代进行累加，其和也不断地变大，使得每个维度上的学习率不断减小，因此多次迭代后学习率会变得非常小。而 AdaDelta 不直接累加所有梯度的平方，而是用一个窗口限制累加的历史梯度，则公式(2-22)的分母就不会被累加到无穷大。

AdaGrad 实质上是使用最近几个梯度来做局部预估，保证了若干次迭代之后学习依然能够继续进行。

6. Adam

Adam 是另一种自适应学习率的方法。它利用梯度的一阶矩估计和二阶矩估计动态调整每个参数的学习率。Adam 的优点主要在于经过偏置校正后，每一次迭代学习率都有确定的范围，这使得参数学习过程比较平稳。

此外，还有一些其他的优化方法不断地被提出，这里不再赘述。

2.2 深度学习框架

深度学习的开发，一般是利用软件公司或机构提供的框架进行，这可以大大提高编程效率并降低出错率。本节对常用的深度学习框架进行介绍。

2.2.1 常见深度学习框架

目前市场上有很多框架被证明是友好且性能优异的，常见的如下。

1. Theano

Theano 是以希腊神话中伊卡里亚岛国王妻子名字命名的框架，是由本吉奥领导的蒙特利尔大学机器学习研究小组(MILA)开发的，也是早期深度学习领域最流行的软件包。严格来说，Theano 不是专门面向深度学习的，而是一个基于多维数组用于计算和优化数学表达式的数值软件包(神经网络的本质其实就是数学表达式)，它可以非常灵活地从无到有地实现神经网络的各种功能。

Theano 最大的优点是灵活且性能非常出色，但缺点是此框架对于学习者而言学习曲线陡峭、编译速度也很慢。用户直接在 Theano 中开发虽然灵活度最高，但开发工作量和难度也不小，所以一些机构在 Theano 基础上进行封装，形成了很多更加易用的框架，如 MILA 官方的 Pylearn2，以及第三方开发的 Lasagne 和 Keras 等。尤其是 Keras，现在已经成为一个脱离底层实现、备受欢迎的流行大框架。

2. MXNet

MXNet 由分布式机器学习社区(DMLC)开发，且是第一个由华人主导开发的流行深度学习框架。MXNet 的特点是轻量级、高性能，并支持分布式和嵌入式等多种场景。MXNet 的前身是 DMLC 的 CXXNet 和 Minerva，这两个项目一个通过配置和定义来训练网络，另一个则提供了类似 Numpy 的多维数组的用法。MXNet 无缝地衔接了这两种用法，获得了非常好的灵活性。

MXNet 支持的语言非常多，扩展性也不错，是一个非常有潜力的深度学习框架。2016 年末，Amazon 宣布 MXNet 为其官方深度学习平台，并会提供进一步支持。

3. TensorFlow

TensorFlow 是 Google 开源的深度学习框架，由于该框架一开始主要面向的是分布式系统，因此具有非常好的延展性，在多 GPU/多机上拥有最好的灵活性。另外 Google 的强有力支持本身也算是其一大优点。TensorFlow 在很大程度上可以看作 Theano 的后继者，这不仅因为它们有很大一批共同的开发者，还因为它们拥有相近的设计理念，都是基于计算图实现自动微分系统。TensorFlow 使用数据流图进行数值计算，数据流图中的节点代表数学运算，图中的边代表在这些节点之间传递的多维数组。

TensorFlow 编程接口支持 Python 和 C＋＋，TensorFlow 1.0 版本后续也开始支持 Java、Go、R 和 Haskell API 等语言。此外，TensorFlow 还可以在 Google Cloud 和 AWS 中运行。TensorFlow 同时支持 Windows 7、Windows 10 和 Windows Server 2016 等操作系统，并且 TensorFlow 使用 C＋＋Eigen 库，所以可以在 ARM 架构上进行编译和优化。这也就意味着用户可以在各种服务器和移动设备上部署自己的训练模型，无须执行单独的模型解码器或者加载 Python 解释器，因而 TensorFlow 尤其受到工业级用户的青睐。

4. Keras

Keras 是一个高层神经网络 API，使用 Python 编写，并将 TensorFlow、Theano 等深度学习框架作为后端。Keras 能够快速实现开发者的想法，也最容易学习上手，是深度学习框架初学者的首选。它提供了一致且简洁的 API，能够极大减少一般应用下用户的工作量。相较于其他深度学习框架，Keras 构建于第三方框架之上(Theano)，更像是一个深度学习接口程序，但缺点也很明显：过度封装导致其失去了灵活性，许多 bug 都隐藏于封装之中，运行很慢。总而言之，学习 Keras 十分容易，但很难真正学习到触及到深度学习的内容。

5. PyTorch

PyTorch 的前身便是 Torch。Torch 是由 Meta 主导，杨立昆领导开发的深度学习框架，于 2014 年开源后迅速传播开来。Torch 的性能非常优秀，作为集合了杨立昆学术能力和 Meta 业界经验的深度学习框架，Torch 初始设计就对多 GPU 的支持非常出色，但是由于 Torch 基于 Lua 这种小众语言，因而在一定程度上限制了其普及，因而其 PyTorch 改进版应运而生。PyTorch 由 Torch7 团队开发，其底层和 Torch 框架一样，但是它是一个以 Python 语言优先的深度学习框架，不仅能够实现强大的 GPU 加速，同时还支持动态神经网络，这是很多主流深度学习框架，甚至是Tensorflow等都不支持的。PyTorch既可以看作加入了GPU支持的Numpy，也可以看成一个拥有自动求导功能的强大的深度神经网络。除了Meta外，它已经被Twitter、CMU和Salesforce等机构采用。

相对于TensorFlow，PyTorch的一大优点是它的数据流图是动态的，而TensorFlow框架是静态图，后者不利于扩展。同时，PyTorch非常简洁，方便使用。总之，如果说TensorFlow的设计是“Make it complicated”，Keras的设计是“Make it complicated and hide it”，那么PyTorch的设计则真正做到了“Keep it simple，stupid”。

6. Caffe

Caffe由伯克利加州大学的博士生贾扬清开发。Caffe基于C++和英伟达公司的GPU通用计算架构CUDA(Compute Unified Device Architecture)开发，特点是：高效、可配置化的输入、GPU和CPU的无缝切换。Caffe拥有庞大的社区，无论是科研领域还是业界都有大量的用户。每当一些最前沿的深度学习方法发表后，很快就会有Caffe官方的预训练模型或是第三方基于Caffe的实现。Caffe是一个对初学者和资深用户都非常适合的工具。

7. 飞桨

飞桨(PaddlePaddle)以百度多年的深度学习技术研究和业务应用为基础，是中国首个自主研发、功能完备、开源开放的产业级深度学习平台，集深度学习核心训练和推理框架、基础模型库、端到端开发套件和丰富的工具组件于一体。飞桨在业内率先实现了动静统一的框架设计，兼顾灵活性与高性能，并提供一体化设计的高层API和基础API，确保用户可以同时享受开发的便捷性和灵活性。在大规模分布式训练技术上，飞桨率先支持千亿稀疏特征、万亿参数、数百节点并行训练的能力，并推出业内首个通用异构参数服务器架构，达到国际领先水平。飞桨拥有强大的多端部署能力，支持云端服务器、移动端以及边缘端等不同平台设备的高速推理。飞桨围绕企业实际研发流程量身定制了大规模的官方模型库，其服务企业遍布能源、金融、工业、农业等多个领域。

此外，还有一些小众框架，如cuda-convnet2、Neon、DeepLearning4j、CNTK等，这里不再赘述。

2.2.2 开发框架综合比较

对于学习者而言，选择一款合适的深度学习开发框架还是一件比较困难的事情，下面从语言、速度、灵活性、文档、适用模型、平台和难易度等几个方面进行综合比较，如表2-1所示。

表2-1 深度学习框架比较

框架名	主语言	从语言	速度	灵活性	文档	适用模型	平台	难易度	开发者
TensorFlow	C++	cuda/Python/Matlab/Ruby/R	中	好	中等	CNN/RNN	全部	难	Google
Caffe	C++	cuda/Python/Matlab	快	一般	全面	CNN	全部	中等	贾扬清
PyTorch	Python	C/C++	中	好	中等	CNN/RNN	全部	中等	Meta
MXNet	C++	cuda/R/julia	快	好	全面	CNN	全部	中等	李沐等
Torch	lua	C/cuda	快	好	全面	CNN/RNN	Linux\OSX	中等	Meta
Theano	Python	C++/cuda	快	好	中等	CNN/RNN	Linux\OSX	中等	EPM大学

依据用户的评价，在众多框架中一般推荐使用PyTorch、TensorFlow、Keras三种，并且在选择的时候，用户尤其需要注意：Keras为基于其他深度学习框架的高级API，进行高度封装，计算速度最慢且对于资源的利用率最差；在模型复杂、数据集大、参数数量大的情况下，PyTorch对于GPU的计算速度和资源利用的优化十分出色；在相同计算条件下，TensorFlow略有逊色，但是TensorFlow在CPU的计算加速和工业环境中表现更加良好。

本书后续代码实现大都选择PyTorch框架。

2.2.3 PyTorch开发实例

在了解了神经网络的基本框架后，本节以一个机器学习线性回归模型训练(BP_1.py)为例，利用PyTorch展示一个最简洁的神经网络[①]。

网络部分关键代码如下：

```
class LR(nn.Module):
    def __init__(self):
        super(LR, self).__init__()
        self.linear=nn.Linear(1, 1)

    def forward(self, x):
        out=self.linear(x)
        return out

LR_model=LR()
x=torch.unsqueeze(torch.linspace(-3, 3, 100000), dim=1)
y=x+1.2 * torch.rand(x.size())
inputs=x
target=y

criterion=nn.MSELoss()
optimizer=optim.SGD(LR_model.parameters(), lr=1e-4)
```

上述代码是一个典型的神经网络的类结构，该类继承了nn.Module类，并重新定义了最重要的两个函数，即网络初始化__init__和前向计算forward函数，前者完成网络的参数准备，后者实现2.1.2节介绍的数据前向传播(为了简化问题，关于反向传播的backward函数在随后训练实现时再进行介绍)。

在初始化函数中，函数nn.Linear()定义了一个神经网络的线性层，这里Linear的参数含义如下：

```
torch.nn.Linear(in_features, # 输入的神经元个数
                out_features, # 输出神经元个数
                bias=True # 是否包含偏置，默认为True )
```

Linear其实就是对输入in_features(记为$X_{n\times i}$)，执行了一个线性变换，计算结果作为

---

① 本书假设读者已经掌握了Python编程语言。

out_features(记为 $Y_{n\times o}$)输出。其中，n 为输入向量的行数(例如：一次输入 10 个样本，即 batch_size 为 10，则 $n=10$)，i 为输入神经元的个数(例如：样本特征数为 5，则 $i=5$)，o 为输出神经元的个数。

该线性变换对应的公式即为

$$Y_{n\times o}=\boldsymbol{X}_{n\times i}\boldsymbol{W}_{i\times o}+b \tag{2-23}$$

b 是 o 维的向量偏置。

下面代码展示了 Linear()线性变换的计算操作：

```
model=nn.Linear(2, 1, bias=True) # 输入特征数为 2，输出特征数为 1

input=torch.Tensor([1, 2]) # 一个样本，该样本有 2 个特征(两个特征值分别为 1 和 2)
output=model(input)
print(output)

# 查看模型参数
for param in model.parameters():
    print(param)
```

输出为：

```
tensor([-0.3722], grad_fn=<AddBackward0>)
Parameter containing:
tensor([[ 0.2886, -0.0725]], requires_grad=True)
Parameter containing:
tensor([-0.5157], requires_grad=True)
```

上述代码对应的计算公式如下：

$$y=[1,\ 2]\cdot[0.2886,\ -0.0725]^{\mathrm{T}}-0.5157$$
$$=-0.3722$$

为了直观展示，画出上述 model 模型的网络结构，如图 2-9 所示。此图也非常直观地展示了计算的过程。

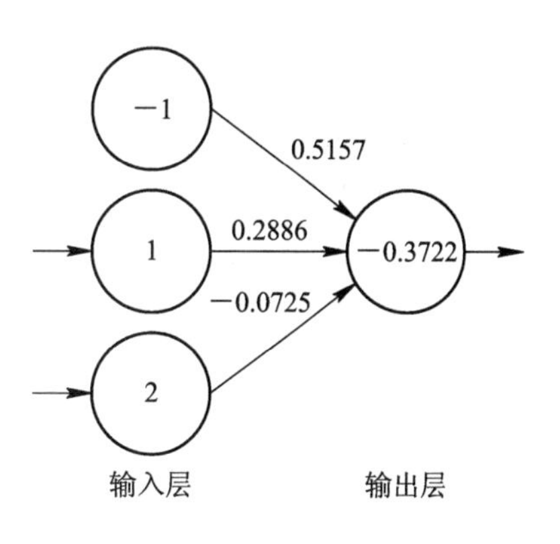

图 2-9　Linear 线性变换图示

下面，继续对上述线性回归模型训练 BP_1.py 的网络训练部分代码介绍如下：

```
def train(model, criterion, optimizer, epochs):
    for epoch in range(epochs):
        # forward 前向计算
        output=model(inputs)
        loss=criterion(output, target)

        # backward 反向计算
        optimizer.zero_grad()
        loss.backward()
        optimizer.step()
```

```
        if epoch % 80==0:
            draw(output, loss)

    return model, loss
```

上述代码中，模型对象 model 的创建会自动调用 forward 前向计算函数(调用机理将在第 2.3.3 节进行介绍)，并输出计算结果；criterion 为 nn. MSELoss()对象，用于均方差误差计算得到 loss；代码接着对 loss 进行反向求导(backward())；这里导数采用 SGD 方法更新该模型参数。经过 epochs 次训练，该 train 函数输出训练后的模型和最终误差。

代码中的 backward()函数实现了网络的反向传播及梯度计算，这由 PyTorch 定义，一般无须重写。

为了展示训练过程，可以将训练可视化绘制出来，代码如下：

```
def draw(output, loss):
    plt.cla()
    plt.scatter(x.numpy(), y.numpy())
    plt.plot(x.numpy(), output.data.numpy(), 'r-', lw=5)
    plt.text(0.5, 0, 'Loss=%s' % (loss.item()), fontdict={'size': 20, 'color': 'red'})
    plt.pause(0.005)

start=perf_counter()
LR_model, loss=train(LR_model, criterion, optimizer, 10000)
finish=perf_counter()
time=finish-start
print("计算时间：%s" % time)
print("final loss:", loss.item())
print("weights:", list(LR_model.parameters()))
```

最终，BP_1.py 回归计算的效果如图 2-10 所示。

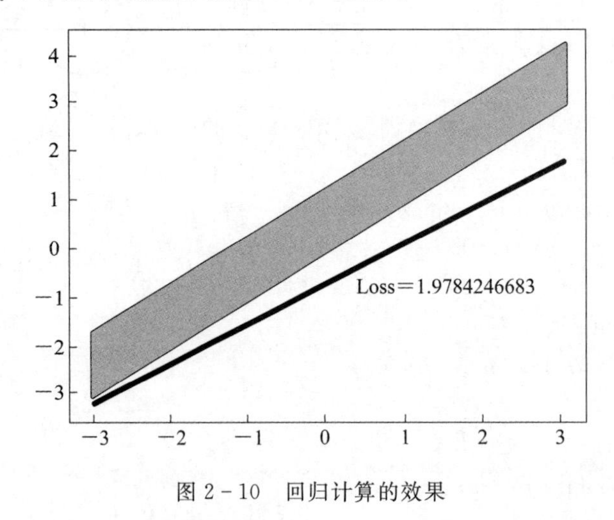

图 2-10　回归计算的效果

2.3　CNN 及关键技术

本节对 CNN 结构及其关键技术进行简要介绍。

2.3.1　CNN 结构原理

CNN 是由福岛邦彦在 1979 年发明的一种神经网络结构，起初并未引起人们广泛注意，真正得以发扬光大的是在杨立昆使用误差反向传播训练而获得惊人的效果之后。

CNN 一般结构形如图 2－11 所示。

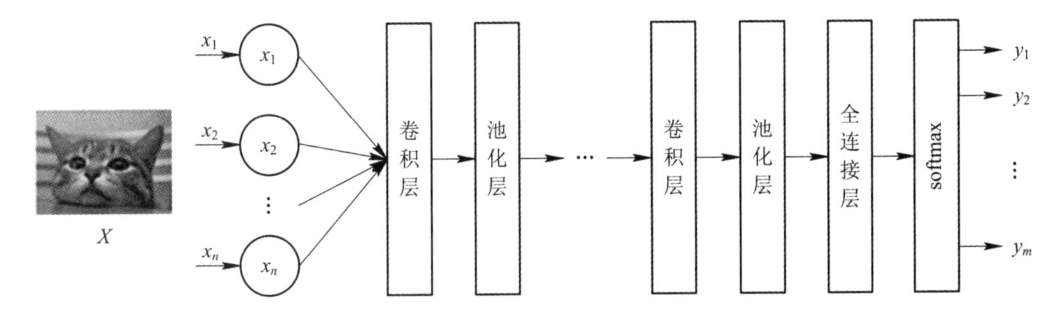

图 2－11　CNN 一般结构

图中的 CNN 的神经网络层由输入层、卷积层、ReLU 层、池化(Pooling)层和全连接层(全连接层和常规神经网络中的一样)叠加构成。在实际应用中，往往将卷积层与 ReLU 层共同称为卷积层，所以卷积层包含卷积操作和激活函数操作。在 CNN 训练过程中，迭代学习的权值 w 和偏置 b 主要集中于卷积层和全连接层(CONV/FC)，而 ReLU 层和池化层则是进行固定不变的函数操作，不能进行学习。学习开始时，权值 w 和偏置 b 被设定为随机初值，随着学习的不断迭代，逐渐呈现出一定的特征。CNN 在大多数应用场合中被用作分类，在此类任务中 CNN 的卷积层和池化层用于特征提取，而全连接层用于分类。在训练样本充分的情况下，CNN 的分类准确度已经超过了人类。

下面对 CNN 的工作原理进行介绍。

1. 卷积层

卷积层是 CNN 最核心的功能部分，它通过互相关计算检测获得输入的模式特征。

1) 互相关计算

在图像领域中，为了实现对图像的识别、检测等高级操作，需要进行输入与已知的特征(核)的互相关计算。以图 2－12 所示的二维互相关计算为例，二维输入与核进行单元对位乘法计算，得到互相关计算输出。一般核的尺寸要小于等于输入的尺寸，因此当核尺寸小于输入尺寸时可以让核在输入框中进行滑动，最终计算得到多个有序排列的输出(也称为“特征”，进行图像计算时称为“特征图”)。

图 2－12 中每个小框代表一个“元素”(或称为“单元”)，每个元素都有一个量值，具体的互相关计算过程如下：

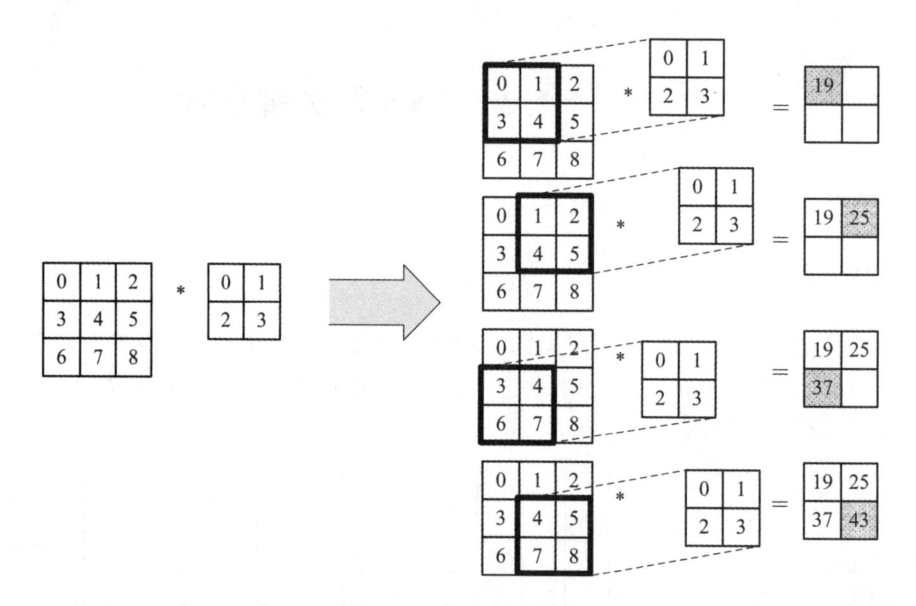

图 2-12 二维相关计算

$$0\times0+1\times1+3\times2+4\times3=19$$
$$1\times0+2\times1+4\times2+5\times3=25$$
$$3\times0+4\times1+6\times2+7\times3=37$$
$$4\times0+5\times1+7\times2+8\times3=43$$

这种互相关计算的物理意义在于，可以从“输入”中检测出核所描述的“模式”，当二者相匹配(相关)时，“输入”会逼近极值。例如在图 2-13 中，左侧是一个黑白相间的二值图，核是一个描述“边缘”的模式，通过上述相关计算，就可以检测出边缘特征(图中“1”与“-1”)，第 3.3.1 节会通过实例展示卷积核的上述滤波效果。

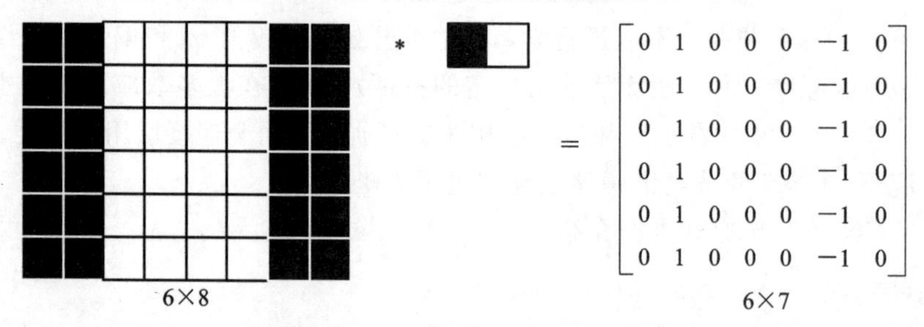

图 2-13 二维互相关边缘检测

此外，由以上的二维互相关卷积计算过程也不难看出，卷积实际上就是矩阵计算。

2) 步幅与填充

在图 2-14 中，核在输入中每次滑动 1 格的距离称为“步幅(Stride)”，用 s 表示。步幅一般取大于等于 1 的整数(也可以小于 1，如微步卷积)，并且可以在高和宽上的方向取值大小不一致，分别用 s_h 和 s_w 表示。

在进行卷积计算时，为了使图像边界上的元素获得与中间位置元素平等的检测机会，还会在原输入外围补上一些“0”值(也可以在输入的中间插值，如空洞卷积)，称为“填充(Padding)”，用 p 表示，如图 2-14 虚线框部分所示。

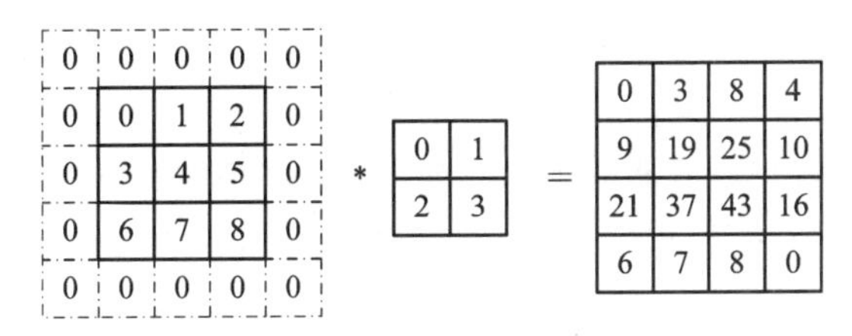

图 2-14　二维相关边缘检测

同样，填充一般也取整数,并且可以在高和宽上的方向取值大小不一致,分别用 p_h 和 p_w 表示。

输入尺寸、核尺寸、步幅以及填充一同影响着输出的尺寸。例如，输入尺寸为 $i_h \times i_w$，核尺寸为 $c_h \times c_w$，输出的尺寸为 $o_h \times o_w$，步幅 s_h、s_w 计算输出的高 o_h 与宽 o_w 的公式如下：

$$o_h = \frac{i_h - c_h + 2p_h}{s_h} + 1 \tag{2-24}$$

$$o_w = \frac{i_w - c_w + 2p_w}{s_w} + 1 \tag{2-25}$$

3) 多核与多通道

一个核能够检测出输入的一种特征，如果需要同时检测同一输入的多种特征时，则会同时使用多个卷积核。对于一幅图像想要得到垂直方向的边缘，还想要同时检测水平、垂直，或者 45°、70°以及各个方向的边缘，就会使用多核进行卷积并行计算，如图 2-15 所示。

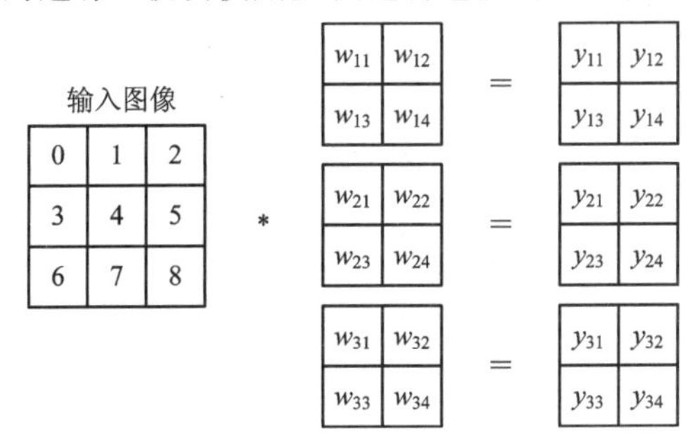

图 2-15　多核卷积

图中，一个输入被三种核“观察”，形成了三个特征图。每个特征图就是同一事物的一种观察结果，称为“通道(Channel)”。例如：彩色图像就有 R、G、B(红、绿、蓝)三个颜色通道，它们都是从原始图的不同颜色观察视角得到的结果。

在 CNN 卷积计算过程中，一个通道可以被分解为多个通道，同样，多个通道也可以被合并为一个通道，如图 2-16 所示。

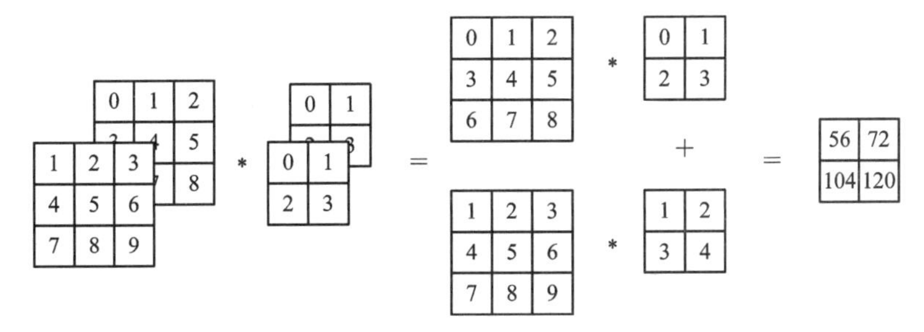

图 2-16　多通道合并

由多个卷积核构成的三维立方体称为滤波器(filter)。滤波器的尺寸为长×宽×深度，其中长、宽是核的尺寸，深度则是由多少张核构成的，例如图2-16中的滤波器尺寸为2×2×2。因此，可以说核是滤波器的基本元素，滤波器是核的有序组合。

在后续逐层观察CNN的卷积运算时，要特别注意通道数量的变化。

4）感受野

CNN之所以在视觉领域取得成功，是因为其实现了对人眼视觉机制的模拟。

以观察气球为例，人类的视觉原理是从原始信号摄入开始(瞳孔摄入像素)，接着做初步处理(大脑皮层某些细胞发现边缘和方向)，然后抽象(大脑判定眼前物体的形状是圆形的)，然后进一步抽象(大脑进一步判定该物体是只气球)。可见，人类视觉是一个“逐层分级、由局部到整体”的过程，而CNN模拟了这个过程，原理如图2-17所示。

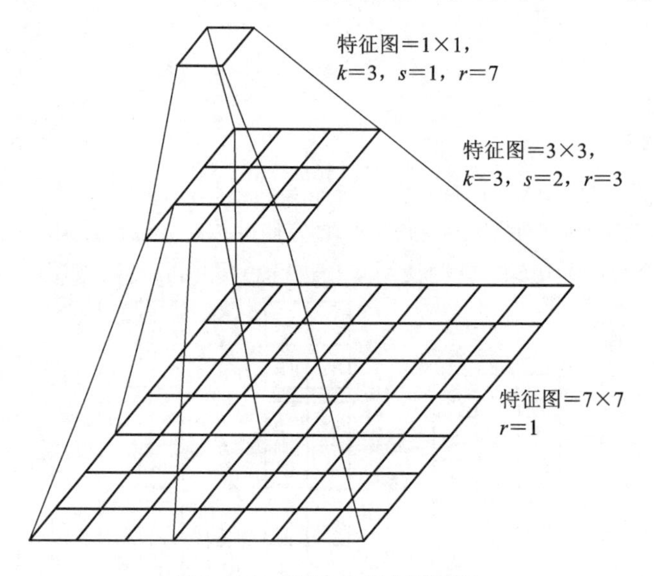

图2-17 CNN模拟人眼原理

图2-17中矩形方格之间的变换对应于CNN的层之间的单元卷积计算。显然，各层特征图上的一个元素(用r表示)对应原始输入的区域大小不一样，这个对应的区域叫作感受野(见1.3.1小节介绍)。如果不考虑填充，每层的卷积为$k\times k$，步长为s，则第$i+1$层的感受野大小为

$$r_{i+1}=r_i-(k_{i+1}-1)\times\prod_{n=0}^{i}s_n \tag{2-26}$$

可见感受野的大小由卷积核尺寸和卷积步幅所决定。实践和理论均证明，感受野越大，看到的图片信息越多，因此获得的特征越好。但是，过大的卷积核会导致计算量的暴增，不利于模型深度的增加，计算性能也会降低。因此，对CNN模型的设计者来说，卷积核的大小设置非常关键(步幅一般为1)。

5）激活函数

CNN的另一个优点是它能够以非线性的方式学习，这要归功于激活层，它为CNN带来非线性的成分。激活层主要是激活函数(读者已经在前面的内容中接触过的δ，就是激活函数)起作用。CNN常用的激活函数包括：sigmoid函数、tanh函数、ReLU函数及其改进

型(如：Leaky-ReLU、P-ReLU、R-ReLU 等)。

激活函数比较见表 2-2。

表 2-2　激活函数比较

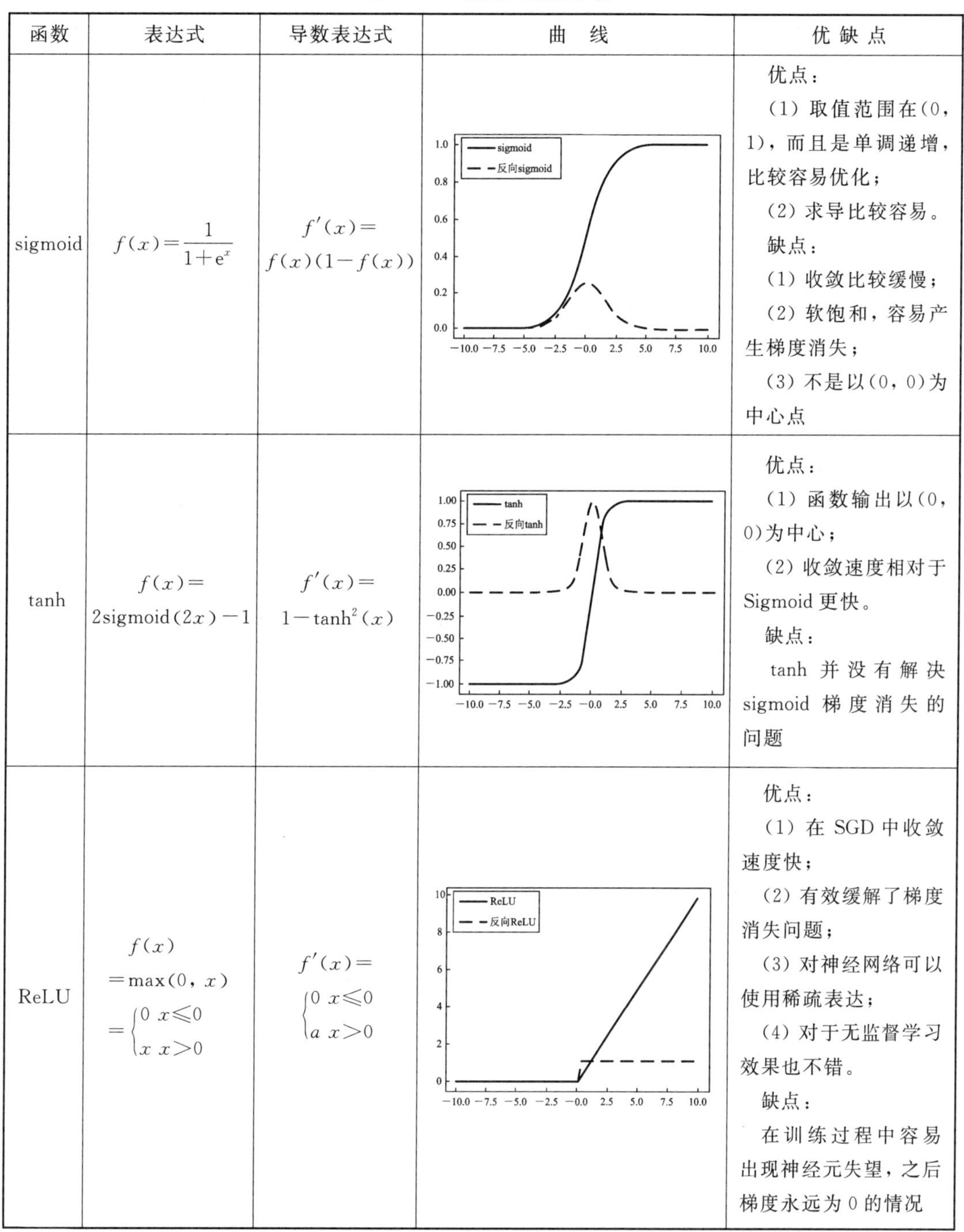

函数	表达式	导数表达式	曲　线	优 缺 点
sigmoid	$f(x)=\frac{1}{1+e^x}$	$f'(x)=f(x)(1-f(x))$	sigmoid 反向sigmoid	优点： (1) 取值范围在(0, 1)，而且是单调递增，比较容易优化； (2) 求导比较容易。 缺点： (1) 收敛比较缓慢； (2) 软饱和，容易产生梯度消失； (3) 不是以(0, 0)为中心点
tanh	$f(x)=2\text{sigmoid}(2x)-1$	$f'(x)=1-\tanh^2(x)$	tanh 反向tanh	优点： (1) 函数输出以(0, 0)为中心； (2) 收敛速度相对于 Sigmoid 更快。 缺点： tanh 并没有解决 sigmoid 梯度消失的问题
ReLU	$f(x)=\max(0, x)=\begin{cases}0 & x\leqslant 0\\ x & x>0\end{cases}$	$f'(x)=\begin{cases}0 & x\leqslant 0\\ a & x>0\end{cases}$	ReLU 反向ReLU	优点： (1) 在 SGD 中收敛速度快； (2) 有效缓解了梯度消失问题； (3) 对神经网络可以使用稀疏表达； (4) 对于无监督学习效果也不错。 缺点： 在训练过程中容易出现神经元失望，之后梯度永远为 0 的情况

如何选择卷积层的激活函数目前没有确定的方法，依然是以经验为主。

卷积实质上是一种下采样的方式。所谓下采样，就是缩小图像尺寸，生成对应图像缩略图的操作。在 CNN 中，下采样操作有卷积和池化两种，它们具有减少计算量以防止过拟合，以及增大感受野以感受全局的信息两个基本功能。此外，卷积下采样还有提取特征的功能，而池化下采样可降低特征的维度。与下采样相对，有时也需要将缩略图恢复到原来的尺寸，这个由小分辨率映射到大分辨率的操作叫作上采样。在CNN中常见的上采样方法有：反卷积(Deconvolution，也称转置卷积，见5.3节介绍)、上池化(UpPooling)方法、双线性插值(各种插值算法)，它们具有保持缩略图信息的同时放大图像的作用。

关于卷积读者的思维不应仅限于本节讨论的原始卷积，除此之外其家族内还有组卷积(Group Convolution)、转置卷积(Transposed Convolution)、1×1 Convolution、空洞卷积(Atrous Convolution)、深度可分离卷积(Depthwise Separable Convolution)、可变形卷积(Deformable Convolution)、空间可分离卷积(Spatially Separable Convolution)、图卷积(Graph Convolution)，以及更高级变种：非对称卷积(Asymmetric Convolution)、八度卷积(Octave Convolution)、异构卷积(Heterogeneous Convolution)、条件参数化卷积(Conditionally Parameterized Convolutions)、动态卷积(Dynamic Convolution)、幻影卷积(Ghost Convolution)、自校正卷积(Self-Calibrated Convolution)、逐深度过参数化卷积(Depthwise Over-parameterized Convolution)、分离注意力模块(ResNet Block)、内卷(Involution)等。

2. 池化层

池化层也叫子采样层，该层的作用是对网络中的特征进行选择，降低特征数量，从而减少参数数量和计算开销。池化操作独立作用在特征图的每个通道上，可减少所有特征图的尺寸，也能起到过拟合的作用。最常见的池化操作是最大池化和平均池化。最大池化取滑动窗内所有神经元的最大值，如图2-18上部操作，平均池化取滑动窗口中所有神经元的平均值，如图2-18下部操作。

池化会导致位置信息丢失，因此很多新型的CNN会尝试用卷积层替代池化层。

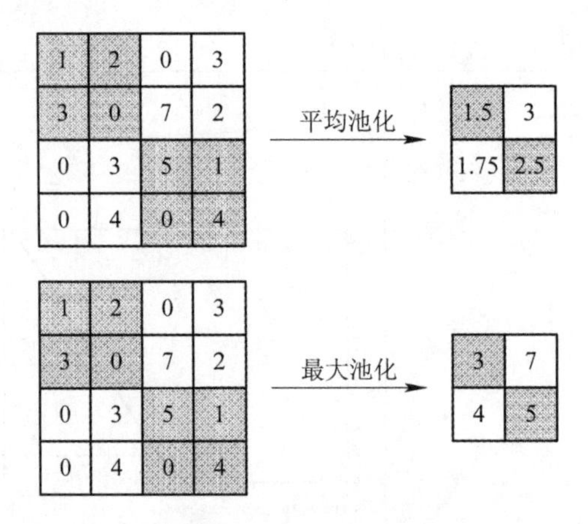

图2-18 池化操作

3. 全连接层

全连接层处于整个CNN的最后几层。

所谓全连接层，就是每一个神经元都与上一层的所有神经元相连，用来把前边提取到的特征综合起来。由于其全相连的特性，一般全连接层的参数也是最多的。在整个CNN中，全连接层起到“分类器”的作用。具体而言，如果卷积层、池化层和激活函数等操作是将原始数据映射到隐层特征空间，全连接层则起到将学到的“分布式特征表示”映射到样本标记空间的作用。全连接层将特征提取得到的高维特征图映射成一维特征向量，该特征向量包含所有特征信息，可以转化为最终分类成各个类别的概率，这一操作可以由 softmax 回归函数完成，如图 2－19 示意。

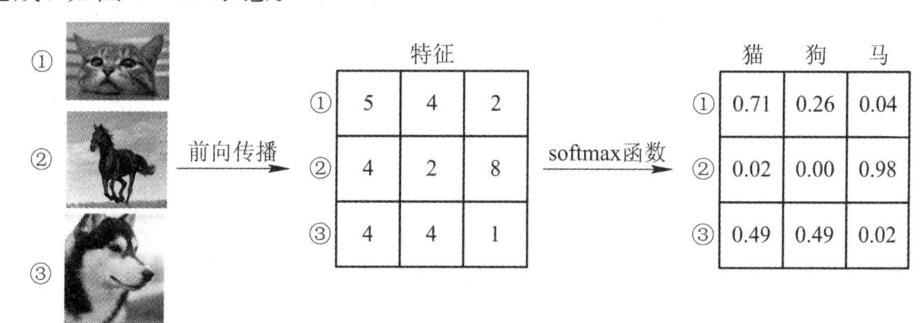

图 2－19　softmax 回归函数分类示意

图中，不同的图片经过 CNN 的前向传播计算，得到特征输入 softmax 函数，输出为各图对应各类别(猫、狗、马)的概率(解释了第 1 章“飞猪”的分类结果)。

2.3.2　CNN 关键技术

在 CNN 实现过程中，为了得到更好的效果、更快的学习收敛速度，设计者还采用了一些不同于传统神经网络的新技术。

1. 局部连接与权值共享

CNN 网络结构提出的重要原因之一就是全连接网络权值过多，为此 CNN 采用了局部连接与权值共享技术。局部连接是指 CNN 相邻的两层中，并不是所有的神经元都是彼此相连的。权值共享是指在卷积核检测输入时，采用滑动窗口方式遍历整个输入，而一次滑动检测过程中，同一卷积核包含的权值被整个输入共享，这进一步减少了权值的数量。

如图 2－20 所示为 9 个输入神经元、4 个输出神经元的两层网络，若采用全连接方式则共需要 4×9＝36 个权值。

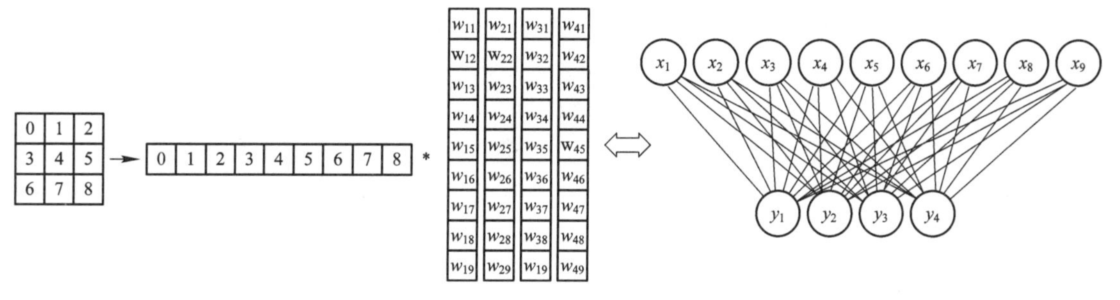

图 2－20　全连接网络训练权值计算

如图 2－21 所示，同样是 9 个输入神经元、4 个输出神经元的两层网络，通过局部连接和权值共享，则总共只需要 4 个权值，这就大大减少了训练计算量。此外，全连接层会把图像展平成一个向量，输入图像上相邻的元素可能因为展平操作不再相邻，因而网络难以捕捉局部信息。而卷积层的设计，天然地具有提取局部信息的能力，因此具有更好的分析识别效果。

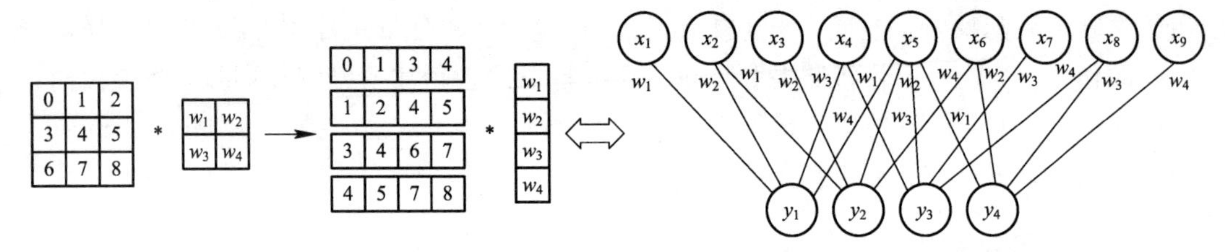

图 2-21　局部连接与权值共享后的网络训练权值计算

2. Dropout

CNN 中为了防治过拟合，常常采用 Dropout 方法，具体是指在深度学习网络的训练过程中，对于神经网络单元，按照一定的概率将其暂时从网络中丢弃。随机梯度下降采用了随机丢弃，故而每一个小批量(Mini-batch)都在训练不同的网络。

Dropout 前后网络的对比如图 2-22 所示。

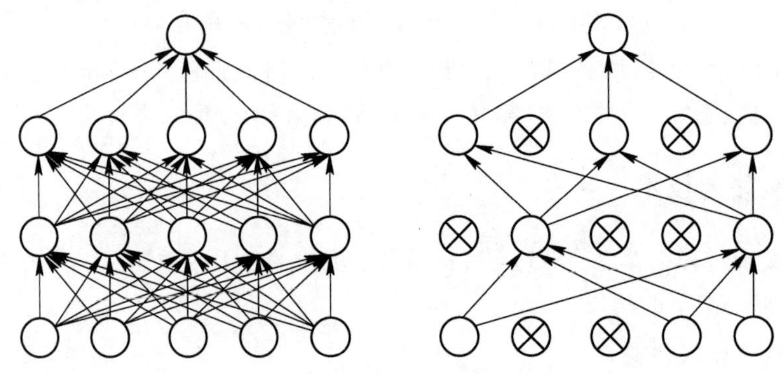

图 2-22　Dropout 前后网络的对比

每次执行完 Dropout 相当于从原始的网络中找到一个更"瘦"的网络，较好地解决了原网络训练费时和过拟合的问题。

3. 随机初始化

在神经网络中，通常采用随机初始化模型参数，这是因为如果将每个隐藏单元的参数都初始化为相等的值，那么在正向传播时每个隐藏单元将根据相同的输入计算出相同的值，并传播至输出层。在反向传播中，每个隐藏单元的参数梯度值相等。因此，这些参数在使用基于梯度的优化算法迭代后值依然相等，之后的迭代也是如此。在这种情况下，无论隐藏单元有多少，隐藏层本质上只有 1 个隐藏单元在发挥作用。

基于上述原因，通常设计者会对神经网络的模型参数，特别是权重参数进行随机初始化。常见的初始化有：常数初始化(Constant)、随机分布初始化、Xavier 初始化、He(由何恺明提出)初始化等。

4. 批标准化

批标准化(Batch Normalization，BN)的功能是使得输入数据符合同一分布，从而使得训练更加简单、快速。这种训练优化方法是由 Google 提出的，其计算过程可以简单归纳为：求数据均值、求数据方差、数据标准化三步。在 PyTorch 中，批标准化以 BN 层的形式实现，该层一般会放在卷积层后面，即：卷积＋标准化＋激活函数。使用批标准化具有以下优势：

(1) 加速网络的收敛速度。在神经网络中，存在内部协变量偏移的现象，因此，如果每层的数据分布不同，会导致非常难以收敛。如果把每层的数据都转换成均值为零，方差为 1 的状态，那么每层数据的分布都是一样的，训练会比较容易收敛。

（2）防止梯度爆炸和梯度消失。对于梯度消失而言，以激活函数 sigmoid 为例，它会使得输入 x 的输出在[0，1]之间，实际上当 x 到达一定数值时，sigmoid 的梯度值就变得非常小，不易训练。这时使用标准化数据，则能让梯度维持在较大的值和变化率上。

（3）防止过拟合。在网络的训练中，BN 使得一个小批量中所有样本都被关联在了一起，因此网络不会从某一个训练样本中生成确定的结果，这样就使得整个网络不会朝这一个方向不平衡地学习，从而在一定程度上避免了过拟合。

5. *k*-折交叉验证

k-折交叉验证是指将原始数据分成 k 个子集(称为折，一般是均分)，将每个子集数据分别当成 1 次验证集，其余的 $k-1$ 组子集数据作为训练集，这样会训练得到 k 个模型，用这 k 个模型最终的验证集的分类准确率的平均数作为此分类器的性能指标。

k-折交叉验证的步骤如下：

（1）将原始数据集分成 k 个子集(k 的大小由模型设计者决定)。

（2）依次对于每个子集作为验证集，其余的 k－1 个子集作为训练集。

（3）训练模型，并在验证集上进行评估，记录评估指标(如：准确率、精确度、召回率等)。

（4）重复步骤(2)和(3)，直到每个子集都充当一次验证集，从而产生了 k 个评估指标。

（5）对 k 个评估指标取平均值，将平均值作为最终的模型性能评估指标。

k-折交叉验证可以较好地判断模型的性能，从而对 CNN 模型进行针对性调整。

除了上述 CNN 技术，在一些典型网络中还采用了一些独特的技术，2.4 节将结合具体网络进行介绍。

2.3.3　CNN 代码实例

1. 网络定义

在了解了神经网络的基本技术以及 CNN 的相关知识后，这里利用 PyTorch 展示一个非常简洁的 CNN 网络(CNN_2.py)，网络代码如下：

```
import torch.nn as nn
import torch.nn.functional as F

class Net(nn.Module):
    def __init__(self):
        super(Net, self).__init__()
        self.conv1=nn.Conv2d(3, 6, 5)
        self.pool=nn.MaxPool2d(2, 2)
        self.conv2=nn.Conv2d(6, 16, 5)
        self.fc1=nn.Linear(16 * 5 * 5, 120)
        self.fc2=nn.Linear(120, 84)
        self.fc3=nn.Linear(84, 10)

    def forward(self, x):
```

```
        x=self.pool(F.relu(self.conv1(x)))
        x=self.pool(F.relu(self.conv2(x)))
        x=torch.flatten(x, 1) # flatten all dimensions except batch
        x=F.relu(self.fc1(x))
        x=F.relu(self.fc2(x))
        x=self.fc3(x)
        return x

net=Net()
print(net)
```

该网络由一个卷积层、一个池化层和三个全连接层构成。该网络类在继承 Moudule 类的基础上，通过构造函数__init__重新定义了网络结构，并通过 forward 函数定义了前向传播的计算。简便起见，该网络输入数据处理和训练部分并没有涉及。

运行结果如下：

```
Net(
  (conv1): Conv2d(3, 6, kernel_size=(5, 5), stride=(1, 1))
  (pool): MaxPool2d(kernel_size=2, stride=2, padding=0, dilation=1, ceil_mode=False)
  (conv2): Conv2d(6, 16, kernel_size=(5, 5), stride=(1, 1))
  (fc1): Linear(in_features=400, out_features=120, bias=True)
  (fc2): Linear(in_features=120, out_features=84, bias=True)
  (fc3): Linear(in_features=84, out_features=10, bias=True)
)
```

在 PyTorch 框架下读者定义自己的网络时，对于一些复杂且必要的功能无须自行定义，这些功能可以直接继承 nn.Module 类，从而只需专注于重新实现构造函数__init__和 forward 这两个函数就可以得到用户自己的网络。

但有一些技巧需注意：

(1) 一般把网络中具有可学习参数的层(如全连接层、卷积层等)放在构造函数__init__()中。

(2) 一般把不具有可学习参数的层(如：ReLU、Dropout、Batch Normalization 层等)可放在构造函数中，也可不放在构造函数中。如果不放在构造函数__init__中，则在 forward 函数中可以使用 nn.functional 来代替。

(3) forward 函数是必须要重写的，它是实现模型的功能以及实现各个层之间连接关系的核心。

得益于 nn.Module 类的功能，__init__与 forward 函数可以自动调用。在实例化模型对象时，__init__函数就被调用了；而给模型对象导入参量时，forward 函数也会被自动调用，这为后续代码书写带来了极大的便利。示例如下：

```
import torch.nn as nn

class Net(nn.Module):
    def __init__(self):
        super(Net, self).__init__()
        print("It's Net init!")

    def forward(self, x):
```

```
        x=x+1
        print("It's Net forward!")
        return x

net=Net()                        # ❶
y=net(x=0)                       # ❷
```

实例化模型对象时，会隐式调用构造函数__init__(见语句❶)；导入参量时，则隐式调用前向函数 forward(见语句❷)。因此，在进行模型对象实例化、导入参量时，一定要注意与对象函数的定义匹配。

那么 nn. Module 是怎样实现 forward 的自动调用呢？主要借助 Python 类的“__call__”函数机制。__call__可以把一个类的实例变成函数，这样就可以通过调用函数的方式来执行一些对象的重要功能，如以下代码所示：

```
class A():
    def __init__(self):
        print('init 函数')
    def __call__(self):
        print('call 函数')


a=A()
a()
```

上面代码执行的打印结果为

```
init 函数
call 函数
```

在了解上述机制后，再通过查阅 nn. Module 定义中的__call__函数，就可以发现 forward 已经被写到了__call__函数定义中：

```
1118                result = self.forward(*input, **kwargs)
```

后续读者也会发现，CNN 网络直接在__call__函数中定义前向操作的情况也很常见。

2. 关键类及构造函数

下面通过示例展示 CNN 中的一些关键类及其构造函数。

(1) CNN_2. py 代码中，类 Conv2d()定义了神经网络的卷积层，Conv2d 的构造函数参数含义如下：

```
torch. nn. Conv2d(in_channels, # 输入特征图的通道数
                  out_channels, # 输出特征图的通道数
                  kennel_size, # 卷积核的大小
                  stride=1, # 卷积核的步长，默认为 1
                  padding=0, # 输入的每一条边补充 0 的层数，默认为 0
                  dilation=1, # 卷积核元素间的距离，默认为 1
                  groups=1, # 原始输入通道划分的组数，默认为 1
                  bias=true) # 默认为 True，表示输出的 bias 可学习
```

下面代码展示了 Conv2d 类对象的卷积计算操作。

```
# 输入是一个 N=20, C=16, H=50, W=100 的向量
```

```
m=nn.Conv2d(16, 38, 3, stride=2)
input=torch.randn(20, 16, 50, 100)
output=m(input)

print(output.size())
```

在Conv2d()中第一个参数是输入的通道，即上述代码中的数值“16”；这里一次输入20个（即N=20）50×100、通道数为16的输入；通过核为3×3、步长为2的卷积计算，得到20个24×49、通道数为38的输出，即out_channels=38，输出为torch.Size([20, 38, 24, 49])，具体计算如下：

$$\frac{50-3+2\times0}{2}+1=23.5+1=24.5,\quad \frac{100-3+2\times0}{2}+1=48.5+1=49.5$$

最终输出之所以尺寸为24×49是因为当计算式得到的输出尺寸非整数时，Conv2d会通过删除多余的行和列来保证卷积的输出尺寸为整数。

上述代码中的卷积核是系统自动随机赋值的，在很多情况下卷积核或偏置需要指定。下面的代码展示了如何查询并指定卷积核与偏置：

```
import torch


input=torch.ones((1, 1, 4, 4))
print(input.shape, input)
c=torch.nn.Conv2d(1, 1, 3)
print(c.weight.data, c.bias.data)
print(c(input))
c.weight.data=torch.Tensor([[[[1, 1, 1],
                               [1, 1, 0],
                               [0, 1, 1]]]])
c.bias.data=torch.Tensor([-0.1376])
print(c(input))
```

（2）CNN_2.py代码中，类MaxPool2d定义神经网络的池化层，MaxPool2d的构造参数含义如下：

```
torch.nn.MaxPool2d(kernel_size; #池化窗口大小，可以是单个值或tuple元组
                   stride; #步长，可以是单个值或tuple元组
                   padding; #填充，可以是单个值或tuple元组
                   dilation; #控制窗口中的元素步幅
                   return_indices; #布尔类型，返回最大值位置索引
                   ceil_mode ) #布尔值，向上取整计算输出形状，默认向下取整
```

下面的代码展示了MaxPool2d类对象池化计算操作：

```
m=nn.MaxPool2d(kernel_size=(2, 2))
input=torch.randn(1, 1, 4, 4)
print(input)
output=m(input)
print(output)
```

结果如下：

```
tensor([[[[ -0.3520, -0.1536,  2.1234,  0.7143],
          [ 0.2711, 0.4898, -0.3132, -0.8650],
          [ 0.4257, -0.2821, -0.0418, -1.1493],
          [-0.4500, -2.1545, -1.3968, 1.4456]]]])
tensor([[[[  0.4898, 2.1234],
          [0.4257, 1.4456]]]])
```

(3) CNN_2.py 代码中，函数 torch.nn.functional.relu 实现了张量的激活操作。下面代码展示了函数 relu 激活操作：

```
x_bf_relu=torch.randn(1, 1, 4, 4)
x_af_relu=torch.nn.functional.relu(x_bf_relu)
print(x_bf_relu, x_af_relu)
```

除了 ReLU 之外，PyTorch 还提供了 sigmod、softmax 等激活的接口函数。此外，PyTorch 也提供了 nn.ReLU 类，可实现类似功能。

(4) CNN_2.py 代码中，函数 flatten 实现了张量的扁平化操作。flatten 的参数含义如下：

```
torch.flatten( input,          # 即要被“抹平”的 tensor
               start_dim=0,    # “抹平”的起始维度
               end_dim=-1)     # “抹平”的结束维度
```

下面的代码展示了函数 flatten 张量扁平化计算操作：

```
t=torch.tensor( [[[1, 2, 2, 1],
                  [3, 4, 4, 3],
                  [1, 2, 3, 4]],
                 [ [5, 6, 6, 5],
                  [7, 8, 8, 7],
                  [5, 6, 7, 8]]])
print(t, t.shape)   #  torch.Size([2, 3, 4])# 2: 0 维, 3: 1 维, 4: 2 维


x=torch.flatten(t, start_dim=1)
print(x, x.shape)                #从 1 维开始融合，得到张量 torch.Size([2, 12]


y=torch.flatten(t, start_dim=0, end_dim=1)
print(y, y.shape)                # 从 0 维开始融合到 1 维结束，得到张量 torch.Size([6, 4])
```

上述 CNN_2.py 代码中，函数 torch.flatten(x, 1)将张量 x 中除表示样本数量的 0 维之外的其余维全部展平。通过上述介绍不难发现，CNN 函数的参数与通道数和卷积核有直接关系，对输入并没有直接限制，是否可以任意输入呢？答案是否定的，如果输入的尺寸不正确，就会在前向计算中产生错误。

3. 快速搭建

读者还可以使用 PyTorch 提供的 torch.nn.Sequential 快速搭建神经网络。

将上述 CNN_2.py 代码修改为如下 CNN_3.py 的代码进行快速搭建：

```
import torch.nn as nn
```

```
class Net(nn.Module):
    def __init__(self):
        super(Net, self).init__()
        self.features=nn.Sequential(
                    nn.Conv2d(3, 6, 5),
                    nn.ReLU(),
                    nn.MaxPool2d(2, 2),
                    nn.Conv2d(6, 16, 5),
                    nn.ReLU(),
                    nn.Linear(16 * 5 * 5, 120),
                    nn.ReLU(),
                    nn.Linear(120, 84),
                    nn.ReLU(),
                    nn.Linear(84, 10)
        )
    def forward(self, x):
        x=self.features(x)
        return x


net=Net()
print(net)
```

上述代码与构建网络的效果与CNN_2.py是一样的，其中torch.nn.Sequential是一个Sequential容器，它按照顺序添加CNN的各层到模块中。另外，也可以向torch.nn.Sequential传入一个形如“OrderedDict([('conv1', nn.Conv2d(3, 6, 5)), ('relu1', nn.ReLU()), ('pool1', nn.MaxPool2d(2, 2)), …])”的有序模块，完成类似功能。

CNN_3.py利用torch.nn.Sequential构建的网络与CNN_2.py的效果一致，区别是前者可以自动加入激励函数，且前向函数forward的描述要简化得多。关于是否选择Sequential构造网络的问题，根据PyTorch的解释：若使用torch.nn.Module，则用户可以根据自己的需求改变传播过程，如RNN等；若只是需要快速构建或者不需要过多的过程，则直接使用torch.nn.Sequential即可。

4. 预训练模型下载

所谓预训练模型，就是已在大型数据集上进行过训练，并且可以针对特定任务只需进行微调就可以使用的半成品模型。使用预训练模型有以下优点：能够利用他人的知识和经验、节省时间和资源以及提高模型性能。预训练模型通常在大型、多样化的数据集上进行训练，经过训练可以识别各种模式和特征。因此，它们可以为后续用户的微调提供坚实的基础，并显著提高模型的性能。

预训练模型可以通过一些在线资源或第三方包得到。例如：PyTorch框架中的torchvision包(请参考 http://pytorch.org/docs/master/torchvision/index.html 或 https://github.com/pytorch/vision/tree/master/torchvision)就可以提供一些常用的CNN模型及其预训练，大

大减轻了研究人员模型编写与训练的工作量。

下面是利用 torchvision 获得 resnet50(详见 2.4.6 节介绍)预训练模型的代码。

```
import torchvision
model=torchvision.models.resnet50(pretrained=True)
```

如果只需要网络结构，不需要用预训练模型的参数，则设置 pretrained 为 False，代码如下：

```
model=torchvision.models.resnet50(pretrained=False)
```

了解了上述 CNN 的基本网络，对于后续典型 CNN 经典网络就不难理解了。

2.4　经典 CNN

在第 1 章的 CNN 发展回顾中，读者已经初步接触到了一些经典的 CNN 网络结构，本节将对各种具有代表性的 CNN 网络进行更详细的介绍。

2.4.1　LeNet

LeNet 是一系列网络的合称，包括最著名的 LeNet-1～LeNet-5，都是由 LeCun 等人提出的。

以 LeNet-5 为例，这是一个 7 层的神经网络，包含 3 个卷积层、2 个池化层、1 个全连接层。其中所有卷积层的卷积核都为 5×5，步长为 1，池化方法为全局 Pooling，激活函数为 Sigmoid。

LeNet-5 的网络结构如图 2-23 所示。

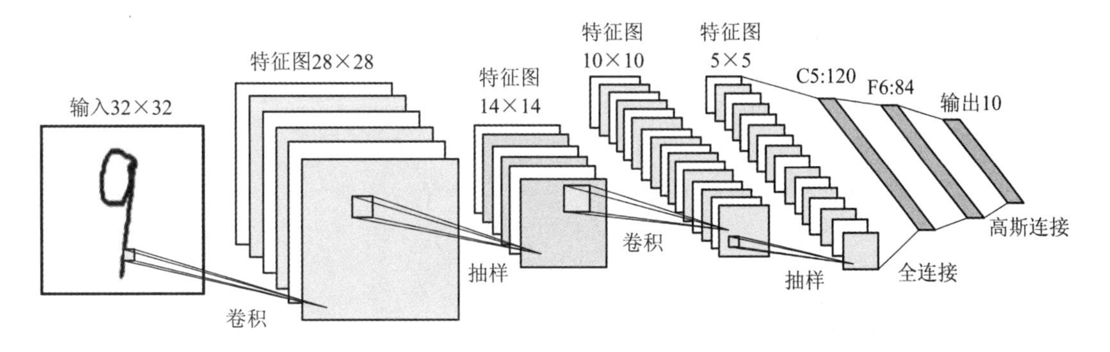

图 2-23　LeNet-5 网络结构

相比 MLP，LeNet 使用了相对更少的参数，获得了更好的结果。此外，LeNet 引入了误差反向传播训练，也比福岛邦彦的原型网络更具有实践性。同时，LeNet 还设计了最大池化来提取特征，进一步减少了训练量。

LeNet-5 的代码实现如下：

```
import torch
import torch.nn as nn
```

```
import torch. nn. functional as F
# 定义网络
class LeNet(nn. Module):
    # 初始化网络
    def __init__(self):
        super(LeNet, self). __init__()
        self. conv1=nn. Conv2d(3, 16, 5)
        self. pool1=nn. MaxPool2d(2, 2)
        self. conv2=nn. Conv2d(16, 32, 5)
        self. pool2=nn. MaxPool2d(2, 2)
        self. fc1=nn. Linear(32 * 5 * 5, 120)
        self. fc2=nn. Linear(120, 84)
        self. fc3=nn. Linear(84, 10)

    # 正向传播
    def forward(self, x):               # input(3, 32, 32)
        x=F. relu(self. conv1(x))       # output(16, 28, 28)
        x=self. pool1(x)               # output(16, 14, 14)
        x=F. relu(self. conv2(x))       # output(32, 10, 10)
        x=self. pool2(x)               # output(32, 5, 5)
        x=x. view(-1, 32 * 5 * 5) # output(32*5*5) 1个批量大小的行 32×5×5=800列
        x=F. relu(self. fc1(x))         # output(120)
        x=F. relu(self. fc2(x))         # output(84)
        x=self. fc3(x)                 # output(10)
        return x

if __name__=='__main__':
    # 测试验证
    input=torch. rand([50, 3, 32, 32])
    model=LeNet()
    print(model)
    output=model(input)
    print(output)
```

1998年LeNet-5被提出是近二十几年来深度学习的里程碑事件，具有非常重要的历史地位。

2.4.2 AlexNet

2012年出现的AlexNet使用了8层卷积神经网络，并以绝对的优势赢得了当年ImageNet图像识别挑战赛冠军。AlexNet模型由5个卷积层、3个池化层、3个全连接层构成，使用了更多的卷积层和更大的参数空间来拟合大规模数据集ImageNet。

AlexNet 的网络结构如图 2-24 所示。

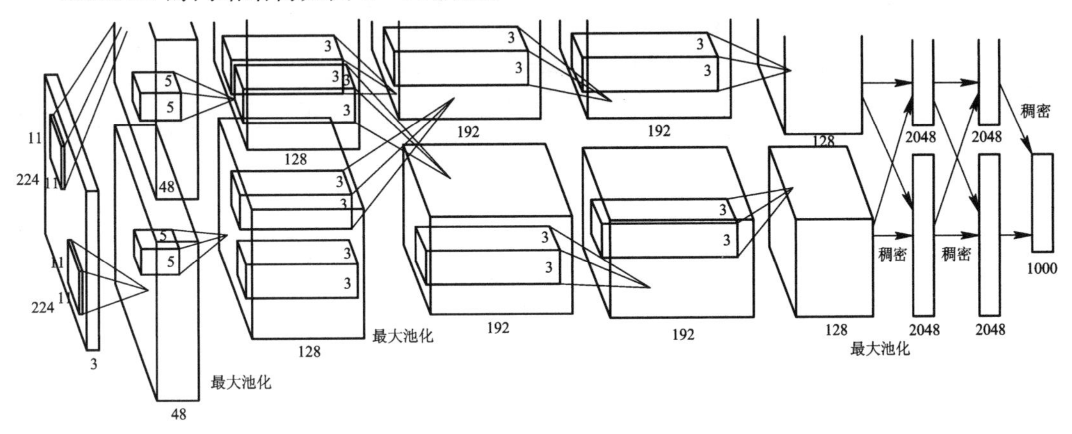

图 2-24　AlexNet 的网络结构

AlexNet 和 LeNet-5 的设计理念非常相似，但有如下区别：

(1) AlexNet 比 LeNet-5 要深得多。

(2) AlexNet 使用 ReLU 而不是 sigmoid 作为其激活函数。

(3) AlexNet 通过 Dropout 控制全连接层的模型复杂度，而 LeNet-5 只使用了权重衰减来进一步扩充数据。

(4) AlexNet 采用重叠的最大池化，避免了平均池化的模糊化效果。

(5) AlexNet 在训练时增加了大量的图像增强(如翻转、裁剪和变色)数据，这使得模型更加健壮，可以使用更大的样本量，从而有效地减少了过拟合。

(6) AlexNet 采用局部响应归一化，增强了模型的泛化能力。

AlexNet 中最突出的创新应当算是 Dropout。Dropout 已经成为目前 CNN 中的必备结构之一。Dropout 也可以看作是一种模型组合，每次生成的网络结构都不一样，通过组合多个模型的方式能够有效地减少过拟合。Dropout 只需要两倍的训练时间即可实现模型组合(类似取平均)的效果，表现非常高效。

AlexNet 代码实现(详见 Alexnet.py)①如下：

```
import torch.nn as nn
import torch

class AlexNet(nn.Module):
    def __init__(self, classes=1000):
        super(AlexNet, self).__init__()
        self.features=nn.Sequential(
            nn.Conv2d(3, 64, kernel_size=11, stride=4, padding=2),
            nn.ReLU(inplace=True),
            nn.MaxPool2d(kernel_size=3, stride=2),
            nn.Conv2d(64, 192, kernel_size=5, padding=2),
```

① 为了简化描述，后续的经典 CNN 网络仅展示网络结构的部分代码。

```
            nn.ReLU(inplace=True),
            nn.MaxPool2d(kernel_size=3, stride=2),
            nn.Conv2d(192, 384, kernel_size=3, padding=1),
            nn.ReLU(inplace=True),
            nn.Conv2d(384, 256, kernel_size=3, padding=1),
            nn.ReLU(inplace=True),
            nn.Conv2d(256, 256, kernel_size=3, padding=1),
            nn.ReLU(inplace=True),
            nn.MaxPool2d(kernel_size=3, stride=2)
        )
        self.avgpool=nn.AdaptiveAvgPool2d((6, 6))
        self.classifier=nn.Sequential(
            nn.Dropout(),
            nn.Linear(256 * 6 * 6, 4096),
            nn.ReLU(inplace=True),
            nn.Dropout(),
            nn.Linear(4096, 4096),
            nn.ReLU(inplace=True),
            nn.Linear(4096, classes),
        )
    def forward(self, x):
        x=self.features(x)
        x=self.avgpool(x)
        x=torch.flatten(x, 1)
        x=self.classifier(x)
        return x

model=AlexNet()
print(model)
```

AlexNet可以认为是浅层神经网络和深度神经网络的分界线。

2.4.3 VGGNet

VGGNet(简称VGG)是牛津大学的Visual Geometry Group实验室和Google DeepMind公司研究员一起研发的深度神经网络。2014年VGG在ImageNet图像分类与定位挑战赛ILSVRC(ImageNet Large Scale Visual Recognition Challenge)中获得图像分类任务第二名及目标定位任务第一名的优异成绩。VGG整个网络都使用了同样大小的卷积核尺寸(3×3)和最大池化尺寸(2×2)。同时，它的准确率也十分好。因此，VGG在计算机视觉图像分类识别和特征提取都有着广泛的应用。VGG-16网络结构如图2-25所示。

与AlexNet类似，VGG网络也分为卷积层(提取特征)和全连接层(进行分类)这两个模块。

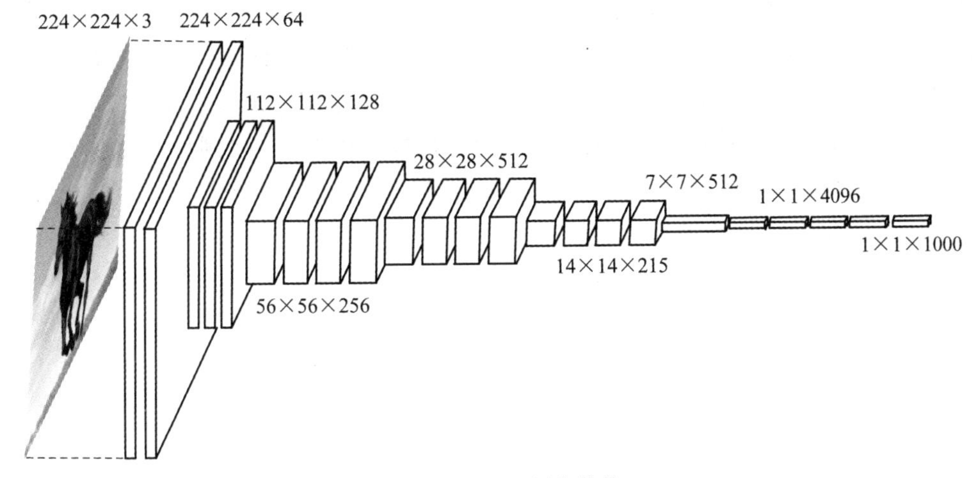

图 2-25　VGG-16 网络结构

VGG 实际上是通过替换 AlexNet 中除了全连接层的那一部分，将其替换成了多个 VGG 块(可以理解成结构类似的小集团)所实现的改进。根据卷积核大小与卷积层数目的不同，VGG 可以分为 6 种子模型，分别是 A、A-LRN、B、C、D、E(见图 2-26)。VGG 官

	A	A-LRN	B	C	D	E
	11 权重层	11 权重层	13 权重层	16 权重层	16 权重层	19 权重层
	输入(224×224)RGB图像					
	Conv3-64	Conv3-64 LRN	Conv3-64 Conv3-64	Conv3-64 Conv3-64	Conv3-64 Conv3-64	Conv3-64 Conv3-64
	最大池化					
	Conv3-128	Conv3-128	Conv3-128 Conv3-128	Conv3-128 Conv3-128	Conv3-128 Conv3-128	Conv3-128 Conv3-128
	最大池化					
卷积层提取特征	Conv3-512 Conv3-512	Conv3-512 Conv3-512	Conv3-512 Conv3-512	Conv3-512 Conv3-512 Conv3-512	Conv3-512 Conv3-512 Conv3-512	Conv3-512 Conv3-512 Conv3-512 Conv3-512
	最大池化					
	Conv3-512 Conv3-512	Conv3-512 Conv3-512	Conv3-512 Conv3-512	Conv3-512 Conv3-512 Conv3-512	Conv3-512 Conv3-512 Conv3-512	Conv3-512 Conv3-512 Conv3-512 Conv3-512
	最大池化					
	FC-4096					
全连接层分类	FC-4096					
	FC-1000					
	softmax					

图 2-26　VGG 的 6 种子模型

方也给出6种不同的VGG的结构，其中最常用的是VGG-16和VGG-19。输入VGG大小为224×224×3的图片，经64个3×3的卷积核作两次卷积+ReLU(激活函数)，卷积后的尺寸变为224×224×64。VGG在池化层作最大化池化，池化单元尺寸为2×2，池化后的尺寸变为112×112×64。以此类推，再进行4次卷积核池化操作，得到尺寸为7×7×512的输出。最后，再透过两层1×1×4096，以及一层1×1×1000的全连接+ReLU(共三层)，通过softmax输出1000个预测结果。

VGG代码实现如下(详见VGG.py代码)：

```
class VGG(nn.Module):
    def __init__(self, features, num_classes=1000, init_weights=True):
        super(VGG, self).__init__()
        self.features=features
        self.classifier=nn.Sequential(
            nn.Linear(512 * 7 * 7, 4096),
            nn.ReLU(True),
            nn.Dropout(),
            nn.Linear(4096, 4096),
            nn.ReLU(True),
            nn.Dropout(),
            nn.Linear(4096, num_classes),
        )
        if init_weights:
            self._initialize_weights()

    def forward(self, x):
        x=self.features(x)
        x=x.view(x.size(0), -1)
        x=self.classifier(x)
        return x
```

其中，特征是通过下面make_layers函数根据VGG的类型动态构建的。

```
def make_layers(cfg, batch_norm=False):
    layers=[]
    in_channels=3
    for v in cfg:
        if v=='M':
            layers+=[nn.MaxPool2d(kernel_size=2, stride=2)]
        else:
            conv2d=nn.Conv2d(in_channels, v,
                             kernel_size=3,
                             padding=1)
```

```
            if batch_norm:
                layers+=[conv2d,
                         nn.BatchNorm2d(v),
                         nn.ReLU(inplace=True)]
            else:
                layers+=[conv2d,
                         nn.ReLU(inplace=True)]
            in_channels=v
    return nn.Sequential( * layers)①


cfg={
    'A': [64, 'M', 128, 'M', 256, 256, 'M', 512, 512, 'M', 512, 512, 'M'],
    'B': [64, 64, 'M', 128, 128, 'M', 256, 256, 'M', 512, 512, 'M', 512, 512, 'M'],
    'D': [64, 64, 'M', 128, 128, 'M', 256, 256, 256, 'M', 512, 512, 512, 'M', 512, 512,
512, 'M'],
    'E': [64, 64, 'M', 128, 128, 'M', 256, 256, 256, 256, 'M', 512, 512, 512, 512, 'M',
512, 512, 512, 512, 'M'], }
```

VGG 网络相比于之前的 LeNet 以及 AlexNet 网络分类效果更加优异，原因是其网络层数达到了空前的规模。为使模型运行良好，VGG 进行了一些卓有成效的创新，包括：使用 3×3 的卷积核堆叠代替 7×7 的卷积核，增加了模型非线性表达能力，使得分割平面更具有可分性；使用小卷积核，使得参数量大大减少；通过不断增加通道数来达到更深的网络；使用 2×2 最大池化核方法实现更多细节的信息捕获；进行了权重初始化。

VGG 模型具有突出优点，尤其是在多个迁移学习任务中的表现要优于 GoogleNet，在从图像中提取 CNN 特征时首选 VGG 模型。

2.4.4　NiN

NiN 于 2014 年提出，并在当年 CIFAR-10 和 CIFAR-100 分类任务中达到当时的最高水平。NiN 以一种全新的角度审视了 CNN 中的卷积核设计，通过引入子网络结构代替纯卷积中的线性映射部分，这种形式的网络结构激发了更复杂的 CNN 结构设计。

传统 CNN 使用的线性滤波器是局部感受野下的一种广义线性模型(Generalized Linear Model，GLM)，所以用 CNN 进行特征提取时，其实就隐含地假设了特征是线性可分的。但实际问题往往是难以线性可分的。传统 CNN 一般通过增加卷积过滤器来产生更高层的特征表示。NiN 的发明者则提出在卷积层使用更有效的非线性函数逼近器(Nonlinear Function Approximator)来提高卷积层的抽象能力，从而使得网络能够在每个感受域提取更好的特征。

基于此思想设计的 NiN 网络结构与 VGG 比较如图 2-27 所示。

① 上述代码函数中，输入的参数前的“ * ”表示将任意个数的参数导入到 Python 函数中，一个“ * ”表示多出来的参数以元组形式包裹，两个“ * ” 表示多出来的参数以字典形式包裹。

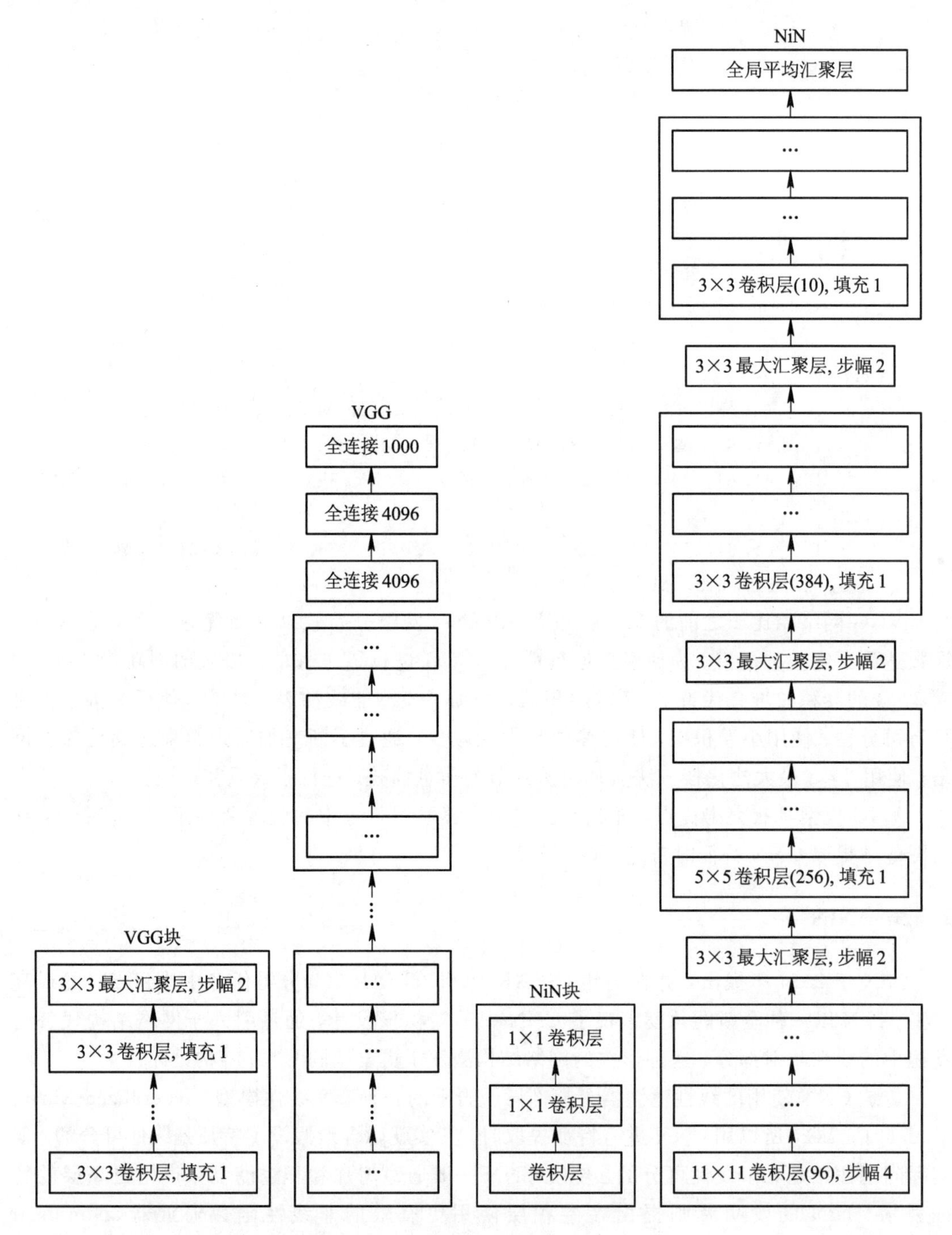

图 2-27 NiN网络结构与VGG比较

构建模块的代码实现如下：

```
def make_layers(in_channels, out_channels, kernel_size, stride, padding):
    conv=nn.Sequential(
        nn.Conv2d(in_channels, out_channels, kernel_size, stride, padding),
        nn.ReLU(inplace=True),
```

```
            nn.Conv2d(out_channels, out_channels, kernel_size=1, stride=1, padding=0),
            #1×1 卷积,整合多个 feature map 的特征
            nn.ReLU(inplace=True),
            nn.Conv2d(out_channels, out_channels, kernel_size=1, stride=1, padding=0),
            #1×1 卷积,整合多个 feature map 的特征
            nn.ReLU(inplace=True)
        )
        return conv
```

完整的 NiN 网络代码(Nin.py)如下:

```
class NinNet(nn.Module):
    def __init__(self):
        super(NinNet, self).__init__()
        self.conv=nn.Sequential(
            make_layers(1, 96, 11, 4, 2),
            nn.MaxPool2d(kernel_size=3, stride=2),
            make_layers(96, 256, kernel_size=5, stride=1, padding=2),
            nn.MaxPool2d(kernel_size=3, stride=2),
            make_layers(256, 384, kernel_size=3, stride=1, padding=1),
            nn.MaxPool2d(kernel_size=3, stride=2),
            make_layers(384, 10, kernel_size=3, stride=1, padding=1)
        )

        self.gap=nn.Sequential(
            nn.AvgPool2d(kernel_size=6, stride=1)
        )

    def forward(self, img):
        feature=self.conv(img)
        output=self.gap(feature)
        output=output.view(img.shape[0],-1)#[batch, 10, 1, 1]-->[batch, 10]

        return output
```

NiN 还提出用全局平均池化(Global Average Pooling, GAP)层代替传统的 FC 层,其主要思想是将每个分类对应最后一层输出的特征图取平均,然后将得到的池化后的向量经 Softmax 函数计算得到分类概率。

GAP 层的优点包括:

(1) GAP 层加强了特征映射和类别之间的对应,更适合 CNN,且特征图可以被解释类别置信度。

(2) GAP 层不用优化参数,可以避免过拟合。

(3) GAP 层对空间信息可进行汇总,因此对输入数据的空间变换具有更好的鲁棒性。

(4) GAP层可看作是一个结构正则化器，显性地强制特征图映射为概念置信度。

2.4.5 GoogleNet/ InceptionNet

GoogLeNet也叫InceptionNet，是在2014年提出的，如今已迭代到V4版本。

GoogleNet比VGG具有更深的网络结构，一共有22层；参数只有AlexNet的1/12，但是计算量却是AlexNet的4倍，原因是它采用GoogLeNet Inception模块，并且没有全连接层。GoogleNet最重要的创新就在于使用Inception模块，通过使用不同维度的卷积提取不同尺度的特征图，从而降低了网络的参数量和计算复杂度。GoogleNet在架构设计上保持低层的传统卷积方式不变，只在较高的层采用Inception模块(Inception v2模块的结构见图2-28)。

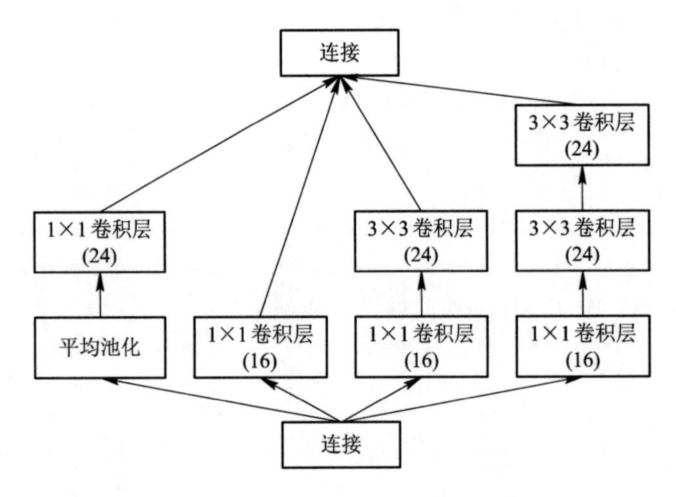

图2-28 Inception v2模块结构

Inception模块部分代码(详见GoogleNet.py代码)如下：

```
class Inception(nn.Module):
    def __init__(self, in_planes, n1x1, n3x3red, n3x3, n5x5red, n5x5, pool_planes):
        super(Inception, self).__init__()
        # 1x1 conv branch
        self.b1=BasicConv2d(in_planes, n1x1, kernel_size=1)

        # 1x1 conv-> 3x3 conv branch
        self.b2_1x1_a=BasicConv2d(in_planes, n3x3red, kernel_size=1)
        self.b2_3x3_b=BasicConv2d(n3x3red, n3x3, kernel_size=3, padding=1)

        # 1x1 conv-> 3x3 conv-> 3x3 conv branch
        self.b3_1x1_a=BasicConv2d(in_planes, n5x5red, kernel_size=1)
        self.b3_3x3_b=BasicConv2d(n5x5red, n5x5, kernel_size=3, padding=1)
        self.b3_3x3_c=BasicConv2d(n5x5, n5x5, kernel_size=3, padding=1)

        # 3x3 pool-> 1x1 conv branch
```

```
        self.b4_pool=nn.MaxPool2d(3, stride=1, padding=1)
        self.b4_1x1=BasicConv2d(in_planes, pool_planes, kernel_size=1)

    def forward(self, x):
        y1=self.b1(x)
        y2=self.b2_3x3_b(self.b2_1x1_a(x))
        y3=self.b3_3x3_c(self.b3_3x3_b(self.b3_1x1_a(x)))
        y4=self.b4_1x1(self.b4_pool(x))
        return torch.cat([y1, y2, y3, y4], 1)
```

增加网络深度和宽度是一个有效途径，但也面临着参数量过多、过拟合等问题。为了在同一层提取不同(稀疏或不稀疏)的特征，Inception 网络采用不同大小的卷积核，获得不同大小的感受野，进而实现不同尺度特征的融合。在 Inception V1 取得成功的基础上，Google 进行了后续改进：Inception V2 将 5×5 的卷积改为两个 3×3 的卷积，感受野由 5×5 扩大为了 6×6；Inception V3 利用 1×7 的卷积和 7×1 的卷积代替了 7×7 的卷积，利用 1×3 的卷积和 3×1 的卷积代替了 3×3 的卷积；Inception V4 尝试研究 Inception 和残差(Residual)网络的性能差异以及二者结合的可能性。

2.4.6 ResNet

深度残差网络(Deep Residual Network，ResNet)是在 2015 年提出的一种独特设计网络，当年就获得了 ILSVRC 和 COCO 2015 中的 5 项冠军，又一次刷新了 CNN 模型在 ImageNet 中的纪录。

在 ResNet 提出之前，所有的神经网络都是通过卷积层和池化层的叠加组成的。直觉上，越深的网络具有越强的表达能力，但是在 ResNet 提出之前人们发现当网络的深度达到一定值，如 VGG 网络达到 19 层时，再增加层数模型的分类准确率反而会下降。研究发现，这个现象可能源自恒等映射难以学习问题。这就解释了在实际的试验中发现，随着卷积层和池化层的叠加，不但没有出现学习效果越来越好的情况，反而出现以下两种问题：

(1) 梯度消失和梯度爆炸问题。

梯度消失：若每一层的误差梯度小于 1，则反向传播时，网络越深，梯度越趋近于 0；

梯度爆炸：若每一层的误差梯度大于 1，则反向传播时，网络越深，梯度越来越大。

(2) 退化问题。

退化问题：随着层数的增加，预测效果越来越差。

为了解决这些问题，ResNet 提出用残差结构来减轻退化问题。该结构人为地让神经网络某些层跳过下一层神经元的连接，隔层相连，以弱化每层之间的强联系。通过使用残差结构的卷积网络，即使随着网络的不断加深，效果也不会变差，而是变得更好了。

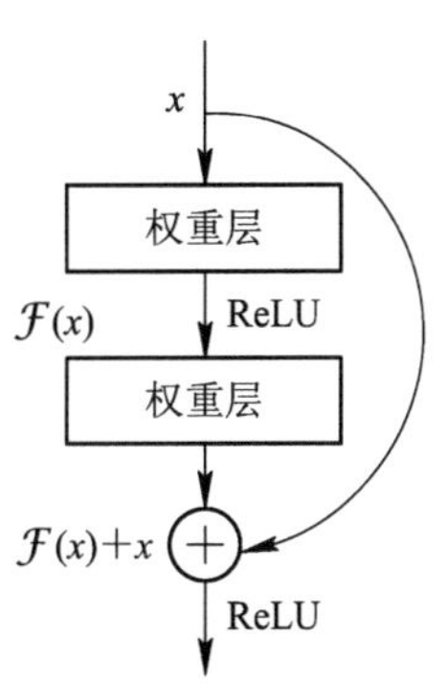

图 2-29　残差结构

如图 2-29 所示，残差结构使用了一种 shortcut(捷径)的连接方式，也可理解为捷径，使得特征矩阵隔层相加($\mathcal{F}(x)$与 x 的形状相同)。这里相加是指特征矩阵相同位置上的数字相加。ResNet 有两种不同的残差结构，即 BasicBlock 和 Bottleneck，如图 2-30 所示。与BasicBlock比较，Bottleneck使用了1×1卷积层，作用是对特征矩阵进行升降维，如图中将特征矩阵的深度由256降低到64；而第三层的1×1的卷积核是对特征矩阵进行升维操作，将特征矩阵的深度由64升高到256，从而确保主分支上输出的特征矩阵和捷径分支上输出的特征矩阵形状相同，以便进行加法操作。

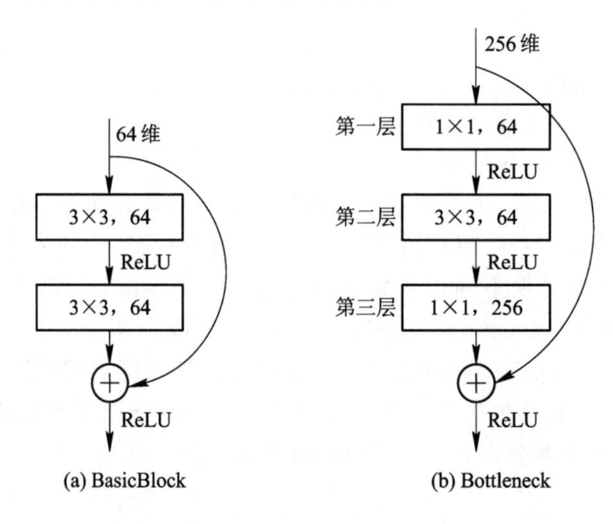

图2-30 BasicBlock与Bottleneck结构

BasicBlock的代码实现(详见ResNet.py代码)如下：

```
class BasicBlock(nn.Module):
    expansion=1

    def __init__(self, inplanes, planes, stride=1, downsample=None):
        super(BasicBlock, self).__init__()
        self.conv1=conv3x3(inplanes, planes, stride)
        self.bn1=nn.BatchNorm2d(planes)
        self.relu=nn.ReLU(inplace=True)
        self.conv2=conv3x3(planes, planes)
        self.bn2=nn.BatchNorm2d(planes)
        self.downsample=downsample
        self.stride=stride

    def forward(self, x):
        identity=x

        out=self.conv1(x)
        out=self.bn1(out)
        out=self.relu(out)

        out=self.conv2(out)
        out=self.bn2(out)
```

```
        if self.downsample is not None:
            identity=self.downsample(x)

        out+=identity
        out=self.relu(out)

        return out
```

Bottleneck 的代码实现(详见 ResNet.py 代码)如下：

```
class Bottleneck(nn.Module):
    expansion=4

    def __init__(self, inplanes, planes, stride=1, downsample=None):
        super(Bottleneck, self).__init__()
        self.conv1=conv1x1(inplanes, planes)
        self.bn1=nn.BatchNorm2d(planes)
        self.conv2=conv3x3(planes, planes, stride)
        self.bn2=nn.BatchNorm2d(planes)
        self.conv3=conv1x1(planes, planes * self.expansion)
        self.bn3=nn.BatchNorm2d(planes * self.expansion)
        self.relu=nn.ReLU(inplace=True)
        self.downsample=downsample
        self.stride=stride

    def forward(self, x):
        identity=x

        out=self.conv1(x)
        out=self.bn1(out)
        out=self.relu(out)

        out=self.conv2(out)
        out=self.bn2(out)
        out=self.relu(out)

        out=self.conv3(out)
        out=self.bn3(out)

        if self.downsample is not None:
            identity=self.downsample(x)

        out+=identity
        out=self.relu(out)
```

```
    return out
```

ResNet 不仅使用了残差结构，还使用了 Batch Normalization 加速训练，这些技术使得训练出更深的网络成为可能(首次突破了 1000 层)。ResNet 给出了 18、34、50、101、152 层 5 种不同层数的结构，如表 2-3 所示，其中 ResNet-18/34 是 BasicBlock 残差结构，ResNet-50/101/152 是 Bottleneck 残差结构。由于 ResNet“简单与实用并存”的优点，之后很多方法都是建立在 ResNet-50 或 ResNet-101 的基础上提出的，它们在检测、分割、识别等领域都得到了广泛的应用。

表 2-3　BasicBlock 与 Bottleneck 结构

层名称	输出尺寸	18 层	34 层	50 层	101 层	152 层
conv1	112×112	7×7，64，步长 2				
conv2. x	56×56	3×3，最大池化，步长 2				
		$\begin{bmatrix}3\times3,64\\3\times3,64\end{bmatrix}\times2$	$\begin{bmatrix}3\times3,64\\3\times3,64\end{bmatrix}\times3$	$\begin{bmatrix}1\times1,64\\3\times3,64\\1\times1,256\end{bmatrix}\times3$	$\begin{bmatrix}1\times1,64\\3\times3,64\\1\times1,256\end{bmatrix}\times3$	$\begin{bmatrix}1\times1,64\\3\times3,64\\1\times1,256\end{bmatrix}\times3$
conv3. x	28×28	$\begin{bmatrix}3\times3,128\\3\times3,128\end{bmatrix}\times2$	$\begin{bmatrix}3\times3,128\\3\times3,128\end{bmatrix}\times4$	$\begin{bmatrix}1\times1,128\\3\times3,128\\1\times1,256\end{bmatrix}\times4$	$\begin{bmatrix}1\times1,128\\3\times3,128\\1\times1,256\end{bmatrix}\times4$	$\begin{bmatrix}1\times1,128\\3\times3,128\\1\times1,256\end{bmatrix}\times4$
conv4. x	14×14	$\begin{bmatrix}3\times3,256\\3\times3,256\end{bmatrix}\times2$	$\begin{bmatrix}3\times3,256\\3\times3,256\end{bmatrix}\times6$	$\begin{bmatrix}1\times1,256\\3\times3,256\\1\times1,256\end{bmatrix}\times6$	$\begin{bmatrix}1\times1,256\\3\times3,256\\1\times1,256\end{bmatrix}\times23$	$\begin{bmatrix}1\times1,256\\3\times3,256\\1\times1,256\end{bmatrix}\times36$
conv5. x	7×7	$\begin{bmatrix}3\times3,512\\3\times3,512\end{bmatrix}\times2$	$\begin{bmatrix}3\times3,512\\3\times3,512\end{bmatrix}\times3$	$\begin{bmatrix}1\times1,512\\3\times3,512\\1\times1,2048\end{bmatrix}\times3$	$\begin{bmatrix}1\times1,512\\3\times3,512\\1\times1,2048\end{bmatrix}\times3$	$\begin{bmatrix}1\times1,512\\3\times3,512\\1\times1,2048\end{bmatrix}\times3$
	1×1	平均池化，1000 维，Softmax				
FLOP		1.8×10^9	3.6×10^9	3.8×10^9	7.6×10^9	11.3×10^9

注：FLOP 为每秒浮点运算次数(Floating-point Operations Persecand)。

2.4.7 DenseNet

DenseNet(Densely Connected Convolutional Network)模型的基本思路与 ResNet 一致，但它建立的是前面所有层与后面层的密集连接(Dense Connection)，其名称也由此而来。DenseNet 的另一大特色是通过特征在通道上的连接来实现特征重用(Feature Reuse)。这些特点使得 DenseNet 的参数较少和计算成本较低，比 ResNet 的性能更优。

相比 ResNet，DenseNet 提出了密集连接机制，即所有的层互相连接，具体来说就是每一层都将其前面所有的层作为其额外的输入。图 2-31 为 DenseNet 的密集连接机制。可以看到，在ResNet中，每一层与前面的某层(一般是2～3层)短路连接在一起，连接方式是通过元素级相加实现的；而在DenseNet中，每一层都会与前面所有的层在通道维度上连接在一起(这里各个层的特征图大小是相同的)，并作为下一层的输入。DenseNet可直接连接来自不同层的特征图，从而实现特征重用，并提升效率，这一特点是DenseNet与ResNet最主要的区别。

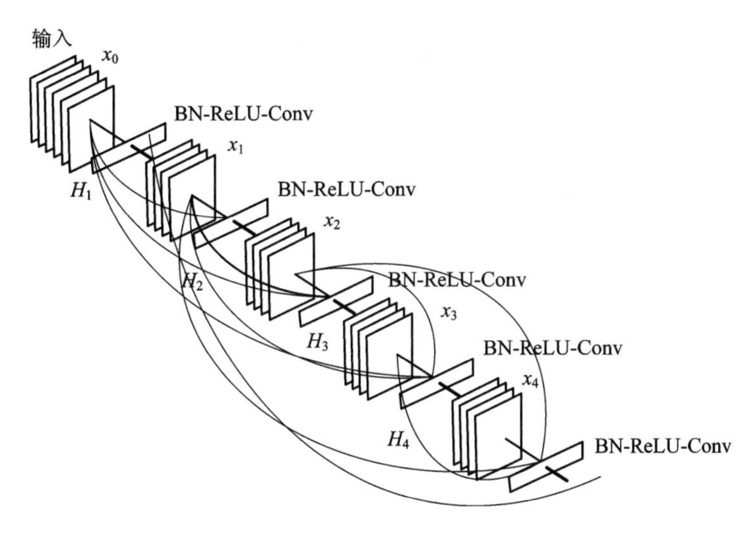

图2-31 DenseNet网络结构

DenseNet代码(详见DenseNet.py代码)实现如下：

```
class DenseNet(nn.Module):

    def __init__(self, layers: object, k, theta, num_classes) -> object:
        super(DenseNet, self).__init__()
        # params
        self.layers=layers
        self.k=k
        self.theta=theta
        # layers
        self.conv=BN_Conv2d(3, 2 * k, 7, 2, 3)
        self.blocks, patches=self.__make_blocks(2 * k)
        self.fc=nn.Linear(patches, num_classes)

    def __make_transition(self, in_chls):
        out_chls=int(self.theta * in_chls)
        return nn.Sequential(
            BN_Conv2d(in_chls, out_chls, 1, 1, 0),
            nn.AvgPool2d(2)
        ), out_chls

    def _make_blocks(self, k0):
```

```
        layers_list=[]
        patches=0
        for i in range(len(self.layers)):
            layers_list.append(DenseBlock(k0, self.layers[i], self.k))
            patches=k0+self.layers[i] * self.k   # output feature patches from Dense Block
            if i ! =len(self.layers)-1:
                transition, k0=self.__make_transition(patches)
                layers_list.append(transition)
        return nn.Sequential( * layers_list), patches

    def forward(self, x):
        out=self.conv(x)
        out=F.max_pool2d(out, 3, 2, 1)
        # print(out.shape)
        out=self.blocks(out)
        # print(out.shape)
        out=F.avg_pool2d(out, 7)
        # print(out.shape)
        out=out.view(out.size(0), -1)
        out=F.softmax(self.fc(out))
        return out
```

通过选择不同的网络参数，可以实现不同深度的DenseNet。

DenseNet在ResNet基础上前进了一步，相比ResNet具有更多的优势。

2.4.8 其他模型

CNN的经典模型仍然存在一些不尽如人意的地方，例如：若识别的局部区域大小不一且图像包含较多的噪声，则CNN不能充分提取目标特征的信息，从而影响网络的分类与识别性能。于是人们开始考虑能否通过改进特征图通道、卷积核等来进一步提高网络提取特征的能力。另外，卷积核作为CNN的核心部分，其本质只是建模图像的空间信息，并没有建模通道之间的信息。面对现实中的复杂图像，深层网络虽然可以获取图像更高层的语义信息，但是增加网络层数难免会让训练过程出现过拟合现象。为了解决上述问题，人们又推出了很多变种网络，如CapsNet、SENet、SKNet、Res2Net、ResNeXt、ResNeSt、EfficientNet等，它们的特点和采用的新技术如下：

CapsNet即胶囊网络，是CNN的一种变体。通常将神经网络隐藏层中的所有数据称为网络的神经元。在CNN中，这些神经元以特征图的形式参与运算，特征图由输入图像经过卷积运算得到，多个特征图组成了一个隐藏层，浅层的隐藏层通过卷积运算得到更深层的隐藏层。深浅两层隐藏层之间的关系由卷积运算确定，而卷积运算使用卷积算子“滑”过每个完整的特征图来完成，因此可以说深浅两层隐藏层之间的关系是静态连接的。在胶囊网络中，一组神经元的集合被定义为胶囊，这个集合可以是向量也可以是矩阵。多个胶囊组成了一个隐藏层，而深浅两层隐藏层之间的关系通过动态路由算法确定。不同于CNN隐藏层中的特征图，胶囊的组成形式灵活，动态路由算法不是通过模板计算的，而是单独计算深浅两层隐藏层中每个胶囊之间的关系。动态路由的计算方式实现了深浅两层隐藏层之间关系的动态连接，使得模型可以自动筛选更有效的胶囊，提高了模型的性能。

SENet 是利用通道信息理解图像语义的注意力机制模型，在很大程度上减小了之前模型的错误率，并且复杂度低，新增参数量和计算量都很小，属于轻量级模型。SENet 模型还可以根据实际研究需求直接嵌入在其他 CNN 架构中，构成 SE-Interception、SE-ResNet。

SKNet 针对卷积核的注意力机制，着重突出卷积核的重要性，是一种动态选择机制，允许每个神经元根据输入信息的多个尺度自适应地调整其感受野大小。与 Inception 网络中的多尺度不同，SKNet 是让网络自己选择合适的尺度。

Res2Net 是在 ResNet 的基础上通过在单一残差块中对残差连接进行分级，进而提取到细粒度层级的多尺度表征，同时增加每一层的感受野大小，以进一步提高网络模型的分类与识别性能。

ResNeXt 是 ResNet 和 Inception 的结合体，不同于 Inception，ResNeXt 不需要人工设计复杂的 Inception 结构细节，而是每一个分支都采用相同的拓扑结构。ResNeXt 的本质创新是通过变量基数来控制组的数量来实现的。

ResNeSt 借鉴 GoogleNet 采用了多路径机制，每个模块由不同大小的卷积核组成，在网络层足够深的情况下可以提取到不同尺度特征，同时减少了计算量。此外，ResNeSt 在残差块中采用了组卷积、多分支的架构，在不同组之间形成的不同子空间可以让网络学到更丰富的多样性特征。

实践经验表明，对于 CNN 的提升重点在于网络深度、宽度、分辨率这三个维度。因此，EfficientNet 应运而生，它结合了这三个优点，很好地平衡了深度、宽度和分辨率这三个维度，通过一组固定的缩放系数统一缩放这三个维度。

相信未来，在图像领域还会有更多新的 CNN 模型被提出。

本章小结

CNN 是深度学习方法中适合图像处理的一种结构类型，其模拟人类视觉模型的设计具有良好的图像识别能力。为了获取更好的学习效果，人们在最初的模型基础上不断进行改进，通过增加模型的深度，并引入一些优化的技术，衍生出一批各具特色的典型模型，为 CNN 的应用提供了有力支持。后续章节实现的可视化解释技术将围绕着这个典型深度学习模型展开介绍。

第3章 CNN模型本质可视化解释

从本章开始介绍具体的CNN可视化解释方法，首先介绍本质可视化解释。

所谓本质可视化解释是指关注CNN模型本身，其解释内容与数据无直接关系。这类方法是通过展示CNN模型的结构、训练学习获得的模式信息等形成的解释。由于当前的深度学习模型网络越来越复杂，结构动辄已经达到几十层、甚至上百层，内部权值个数甚至高达数以亿计，因此，直观、层次化地可视化呈现CNN模型本质就显得十分必要。

【思政融入点】 马克思主义哲学包括辩证唯物主义认识论，明确讨论了现象和本质。其中现象是人能够看到、听到、闻到、触摸到的，即可以通过感观直接对现象获得认识，马克思主义哲学中把对现象的认识称为感性认识。本质是指事物本身所固有的根本的属性，是隐藏在现象背后的，无法通过人的感观感知，需要经过人的抽象思维、创造性思维才能透过现象看本质。马克思主义哲学把对事物本质的认识称为理性认识。现象和本质是客观的，感性认识和理性认识是主观的，当人们获得的感性或理性认识与本象和本质一致时，人们的认识就是正确的，称之为真理，否则就是谬误。本书作者认为，如果说CNN的输入数据与输出概率是现象，则模型本身的内部则可以视为本质，本章将借鉴马克思主义哲学，践行“透过现象看本质”。

3.1 本质可视化解释概述

本质可视化方法可以分为打印输出、模型框架可视化解释和滤波器可视化解释三种方法，滤波器可视化解释又可分为预训练滤波器可视化解释和滤波器训练可视化解释，如图3-1所示。

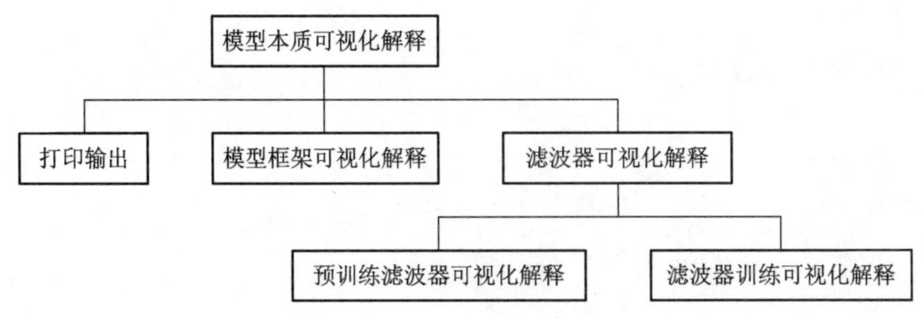

图3-1 本质可视化方法的分类

1．打印输出

在三种模型本质可视化解释方法中，最简单、直接的方法就是利用 Python 的 print 函数将模型结构与参数打印输出了。这种方法对于简单模型和有一定知识基础的用户相对适用，但是对于复杂模型和深度学习的初学者而言，就显得过于简陋和难以理解，故本书不将其作为重点内容进行介绍。对于模型框架和滤波器，为了更具创造性和表现力，可以借助于一些专门的可视化工具，通过三维、动画、交互手段获得更好的展示效果，这是本书所关注的重点。

2．模型框架可视化解释

模型框架可视化可以将网络结构图绘制成一张架构图(有的带超参数标注)，用户可以从宏观上了解模型框架的总体结构，图的输出形式包括字符组、框架或在线交互(详见 3.2 节介绍)几种，展示样式可以非常具有创新性，如图 3-2 所示。

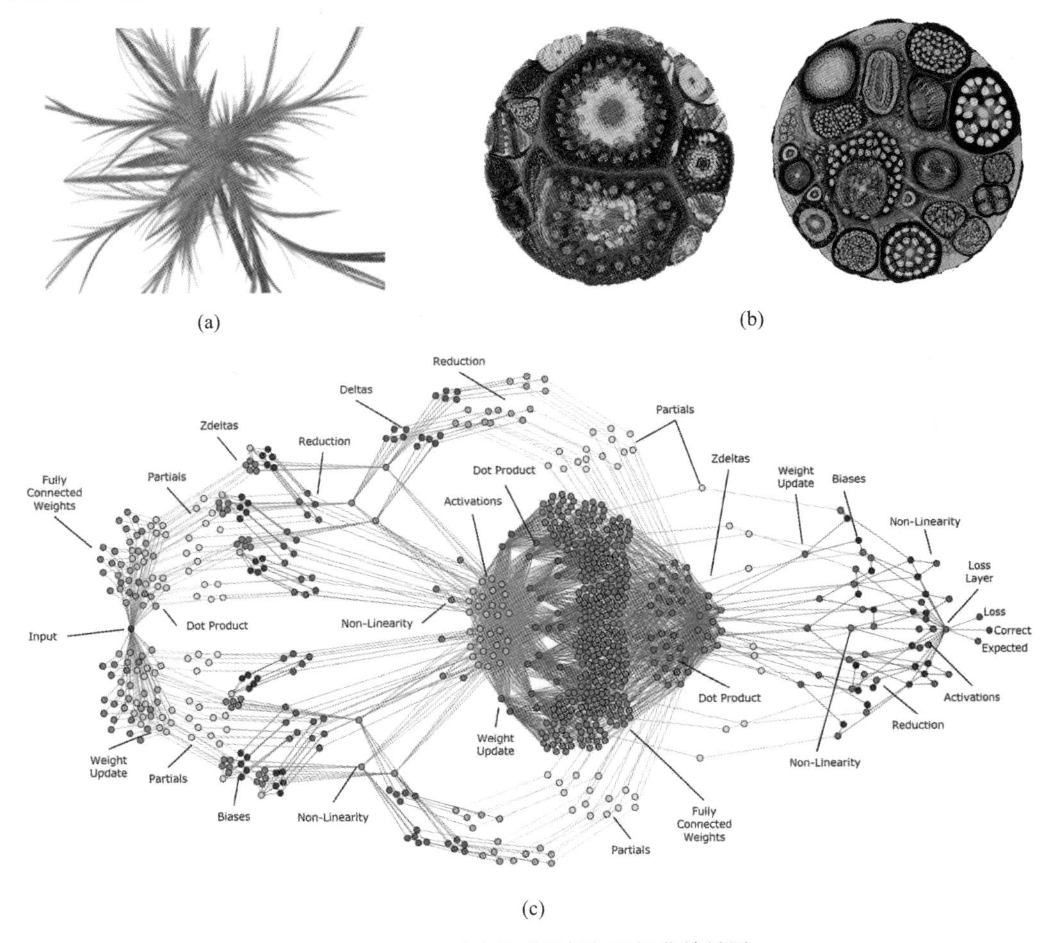

图 3-2　3D 图或异形图框架可视化效果图

图 3-2(a)为 nn_vis 绘制的 3D 羽毛状模型结构图，图 3-2(b)、(c)为 poplar 绘制的球体和网状效果模型图。

3. 滤波器可视化解释

滤波器是 CNN 的核心部件，对 CNN 滤波器可视化解释被视为探索隐藏在神经元内的视觉模式的最直接方式。CNN 训练时，滤波器起初被初始化为随机权值，通过反复迭代学习，逐渐收敛于能够反映样本特征的“模式”。通过对模型滤波器可视化解释，可以了解模型关注了哪些模式。如前所述，对于滤波器的观察方法又可分为预训练滤波器可视化解释和滤波器训练可视化解释两种(详见 3.3 节介绍)。

上述本质可视化解释对于 CNN 模型的优化以及学习效率的提升均有帮助。

3.2 模型框架可视化解释

模型框架可视化解释方法可分为基于编程接口和在线交互式的两种，下面进行分别介绍实现方法。

3.2.1 基于编程接口的模型框架可视化解释

基于编程接口的模型框架可视化解释，利用深度学习框架模型或其他第三方可视化库提供的编程接口对 CNN 模型进行可视化解释实现方法。

本节以 PyTorch 框架例子为主，以下依次介绍 torchinfo、Matplotlib、PyTorchviz、HiddenLayer、TensorWatch、TensorBoardX、Netron、PlotNeuralNet、nn_vis 等几种具有代表性方法。

1. torchinfo

如前所述，虽然 print 函数可以打印一个模型的结构，但是这种方法只能得出基础构件的信息，既不能显示出每一层的 shape，也不能显示对应参数量的大小。为此，人们开发了 torchinfo 工具包(安装命令“pip install torchinfo”)用于更加详细的、基于文本输出的框架结构可视化打印。

使用 trochinfo 进行模型的可视化打印十分简单，只需要调用该模块的 torchinfo.summary 函数即可。该函数必需的参数分别是 model、input_size[batch_size，channel，h，w]。下面代码(torchinfo_Vis.py)实现了对第 2 章的 LeNet 模型结构的可视化解释。

```
from torchinfo import summary
import LeNet

ln=LeNet.LeNet()
summary(ln, (5, 3, 32, 32)) #
```

这里需要配合提供输入为(5，3，32，32)的张量，其中 5 为 batch_size，3 为图片的通道数，32 为图片的高宽，执行效果如下所示：

```
LeNet                                    [5, 10]                   --
├─Conv2d: 1-1                             [5, 16, 28, 28]           1,216
├─MaxPool2d: 1-2                          [5, 16, 14, 14]           --
├─Conv2d: 1-3                             [5, 32, 10, 10]           12,832
├─MaxPool2d: 1-4                          [5, 32, 5, 5]             --
├─Linear: 1-5                             [5, 120]                  96,120
├─Linear: 1-6                             [5, 84]                   10,164
├─Linear: 1-7                             [5, 10]                   850
==========================================================================
Total params: 121,182
Trainable params: 121,182
Non-trainable params: 0
Total mult-adds (M): 11.72
==========================================================================
Input size (MB): 0.06
Forward/backward pass size (MB): 0.64
Params size (MB): 0.48
Estimated Total Size (MB): 1.18
==========================================================================
```

torchinfo提供了比print更加详细的信息，包括模块信息(每一层的类型、输出shape和参数量)、模型整体的参数量、模型大小、一次前向或反向传播需要的内存大小等。

2. Matplotlib

Matplotlib是一个基于NumPy数组的多平台数据可视化库，可以用于二维阵列图的绘制。在模型框架绘制代码中，可以利用Line2D类、matplotlib. patches. Rectangle类创建框架图的线和块对象。其中，Line2D类继承自matplotlib. artist. Artist类，是matplotlib中专门负责线的类，也可以理解为专门用来画线的类。matplotlib. patches. Rectangle类用于绘制指定的宽度、高度和旋转角度的矩形图。

利用Matplotlib绘制的CNN模型结构图的示例代码，首先定义网络的卷积核尺寸、通道数、全连接层神经元数设定模型的基本参数。

```
size_list=[(32，32)，(18，18)，(10，10)，(6，6)，(4，4)]     #卷积核尺寸
num_list_conv=[3，32，32，48，48]                          #通道数
num_list_FC=[768，500，2]                                  #全连接层神经元数
```

然后利用matplotlib. pyplot的add_line、add_patch函数，绘制框架图线和块对象列表patch中的图形，代码如下：

```
for patch, color in zip(patches, colors):
        patch.set_color(color * np.ones(3))
        if isinstance(patch, Line2D):
            ax.add_line(patch)
        else:
            patch.set_edgecolor(Black * np.ones(3))
            ax.add_patch(patch)
```

最终绘制得到的框架可视化效果如图3-3所示。

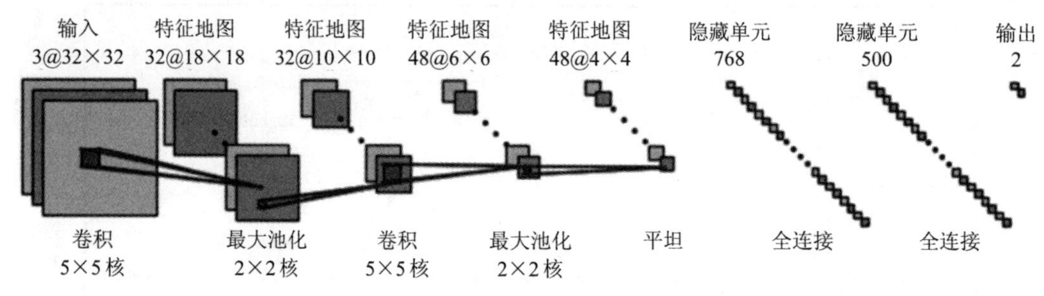

图3-3　Matplotlib框架可视化效果

3. PyTorchviz

PyTorchviz方法是基于graphviz和GitHub第三方库torchviz实现模型图绘制的，因此在进行可视化实现前需要安装graphviz、torchvision包(安装命令：pip install graphviz、pip install torch torchvision)。

这里，同样对LeNet模型进行可视化，实现代码(详见graphviz_torchviz_Vis.py代码)如下：

```
import torch
from torchviz import make_dot
import LeNet

x=torch.rand([50, 3, 32, 32])
model=LeNet.LeNet()
y=model(x)

g=make_dot(y)
g.render('lenet_model', view=True) # 自动保存模型为pdf，参数view为True自动打开该pdf
```

可视化绘制的结构图如图3-4所示。

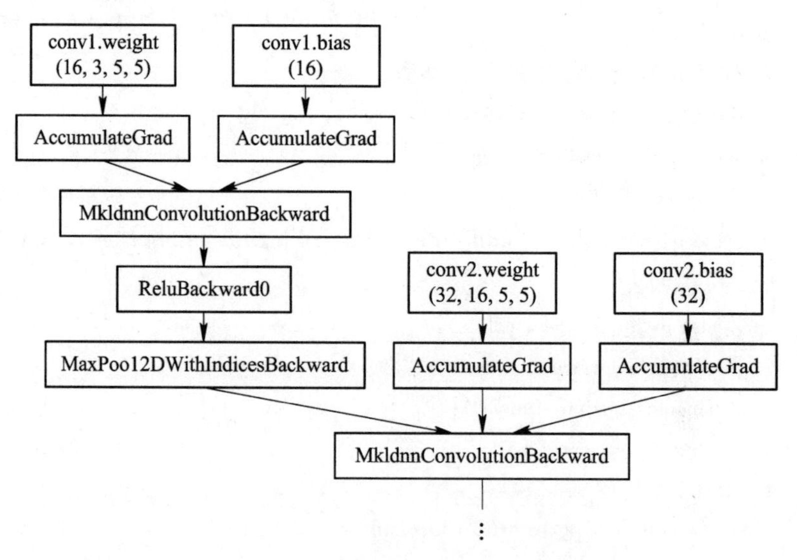

图3-4　PyTorchviz框架可视化效果

4. HiddenLayer

HiddenLayer 由 Waleed Abdulla 和 Phil Ferriere 编写的一款适用于 PyTorch 和 TensorFlow 的神经网络计算图和训练度量轻量级库，适于快速实验，且与 Jupyter Notebook 兼容，已获得 M. I. T. 许可。

除 PyTorch 之外，HiddenLayer 运行还依赖于 torchvision 和 hiddenlayer 包(安装命令：pip install torchvision、pip install hiddenlayer)。

HiddenLayer 能够渲染神经网络图或者生成 pdf 或 png 文件，代码(详见 hiddenlayer_vis. py 代码)如下：

```
import torch
import hiddenlayer as h
from torchvision.models import resnet18    # 以 resnet18 为例

myNet=resnet18()    # 实例化 resnet18
vis_graph=h.build_graph(myNet, torch.randn(16, 3, 64, 64))    # 获取绘制图像的对象
vis_graph.theme=h.graph.THEMES["blue"].copy()    # 指定主题颜色为 blue 和 basic 两
                                                   种颜色
vis_graph.save("./demo1.png")    # 保存图像的路径，可以设置 png 和 pdf 等
```

生成的可视化图如图 3-5 所示。

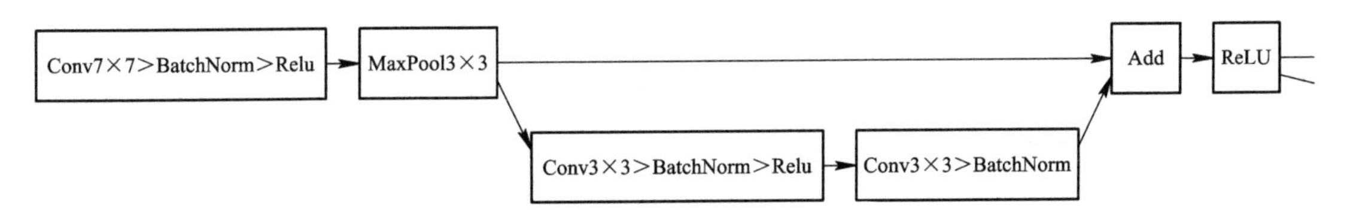

图 3-5　HiddenLayer 框架可视化效果

除了绘制框架之外，HiddenLayer 还可以可视化 CNN 模型训练过程的损失与精度变化，同时显示少量激活图。

5. TensorWatch

TensorWatch 是 M. I. T. 专门为微软研究院(Microsoft Research)提供的一个深度学习调试和可视化第三方库。它为数据科学、深度学习和强化学习而设计，可以在 Jupyter notebook 中绘制模型的结构图，也可以显示训练过程中可视化网络的损失以及各种参数，相比 print 更为直观。

由于 TensorWatch 要求的 PyTorch 版本比较旧，与新版本不兼容，因此运行 TensorWatch 需要新建的虚拟机使用 PyTorch1.6 之前的版本(安装命令查阅 https://pytorch.org/get-started/previous-versions/)。可以在命令行窗口执行以下 conda 命令新建名为“env_pytorch1.2”的虚拟环境(利用 pip 创建虚拟环境需要安装 virtualenv 工具)：

```
conda create--nameenv_pytorch1.2 python==3.6.5
```

激活进入该“env_pytorch1. 2”环境，然后安装 TensorWatch、scikit-learn、Pandas、PyTorch、Graphviz 各个库，库版本配置如下：pytorch＝1. 2. 0，torchvision＝0. 4. 0，tensorwatch＝0. 8. 7，pydot＝1. 4. 2，scikit-learn＝0. 24. 2，pandas＝1. 1. 5。其中，graphviz 需用 conda 执行安装，即：conda install graphviz。完成之后，如图 3－6 所示，打开 Jupyter 的时候选择新建的虚拟环境“env_pytorch1. 2”。

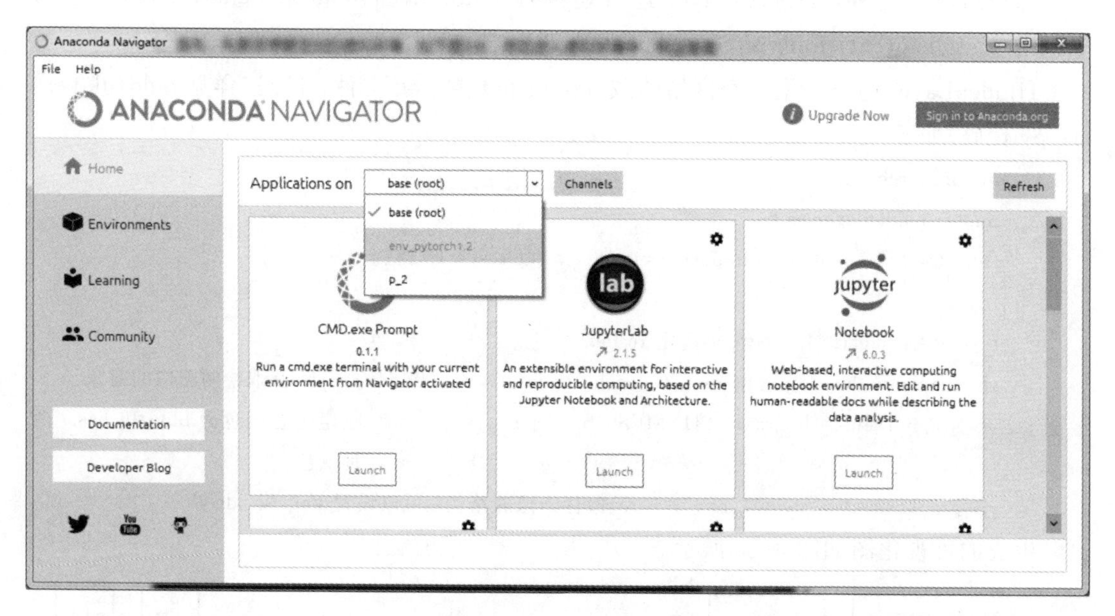

图 3－6　Jupyter 选择新建的虚拟环境低版本的 PyTorch 虚拟环境

基于 TensorWatch 的框架可视化方法非常简单，代码如下：

```
import tensorwatch as tw
import torchvision. models


alexnet_model=torchvision. models. alexnet()
tw. draw_model(alexnet_model, [1, 3, 224, 224])
```

上述代码主要利用了 draw_model 函数，该函数只需要传入三个参数：第一个参数为 model，是待绘制的 CNN 模型；第二个参数为 input_shape，是模型输入数据；第三个参数为 orientation，可以选择“LR”或者“TB”，分别代表左右布局与上下布局。

TensorWatch 可视化效果如图 3－7 所示。

TensorWatch 的设计是灵活和可扩展的，用户可以构建自己的自定义可视化、UI 和仪表板。除了传统的可视化方法之外，TensorWatch 还可以对实时的机器学习训练过程执行任意查询，作为查询结果返回一个流，并使用多种可视化工具查看该流。目前，TensorWatch 正在进行大量开发，其目标是为用户在一个易于使用、可扩展的软件包中提供一个调试机器学习的平台。

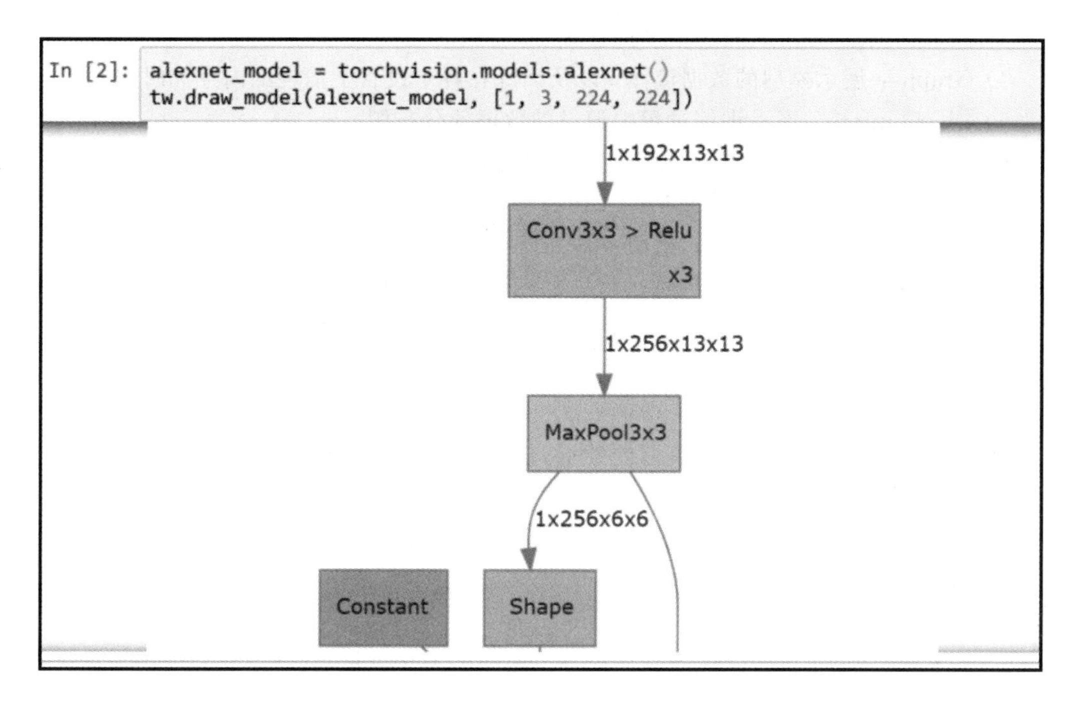

图3-7 TensorWatch框架可视化效果

用户还可以通过TensorWatch的model_stats方法统计各层的参数情况，具体如图3-8所示。

```
In [3]: tw.model_stats(alexnet_model, [1, 3, 224, 224])

[MAdd]: AdaptiveAvgPool2d is not supported!
[Memory]: AdaptiveAvgPool2d is not supported!
[MAdd]: Dropout is not supported!
[Flops]: Dropout is not supported!
[Memory]: Dropout is not supported!
[MAdd]: Dropout is not supported!
[Flops]: Dropout is not supported!
[Memory]: Dropout is not supported!
```

Out[3]:

	module name	input shape	output_shape	parameters	infer memory(MB)	MAdd	Flops	MemRead(B)	MemWrite(B)	duration
0	features.0	[3, 224, 224]	[64, 55, 55]	23,296	0.738525390625	140,553,600	70,470,400	695,296	774,400	0.002673
1	features.1	[64, 55, 55]	[64, 55, 55]	0	0.738525390625	193,600	193,600	774,400	774,400	0.000104
2	features.2	[64, 55, 55]	[64, 27, 27]	0	0.177978515625	373,248	419,904	774,400	186,624	0.002643
3	features.3	[64, 27, 27]	[192, 27, 27]	307,392	0.533935546875	447,897,600	224,088,768	1,416,192	559,872	0.002892

图3-8 TensorWatch的model_stats方法统计各层的参数

6. TensorBoardX

TensorBoardX是一款基于TensorBoard用于PyTorch数据可视化的工具，可以支持标量、图像、音频、文本、PyTorch中搭建的网络结构等。这里，TensorBoard是TensorFlow自带的一个强大的可视化工具，也是一个Web应用程序套件。TensorBoard目前支持功能Scalars、Images、Audio、Graphs、Distributions、Histograms和Embeddings 7种可视化，具体如下：

(1) Scalars：展示训练过程中的准确率、损失值、权重/偏置的变化情况。

(2) Images：展示训练过程中记录的图像。

(3) Audio：展示训练过程中记录的音频。

(4) Graphs：展示模型的数据流图，以及训练在各个设备上消耗的内存和时间。

(5) Distributions：展示训练过程中记录的数据的分布图。

(6) Histograms：展示训练过程中记录的数据的柱状图。

(7) Embeddings：展示词向量后的投影分布。

TensorBoard通过运行一个本地服务器来监听6006端口，当浏览器发出请求时，服务器分析训练时记录的数据，绘制训练过程中的图像。为了使其他神经网络框架也可以使用TensorBoard的便捷功能，TensorBoardX这个工具被开发出来。

TensorBoardX 依赖于 TensorBoard 和 Ternsorflow（安装“pip install TensorBoardX”）。

TensorBoardX可视化CNN模型框架通过SummaryWriter函数写入日志，然后通过运行一个本地服务程序读取该日志，通过浏览器访问服务器显示。

TensorBoardX的可视化示例代码(详见torchinfo_Visualization.py代码)如下：

```
import torch
import torchvision
from torch.autograd import Variable
from tensorboardX import SummaryWriter

input_data=Variable(torch.rand(16, 3, 224, 224))        # 模拟输入数据
net=torchvision.models.resnet18()                       # 从torchvision中导入已有模型
writer=SummaryWriter(log_dir='./log', comment='resnet18')   # 声明writer对象，保存的
                                                            文件夹

with writer:
    writer.add_graph(net, (input_data, ))
```

SummaryWriter函数的log_dir参数是日志的存储目录，comment是注释。运行该程序，当前目录会创建一个“log”目录，目录中记录有形如“events.out.tfevents….”的日志文件。在该目录下，以命令行模式运行“tensorboard--logdir "log"”命令，启动服务，如图3-9所示。

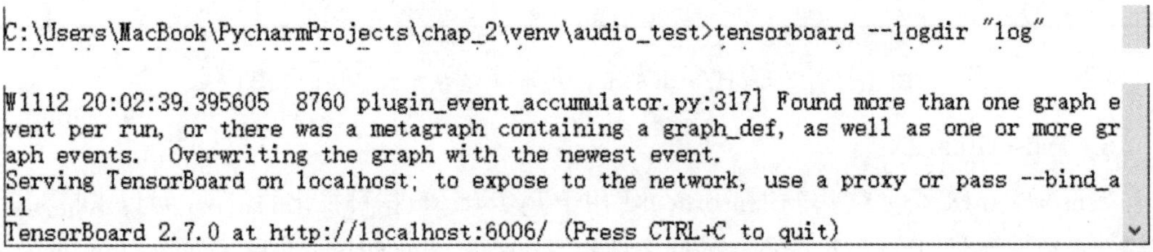

```
C:\Users\MacBook\PycharmProjects\chap_2\venv\audio_test>tensorboard --logdir "log"

W1112 20:02:39.395605  8760 plugin_event_accumulator.py:317] Found more than one graph e
vent per run, or there was a metagraph containing a graph_def, as well as one or more gr
aph events.  Overwriting the graph with the newest event.
Serving TensorBoard on localhost; to expose to the network, use a proxy or pass --bind_a
ll
TensorBoard 2.7.0 at http://localhost:6006/ (Press CTRL+C to quit)
```

图3-9 启动TensorBoardX服务

出现图3-9中的提示，则表明服务正常启动。保持该命令行窗口，在浏览器中输入“http://localhost:6006/”，则可以通过Graphs功能访问该模型的可视化结构，如图3-10所示。

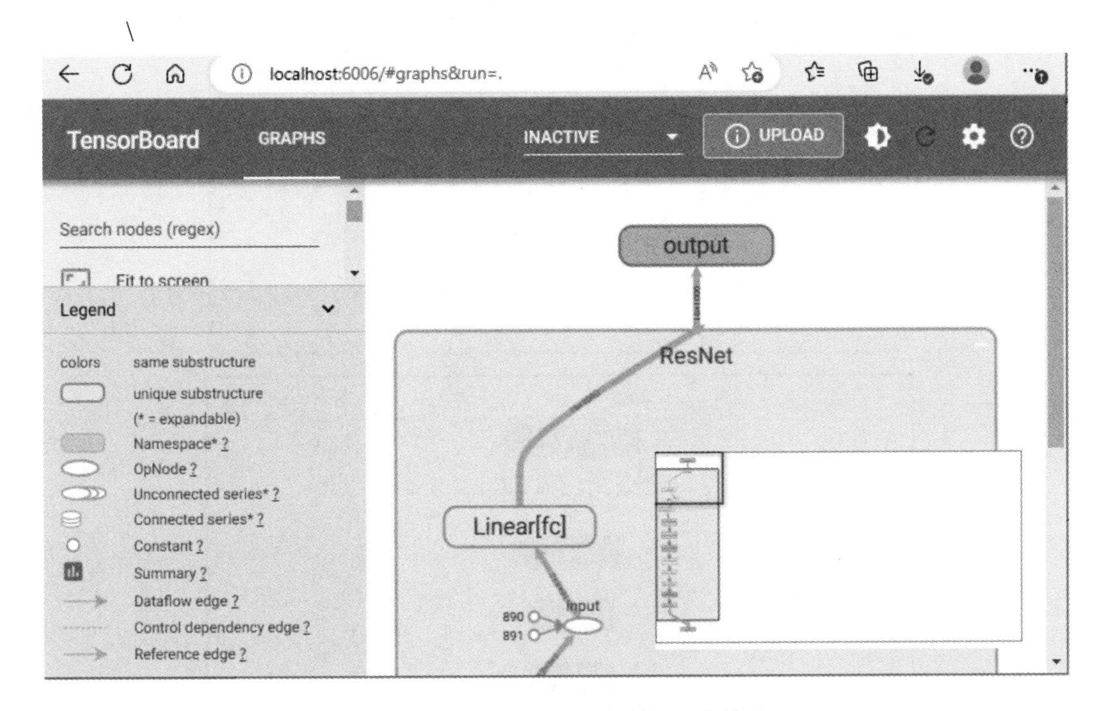

图 3 - 10　TensorBoardX 框架可视化效果

用户还可以通过操作左侧的控制按钮对图进行简单操作，将完整的结构图以图片的方式下载下来完成框架可视化。

7. Netron

Netron 是微软 Visual Studio 团队 Lutz Roeder 开发的一款支持离线查看“各种”神经网络框架的模型可视化工具，常用的框架和对应的文件扩展名包括：ONNX(. onnx，. pb，. pbtxt)、Keras(. h6，. keras)、Core ML(. mlmodel)、Caffe(. caffemodel，. prototxt)、Caffe2(predict_net. pb，predict _ net. pbtxt)、MXNet(. model，-symbol. json)、NCNN(. param)、TensorFlow Lite(. tflite)、TorchScript(. pt，. pth)、PyTorch(. pt，. pth)，等等，括号中为 Netron 的读取格式。

Netron 使用很简单，安装(用命令“pip install netron”安装，也可安装成本地应用 https：//github. com/lutzroeder/netron/releases/tag/v6. 1. 7)之后打开，把待可视化的模型保存成框架所对应的上述文件格式，然后用 Netron 打开即可。

这里以构建一个第 2 章的 GoogleNet 模型，保存为“. pth”格式的可视化应用为例，实现代码如下：

```
import torch
import GoogleNet


net=GoogleNet. GoogLeNet()
torch. save(net, 'GoogLeNet_model. pth')   # 保存模型
```

在 Window 命令行窗口中运行 Netron，用浏览器访问“http：//localhost：8080”，打开模型所在目录下的该“. pth”模型文件，效果如图 3 - 11 所示。

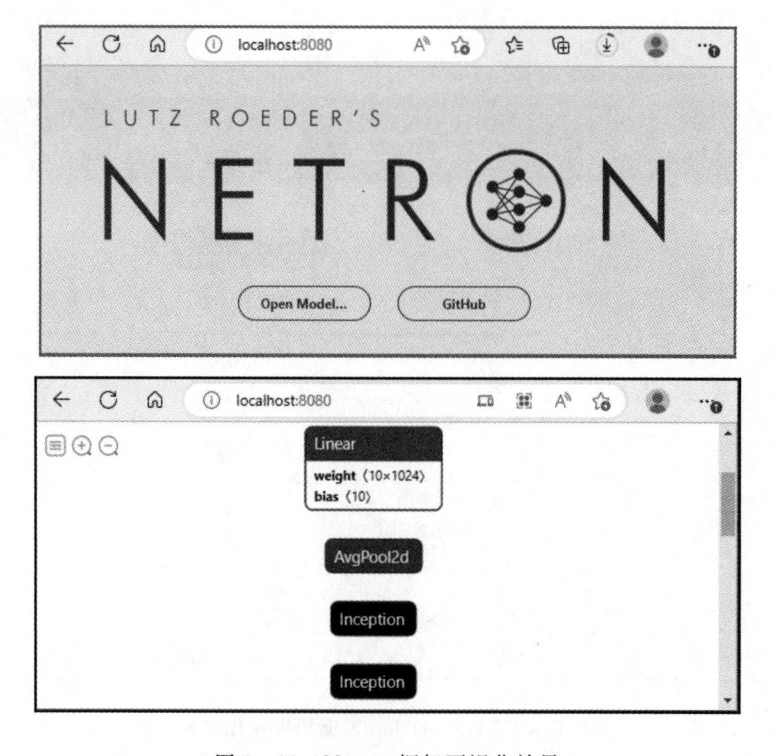

图 3-11 Netron框架可视化效果

```
(base)C:\vsers\MacBook>netron
serving at http://localhost:8080
```

8. PlotNeuralNet

PlotNeuralNet(https://github.com/HarisIqbal88/PlotNeuralNet)是用LaTeX代码生成网络结构的工具，可以任意调整每层的参数、正方形大小、颜色和设置，还可以实施跳层等操作。使用PlotNeuralNet需要安装MikTex，还需利用git工具将PlotNeuralNet(执行命令"git clone https://github.com/harisIaba188/PlotNeuralNet")克隆到本地。

可视化后的效果如图3-12所示。

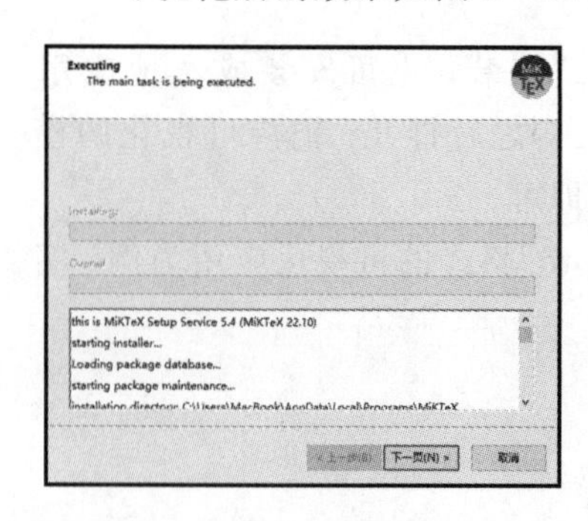

图 3-12 MikTex安装(左图)与PlotNeuralNet克隆(右图)

PlotNeuralNet模型框架LaTeX文件生成的代码(test_simple.py)如下：

```
import sys
sys.path.append('../')
```

```
from pycore.tikzeng import *

# defined your arch
arch=[
    to_head( '..' ),
    to_cor(),
    to_begin(),
    to_Conv("conv1", 512, 64, offset="(0, 0, 0)", to="(0, 0, 0)", height=64, \
                                        depth=64, width=2 ),
    to_Pool("pool1", offset="(0, 0, 0)", to="(conv1-east)"),
    to_Conv("conv2", 128, 64, offset="(1, 0, 0)", to="(pool1-east)", height=32, \
                                        depth=32, width=2 ),
    to_connection( "pool1", "conv2"),
    to_Pool("pool2", offset="(0, 0, 0)", to="(conv2-east)", height=28, depth=28, \
                                        width=1),
    to_SoftMax("soft1", 10, "(3, 0, 0)", "(pool1-east)", caption="SOFT"  ),
    to_connection("pool2", "soft1"),
    to_Sum("sum1", offset="(1.5, 0, 0)", to="(soft1-east)", radius=2.5, opacity=0.6),
    to_connection("soft1", "sum1"),
    to_end()
    ]
def main():
    namefile=str(sys.argv[0]).split('.')[0]
    to_generate(arch, namefile+'.tex' )
if __name__=='__main__':
    main()
```

上述代码，关键在于列表 arch 的定义。执行该代码将在同一目录下生成一个同名的“.tex”文件。在 git 工具命令行窗口中执行如下 tikzmake.sh 命令：

```
bash ../tikzmake.sh test_simple
```

可将“.tex”文件内容绘制成模型结构图。如图 3-13 所示是 Unet.py 对应 LaTeX 文件构建的网络结构。

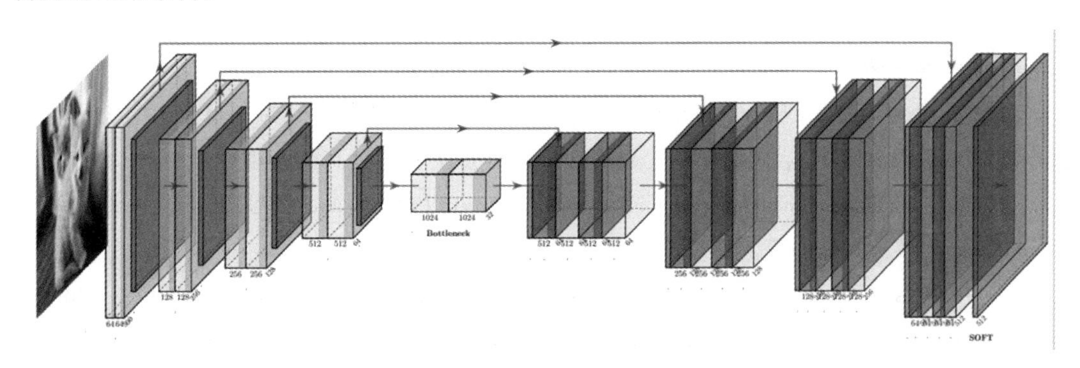

图 3-13　PlotNeuralNet 框架可视化效果

PlotNeuralNet 生成的 CNN 结构图效果清晰、美观，常用于幻灯演讲和学术论文中。

9. nn_vis

nn_vis(https://github.com/julrog/nn_vis)是一个用于渲染处理神经网络的可视化工具项目，可以通过立体方式清晰展示模型架构和参数。该工具源自 Julian Rogawski 的硕士论文，可以通过导入界面进行模型的定制或导入。nn_vis 依赖于 PyTorch、pyopengl、pyrr、progressbar、glfw 库，安装好这些第三方库之后，通过 git 工具克隆项目文件到本地，然后通过运行该项目的 start_tool.py 文件，就可以运行模型的绘制配置界面了(如图 3-14 所示)。

导入模型后，可以在“Render”窗口得到模型框架的可视化 3D 图型了。

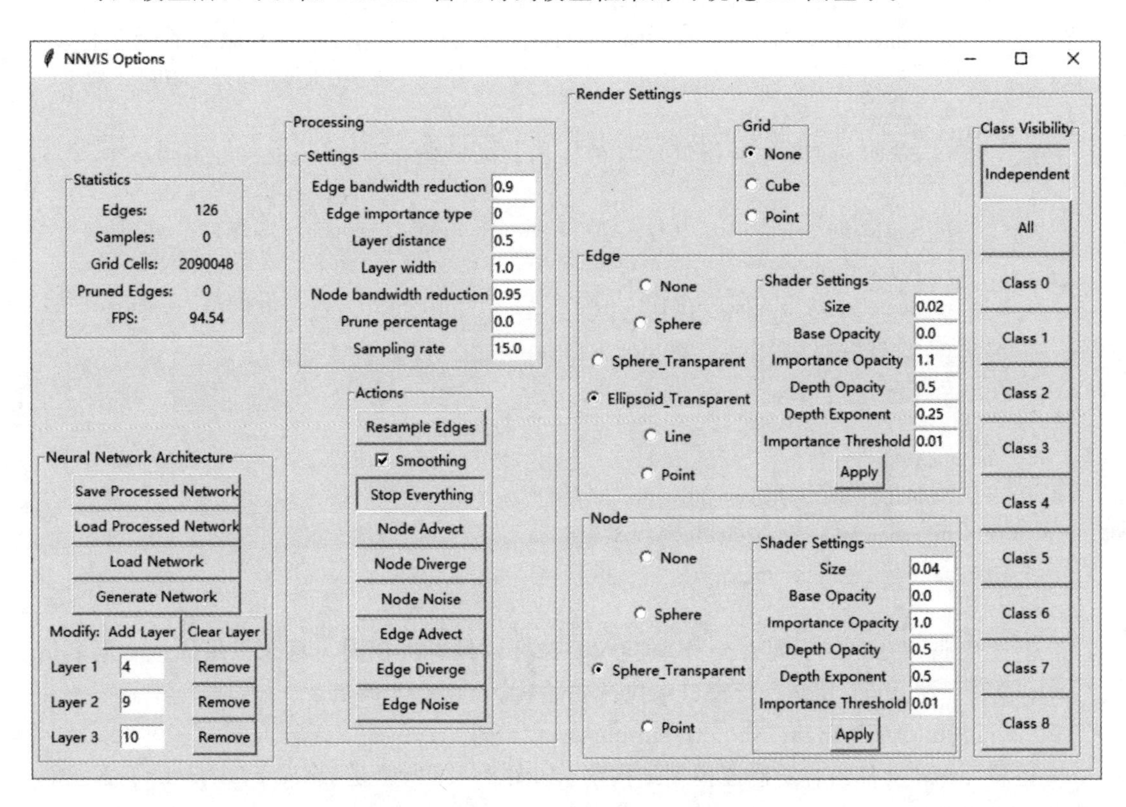

图 3-14 nn_vis 模型绘制配置界面

10. 其他工具

除了上述介绍的 PyTorch 模型框架绘制工具外，还有很多类似的工具，这些工具与模型框架阵营以及模型目标应用有很大相关性，其中公认度比较高的包括：

(1) TensorFlow：TensorBoard、CNNGraph、Conx(以及 Theano、CNTK 等)、GraphCore、Visual Keras(以及 Keras)等。

(2) Keras：Keras Model plotting utilities、TensorSpace (以及 TensorFlow)、Quiver、keras-sequential-ASCII(基于文本)、Visualkeras(以及 TensorFlow)、Keras Visualization 等。

(3) Caffe：Caffe_draw、Netscope CNN Analyzer 等。

(4) LaTeX：Texample、tikz_cnn 等。

此外，还有 cnn-vis、MATLAB view、思维导图工具 Monial、R 语言 NNET 包、基于 Graphviz 的 DotNet、Microsoft Visio、Google Slide 的 ML Visuals 等。

3.2.2 在线交互式模型框架可视化解释

在线交互式模型框架可视化解释工具以图形动画的方式将神经网络的工作过程展现给用户。这类工具一般采用 Web 在线模式，大都提供交互式操作(虽然 3.2.1 节中的方法也有提供 Web 访问模式的，但是总体交互能力偏弱)，常见的有 NN-SVG、ConvNetDraw、TensorSpace、TensorSpace、Interactive Node-Link、CNN Explainer、Neataptic、net2vis、Keras.js，下面进行简要介绍。

1. NN-SVG

NN-SVG 是一个非常简单的在线网络可视化平台，只提供 LeNet、AlexNet 和FCNN 三种网络结构的网页绘图，非常适合初学者。用户可以自由修改交互界面中的正方形(通道)的颜色和距离、透明度、边框大小、通道数、通道大小及卷积核大小，体验模型框架效果如图 3-15 所示。

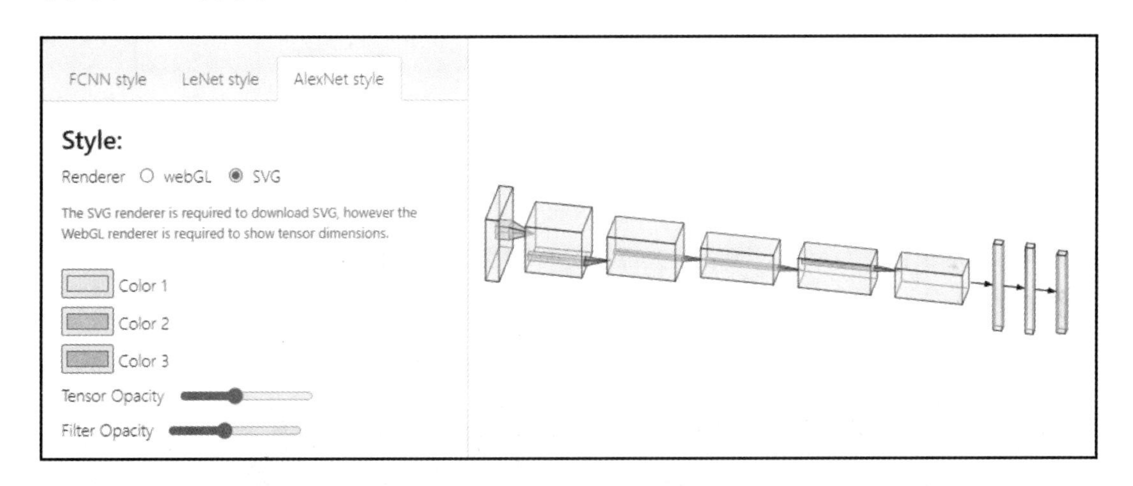

图 3-15 NN-SVG 交互式框架可视化效果

2. ConvNetDraw

ConvNetDraw 是直接在线编辑即可得网络结构的可视化工具。它可以选择形状、倾斜角度、长度、宽度和高度，颜色有彩色和黑白两种选择。同时 github 上也有 ConvNetDraw 的源码，用户可以对显示模型的其他属性进行重新编码。ConvNetDraw 交互式框架可视化效果如图 3-16 所示。

3. TensorSpace

TensorSpace 是一个 3D 的神经网络结构可视化工具，能用来更直观地学习 CNN 模型的结构。TensorSpace 的体验平台(TensorSpace Playgroud)提供了 LeNet、AlexNet、InceptionV3、ResNet-50、MobileNetv1、YOLOv2-tiny、ACGAN 模型实例。这些 3D 模型都是交互式的，用户可以通过移动鼠标来查看各图层之间的关系线，也可以单击图层聚合

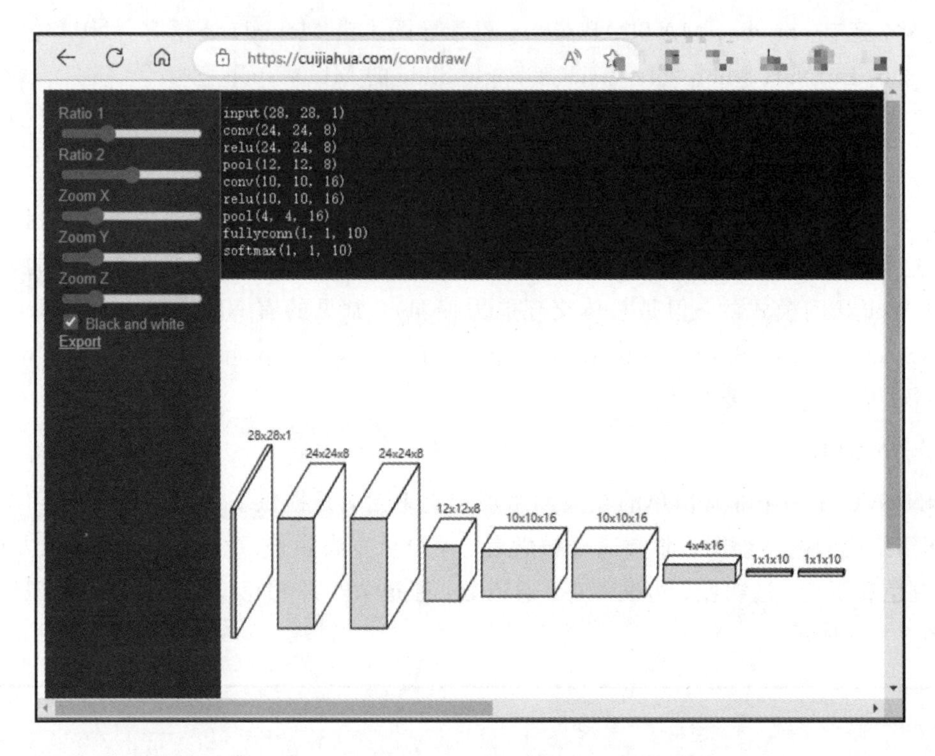

图3-16 ConvNetDraw交互式框架可视化效果

来检查特征图，还可以移动视角从任何方向、视角、距离来观察对象网络。

图3-17展示了TensorSpace交互式框架可视化效果。用户还可以尝试在窗体右上角通过鼠标拖动模拟手写字体，网络马上可以进行识别，在右下角输出识别结果，具有非常好的体验效果。

图3-17 TensorSpace交互式框架可视化效果

4. Interactive Node-Link

与 TensorSpace 类似，Interactive Node-Link 可视化平台提供 3D 卷积网络的可视化效果如图 3－18 所示。

图 3－18　Interactive Node-Link 交互式框架可视化效果

除了上述 3D 卷积与全连接网络，Interactive Node-Link 还提供了 2D 全连接和卷积网络的交互可视化。

5. CNN Explainer

CNN Explainer 是一个能够显示 CNN 模型结构图的在线平台，其除了显示更加详细的结构图，还包括每层的可视化内容以及模型学习到了什么，如图 3－19 所示。

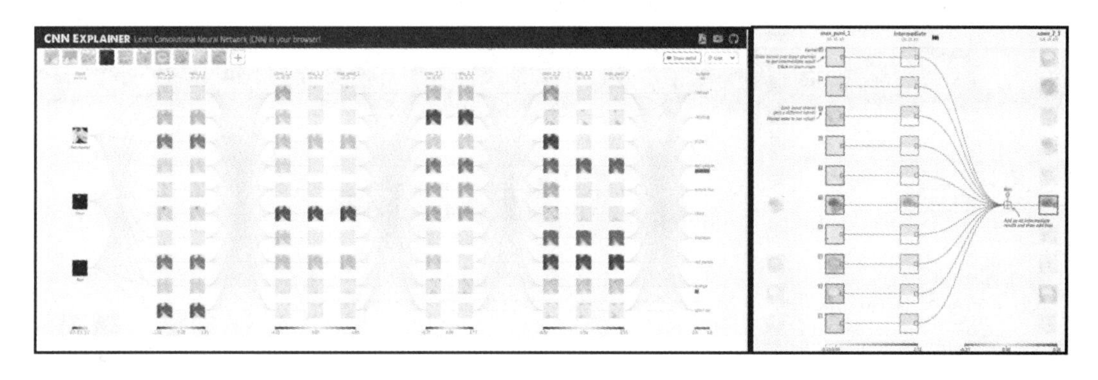

图 3－19　CNN Explainer 交互式框架可视化效果

CNN Explainer 提供了 10 种典型的三通道的彩色测试图，还允许用户上传(通过“＋”)自己的图片进行测试。通过点击某个特征图，用户可以得到直观观察卷积工作过程的示意动画。在展示图下方，还有大量详细的 CNN 工作机制文字解释，以方便用户理解。

6. Neataptic

Neataptic 是一个在线用 JavaScript 编辑的可视化 CNN 网络结构工具。Neataptic 提供了在线互动模式，其可视化采用圆、方形等几何形状对输入层、中间层、输出层进行表示，并可以调整颜色，效果如图 3－20 所示。

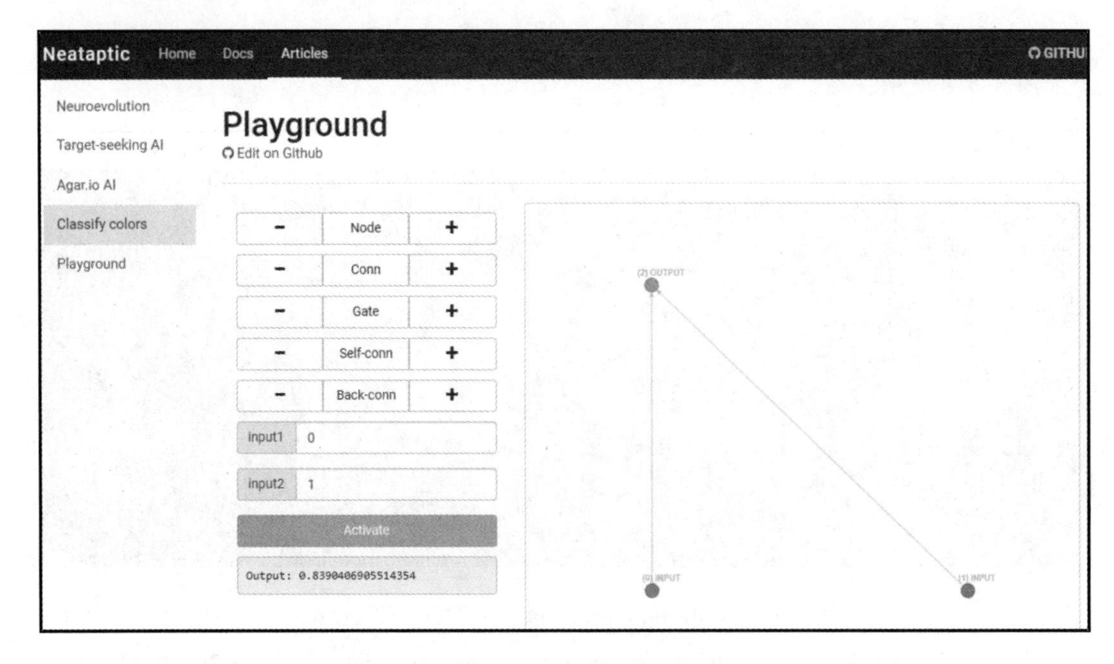

图 3－20　Neataptic 交互式框架可视化效果

7. net2vis

net2vis 可以在线书写代码，自动生成对应网络结构图。net2vis 采用不同的形状表示 CNN 不同层，如：池化层为梯形，卷积层为长方形。用户可以改变图整体的大小，以及不同层之间的间距，每层的颜色不同，效果如图 3－21 所示。

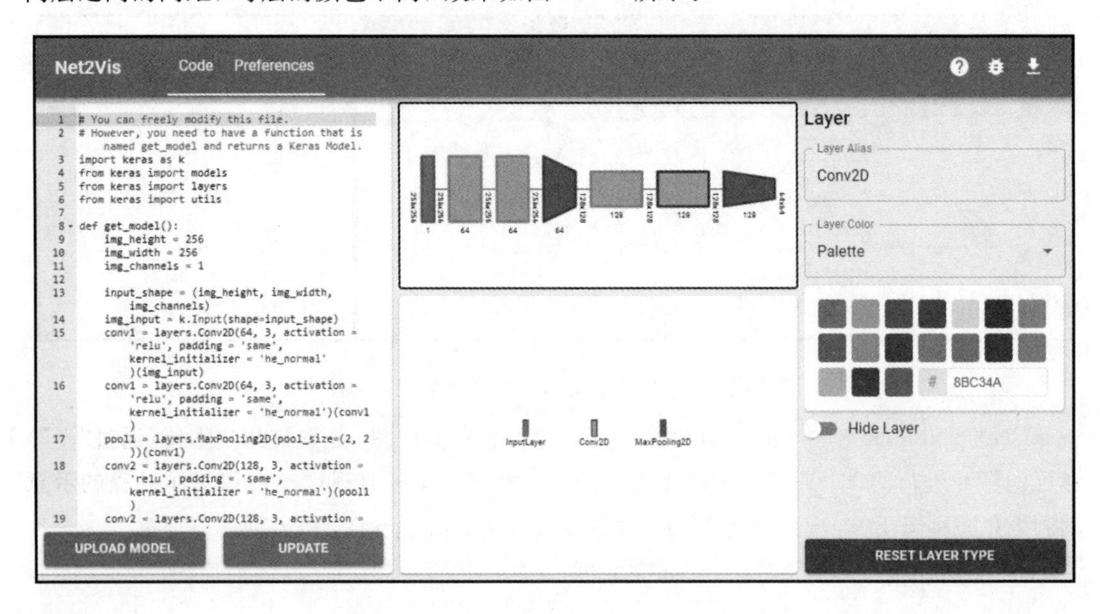

图 3－21　net2vis 交互式框架可视化效果

用户也可以通过界面左下角的“UPLOAD MODEL”按钮直接上传以h5或onnx格式编写的网络模型代码进行可视化。

8. Keras.js

Keras.js是一个可以在浏览器中运行深度神经网络的在线JS框架，支持CPU、GPU计算。区别于Keras，Keras.js只能运行已经调试好的模型，无法进行模型训练，效果如图3-22所示。

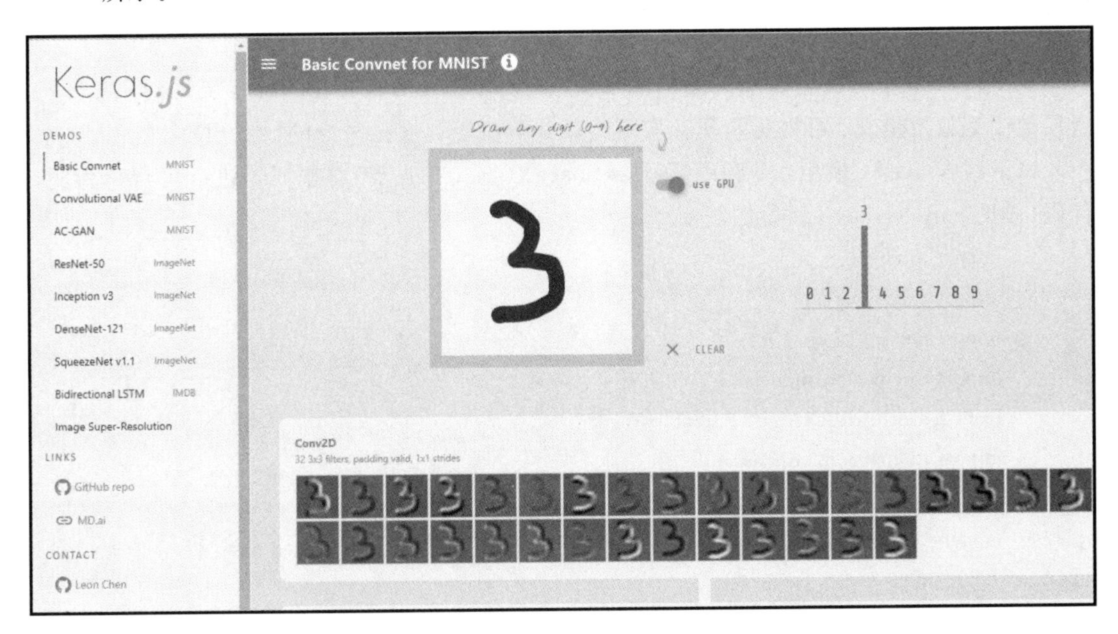

图3-22 Keras.js交互式框架可视化效果

Keras.js提供了Basic Convnet、Convolutional VAE、AC-GAN、ResNet-50、Inception v3、DenseNet-121、SqueezeNet v1.1等典型CNN结构的DEMO可视化呈现。用户需要在“draw any digit(0-9) here”框中，用鼠标输入一个手写数字，在页面的下方将会展示对应模型结构的特征图组合。

9. 其他工具

其他可视化工具还有ConvNetJS、Deepvis、Embedding Projector、Deeplearning4j UI、ENNUI，等等。

3.3 模型滤波器可视化解释

根据对滤波器可视化的时机不同，可以将其划分为预训练滤波器可视化解释和滤波器训练可视化解释，本节将分别进行介绍。

3.3.1 预训练滤波器可视化解释

1. 滤波器可视化图解释

CNN模型训练开始时，滤波器的值是随机的，通过后续的训练才使得滤波器中卷积核的权值逐渐形成各自的模式，这些模式反映了模型所关注的特征。读者可以通过网络下载已经训练好的模型(见2.3.3节)，对其滤波器进行可视化，从而探究、解释模型习得的内容。

在PyTorch中可视化卷积核也非常方便，可视化操作的核心在于特定层的卷积核即特定层的模型权重呈现，可视化卷积核实现上就是等价于可视化对应的权重矩阵。

以下载VGG-11模型，并利用TensorBoardX(见3.2.1节)对滤波器进行可视化为例，代码(详见core_vis.py代码)如下：

```
import torch
import pandas as pd
import numpy as np
import torchvision.models as models
from tensorboardX import SummaryWriter
import torchvision.utils as vutils

model=models.vgg11(pretrained=True)

parm={}
for name, parameters in model.named_parameters():        # ❶
    print(name, ':', parameters.size())
    parm[name]=parameters.detach().numpy()

print(parm['features.13.weight'][0, 1, :, :])            # ❷

# 定义Summary_Writer
writer=SummaryWriter('./Result')                          # ❸
for name, param in model.named_parameters():
    if 'feature' in name and 'weight' in name: # 过滤掉分类器和偏置
        in_channels=param.size()[1]
        out_channels=param.size()[0]     # 输出通道，表示卷积核的个数

        k_w, k_h=param.size()[3], param.size()[2] # 获得卷积核的尺寸
        kernel_all=param.view(-1, 1, k_w, k_h)   # ❹
        print(kernel_all.size())

        kernel_grid=vutils.make_grid(kernel_all, normalize=True, scale_each=True, \
```

```
                                          nrow=in_channels)
        writer.add_image(f'{name}_all', kernel_grid, global_step=0)    # ❺
    writer.close()
```

上述代码中，代码❶利用模型函数 named_parameters()获取模型参数，每一项都包括名称和权值张量两部分(各模型名称不一样)，VGG11 的参数形如以下结构：

```
features.0.weight : torch.Size([64, 3, 3, 3])
features.0.bias : torch.Size([64])
features.3.weight : torch.Size([128, 64, 3, 3])
features.3.bias : torch.Size([128])
features.6.weight : torch.Size([256, 128, 3, 3])
features.6.bias : torch.Size([256])
... ...
```

可以通过声明名称和指定索引张量，提取任意模型参数，代码❷示例打印 features.13 中第 1 个滤波器[0]的第 2 个卷积核[1]。这里，代码❸创建了 TensorBoardX 对象，其中指定了数据存放的文件夹；为了方便显示，代码❹以卷积核的尺寸为单位，利用 param.view(−1, 1, k_w, k_h)函数将多个通过滤波器的卷积核形状进行变形，再将卷积核依次排列构成序列，如：将 features.0.weight：torch.Size([64, 3, 3, 3])通过 view(−1, 1, 3, 3)变形为 torch.Size([192, 1, 3, 3])，此处 3×64=192；代码❺通过 add_image 函数向 TensorBoardX 对象中写入张量。

执行上述代码后，将导致在"./Result"文件夹下生成一个"events.out.tfevents.××××.××××"的文件。在命令行中输入"CD"命令，进入该文件夹，执行"TensorBoard--logdir "Result""命令(启动服务的方法可以参考 3.2.1 节)，保持窗口的同时，在浏览器中输入"http://localhost:6006/"，就可以观察到该模型可视化后的滤波器了。如图 3-23 所示为 features.0 的 9 个 3×3 卷积核的可视化图。

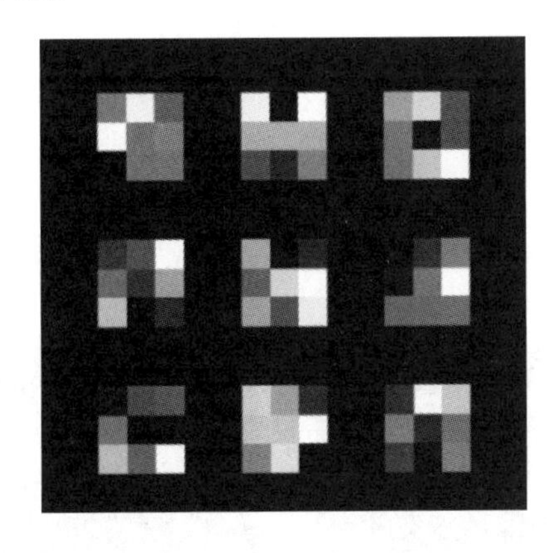

图 3-23　滤波器可视化效果

那么这些卷积核是如何对图像进行滤波的呢？下面的代码(详见 core_illu.py 代码)展示了卷积核的滤波效果。

```
def nn_conv2d(im):
```

```
    #❶用nn.Conv2d定义卷积操作
    conv_op=nn.Conv2d(1, 1, 3, bias=False)
    kernels=[]
    featrues=[]

    #❷定义卷积算子参数
    Prewitt_kernel=np.array([[-1, 0, 1], [-1, 0, 1], [-1, 0, 1]], dtype='float32')
    kernels.append(Prewitt_kernel)
    sobel_kernel=np.array([[1, 2, 1], [0, 0, 0], [-1, -2, -1]], dtype='float32')
    kernels.append(sobel_kernel)
    Laplace_kernel=np.array([[0, 1, 0], [1, -4, 1], [0, 1, 0]], dtype='float32')
    kernels.append(Laplace_kernel)
    kernel_Sharpen=np.array([[-1, -1, -1], [-1, 9, -1], [-1, -1, -1]], \
                                                    dtype='float32')
    kernels.append(kernel_Sharpen)

    # 将算子转换为适配卷积操作的卷积核
    for k in kernels:
        kernel=k.reshape((1, 1, 3, 3))
        #❸给卷积操作的卷积核赋值
        conv_op.weight.data=torch.from_numpy(kernel)
        #❹对图像进行卷积操作
        featrue=conv_op(Variable(im))
        # 将输出转换为图片格式
        featrues.append(featrue.squeeze().detach().numpy())

    return featrues
```

上述代码首先用nn.Conv2d类定义了一个卷积对象conv_op(见代码❶)，该对象输入、输出通道数均为1，卷积核尺寸为3×3；然后代码❷分别定义了四种卷积核，即Prewitt、sobel、Laplace、Sharpen;代码❸ 通过conv_op的weight.data指定卷积核。代码❹利用conv_op对图像进行卷积，四种卷积核对图像baboon.jpg的卷积效果如图3-24所示。

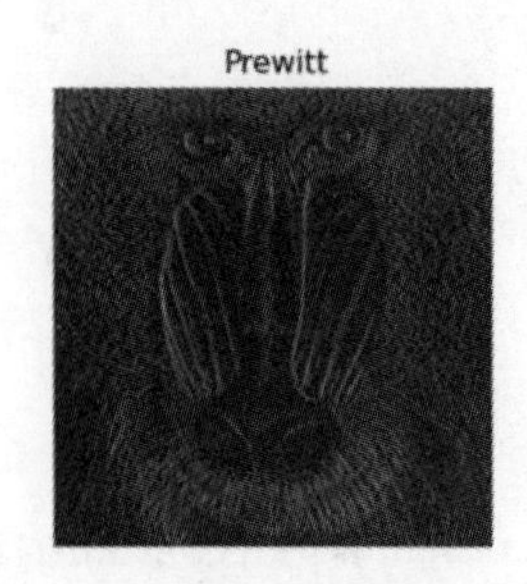

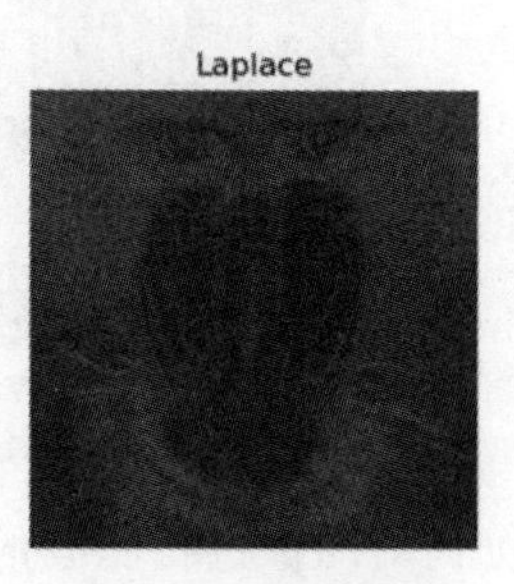

图3-24 四种卷积核对图像baboon.jpg的卷积效果

可以看出，通过卷积核的提取，不同的图像特征就被提取出来了。

2. 单个神经元理解

一个卷积核会影响后一层神经元的激活，神经元的激活情况反映出输入是否检测到了该卷积核描述的“模式”。研究发现，CNN 不同层的卷积核关注的对象区别很大(这里的对象有物体、颜色、物体、材料等)。为了界定输入是否包含某个卷积核所关注对象，可以取一个图片中相对该卷积核的激活值，若该值超出阈值则认为这个卷积核可以识别该对象。进一步，结合激活值再通过计算其 IoU 值(某一类别对象所占图片的总面积)，用以度量一个卷积核与某一类别对象的关系。对于每一个卷积核，应将 IoU 最大值所对应的对象作为响应标签。

通过该方式可以对单个神经元实施理解。图 3－25 是采用单个神经元理解对 VGG-16 预训练模型 5 层滤波器关注对象的分析结果。

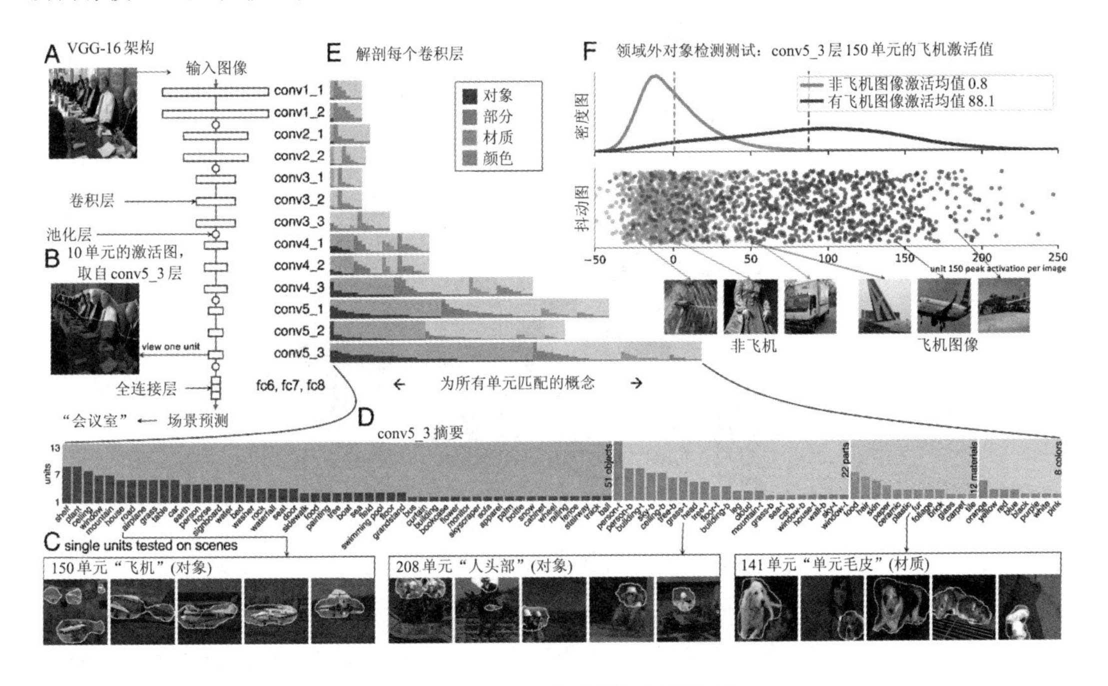

图 3－25 CNN 滤波器解释图示意

图中 A 为 VGG-16 的结构；B 为 conv5_3 的 10 号卷积核关注的对象；C 为单个卷积核关注对象的图例；D 为 conv5_3 的卷积核关注对象摘要，包括物体、颜色、物体、材料四类；E 为各层关注对象的构成统计，显然高层更关注物体，低层更关注颜色；F 为 conv5_3 的 150 号卷积核关于飞机的样本图激活情况的比较。

通过实验发现一个有趣的现象：即使某一个对象并没有被要求显式地进行分类，也会有相应的卷积核对其进行识别。比如：这个实验中的模型是用来识别不同场景的，却发现某些卷积核(conv5_3 的 150 号卷积核)就是专门用来识别飞机的。为了进一步验证这个卷积核，在 ImageNet 中找到两种不同的飞机图片，输入用来分辨场景的 CNN 模型，重点检测 conv5_3 的 150 号卷积核的激活谱上的峰值，发现飞机引起的激活值增加是很明显的。

上述对于单个神经元的理解在一定程度上解释了CNN卷积核的工作机制。

3. 滤波器概念解析

为了更好地了解卷积核的作用与形态，人们还开发了一些更高级的可视化解释方法与工具，如概念解析方法等。之所以开发该方法，是因为预训练模型高层滤波器可视化解释的结构信息非常抽象，通常人类难以理解。为此，张拳石等学者提出将预训练的每个过滤器视为目标多个部分的混合，以一种自顶向下的方式揭示隐藏于预训练CNN内的知识层次，使得滤波器特征及其相互关系变得更加清晰。方法自动从每个滤波器中分解出不同的部分模式，并构建一个解释图，如图3-26所示。

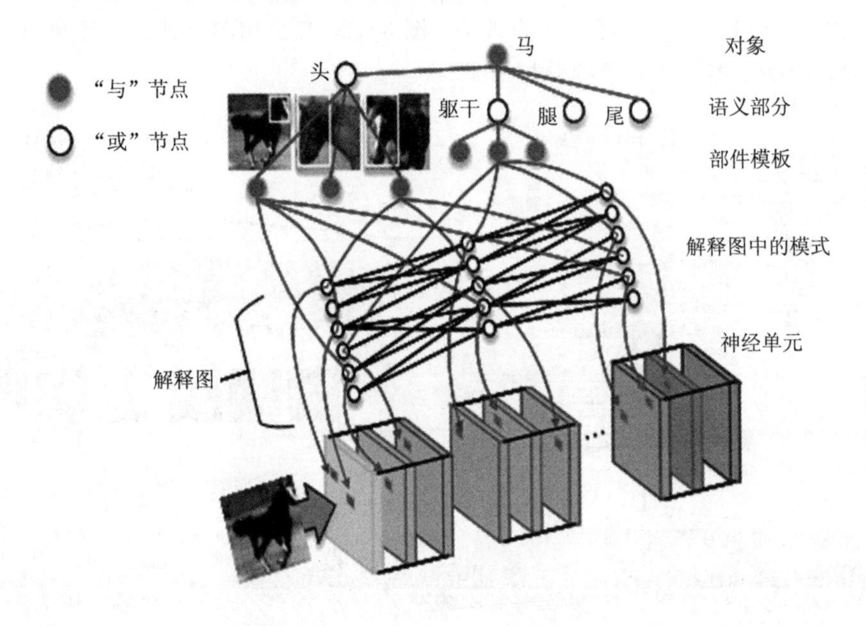

图3-26 CNN滤波器解释图示意

这种方法的每个图层拥有多个节点，这些节点用于总结不同卷积层中隐藏于混沌特征图中的知识。图中的节点表示所有候选部分的模式，图的边连接相邻层的两个节点以编码他们之间的共激活逻辑和空间关系，从而实现了高层的滤波器解释。概念解析方法可以解答关于"CNN中每个滤波器记住了多少种模式""哪些模式被共激活以描述一个目标部分""两个模式间的空间关系是什么样的"等问题。

3.3.2 滤波器训练可视化解释

在训练开始前，滤波器内的权值被初始化为随机变量，最终训练完成后能够反映图像特征的"模式"则是通过反复输入标注样本，由反向传播、梯度优化逐步迭代习得。为了探究滤波器对模式的学习过程，下面介绍几种具有代表性的工具。

1. Deep playground

Deep playground(http：//playground. tensorflow. org)是一个交互式可视化神经网络，用 d3. j 实现，可用于在浏览器中观察深度学习模型训练过程，如图 3 - 27 所示。

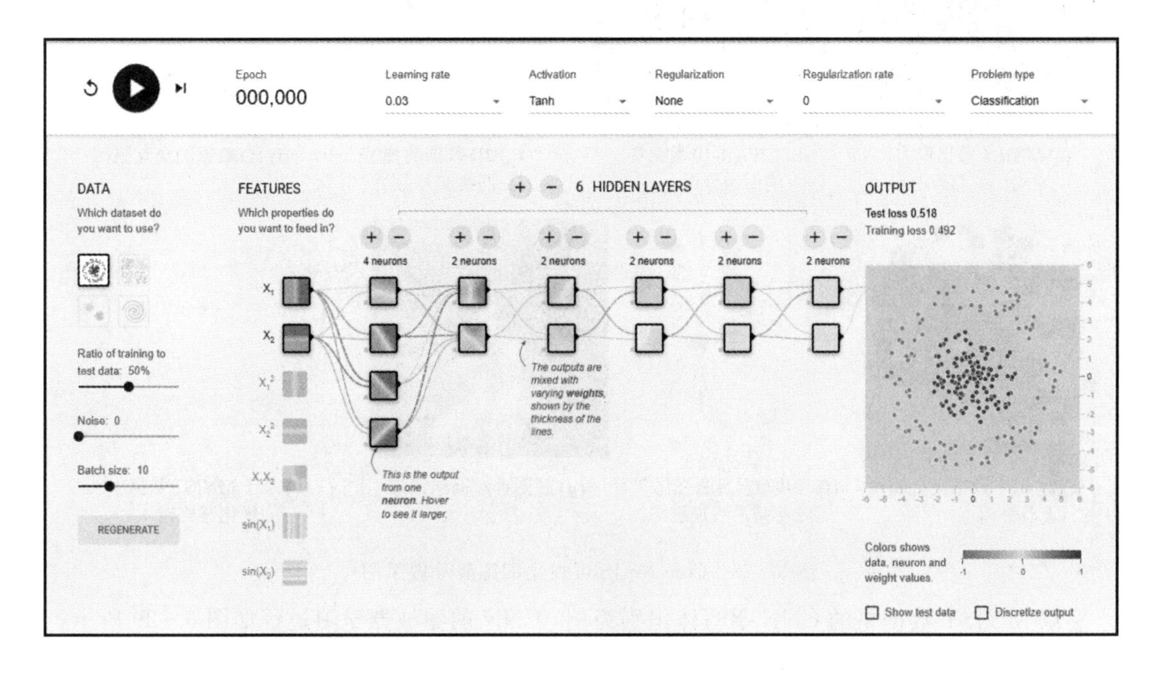

图 3 - 27　Deep playground 滤波器可视化效果图

Deep playground 为用户提供了一个操作简单的网络，用户可手动修改参数、层数、节点数以及非线性单元类型，观察二维玩具数据集的特征图与损失值的学习过程。Deep playground 没有特殊的软件需求，不需要编译器和 GPU，在绝大多数 PC 平台上都可以运行。

Deep playground 能够支持分类和回归两种神经网络的教学展示(通过 Problem type 选项进行设置)，通过点击“Run/Pause”控件，可以启动训练并观察滤波器的变化。为了更好地实现不同需求的展示，Deep playground 还提供了开放源码供用户参与共同开发。虽然 Deep playground 不专门针对 CNN 模型使用，且权值显示需要逐一查询，但是对于理解 CNN 模型工作、训练机制还是非常有帮助的。

2. ConvNetJS

ConvNetJS 是一个机器学习框架和教学学习工具，可以在浏览器上训练深度网络，也可以结合 nodejs 在服务器上运行所构建的网络。ConvNetJS 提供了多种可视化训练展示，包括：MNIST 数据集的 CNN 手写体识别、CIFAR-10 数据集的图像分类、2D 数据的神经网络交互分类、1D 数据的交互回归、MNIST 数据集自编码器无监督训练、深度 Q 学习的强化学习吃苹果游戏训练、图神经网络训练、基于 MNIST 数据的优化器比较等，如图 3 - 28 所示。

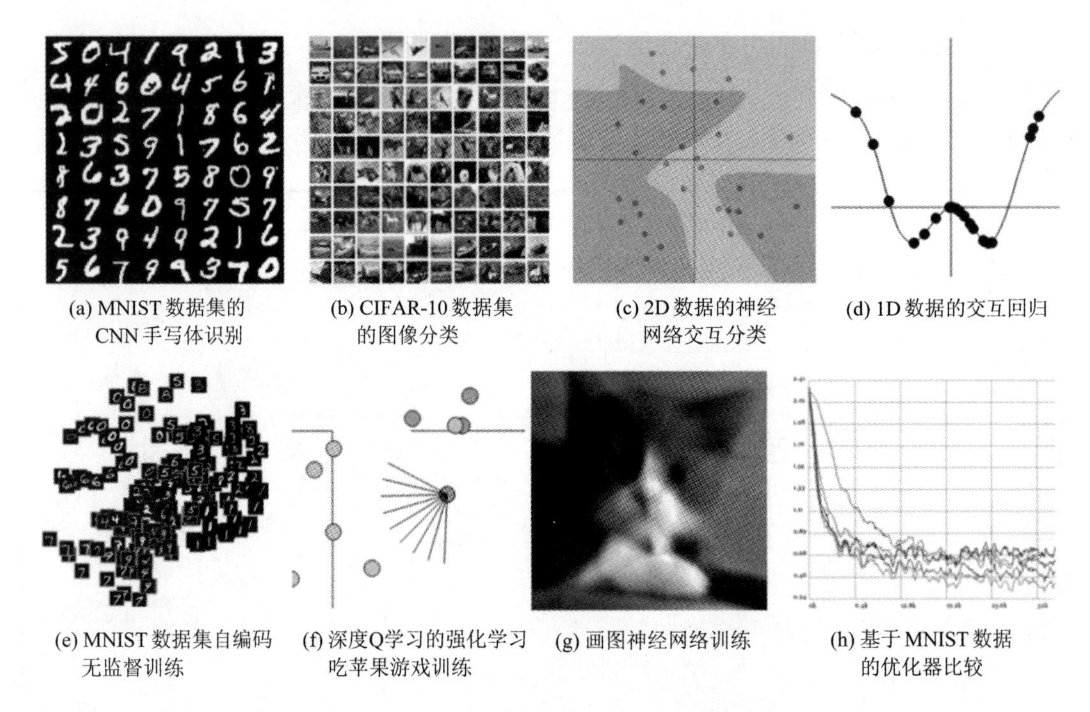

(a) MNIST数据集的CNN手写体识别 (b) CIFAR-10数据集的图像分类 (c) 2D数据的神经网络交互分类 (d) 1D数据的交互回归

(e) MNIST数据集自编码无监督训练 (f) 深度Q学习的强化学习吃苹果游戏训练 (g) 画图神经网络训练 (h) 基于MNIST数据的优化器比较

图 3-28 ConvNetJS可视化训练展示效果图

以MNIST数据集的CNN手写体识别为例，CNN的滤波器学习过程如图3-29所示，可以看到滤波器随着学习的推进不断进化。

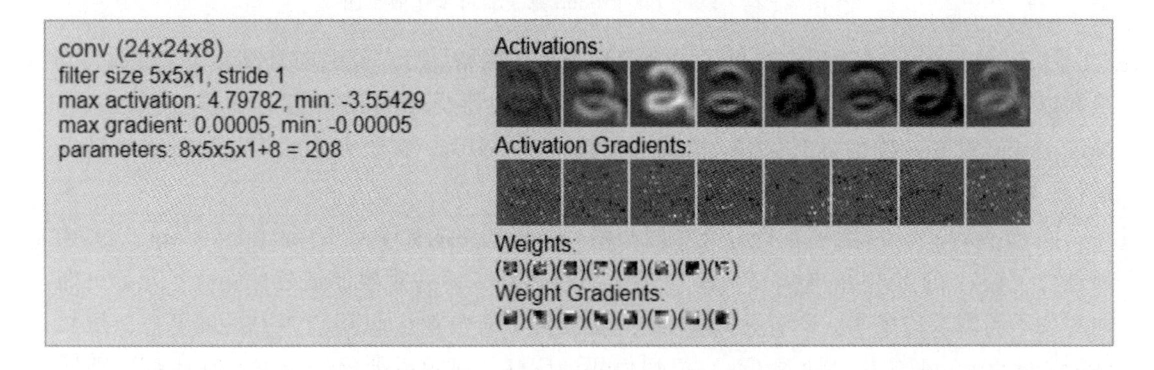

图 3-29 生物神经元结构示意图

3. Visdom

Visdom是一个专门用于PyTorch的交互式可视化工具，可以对实时数据进行丰富的可视化操作，帮助我们实时监控远程服务器上的科学实验。Visdom的可视化结果可以在浏览器中查看，也可以很容易地与其他人进行共享。Visdom的可视化类型种类非常多，如图3-30所示。

Visdom的使用需要安装该第三方库(执行命令如“pip install visdom”)。安装完成后，在Windows命令行窗口执行启动服务(如图3-31所示)。

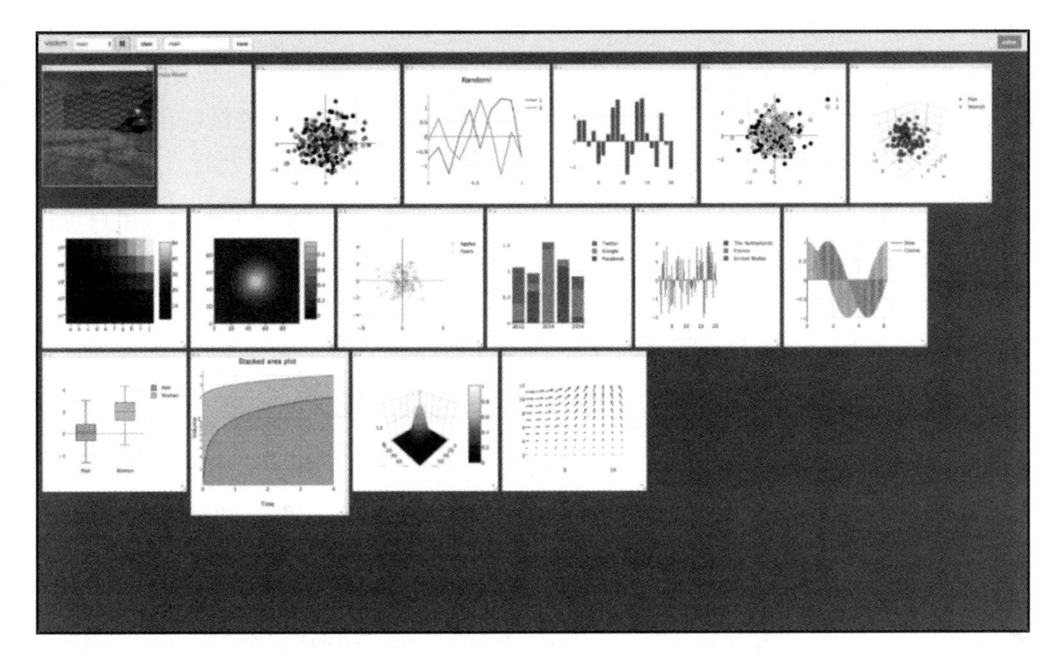

图 3 - 30　Visdom 可视化效果图展示

```
C:\>python -m visdom.server
C:\ProgramData\Anaconda3\lib\site-packages\visdom\server.py:39: DeprecationWarning: zmq.
eventloop.ioloop is deprecated in pyzmq 17. pyzmq now works with default tornado and asy
ncio eventloops.
  ioloop.install()  # Needs to happen before any tornado imports!
Checking for scripts.
Downloading scripts, this may take a little while
It's Alive!
INFO:root:Application Started
You can navigate to http://localhost:8097
```

图 3 - 31　启动 Visdom 服务

启动成功后，如果是在本机开启的服务，则在浏览器中输入 http：//localhost：8097；如果是在服务器中开启的服务，则在本机浏览器中输入 http：//[server_ip]：8097，就可以在浏览器中看到可视化的结果了。实际上，Visdom 服务是一个 Web Server 服务，默认绑定 8097 端口，客户端与服务器端通过 tornado 进行非阻塞交互，可视化操作不会阻塞当前程序。

1）Visdom 环境、窗格与状态

Visdom 使用环境、窗格、状态管理可视化界面，具体如下：

Visdom 使用环境（简称 env）：用于对可视化空间进行分区。默认每个用户都会有一个叫作 main 的虚拟环境。可以通过编程或 UI 创建新的虚拟环境。虚拟环境的状态是长期保存的。不同环境的可视化结果相互隔离，互不影响。如果不指定虚拟环境，则默认使用 main。不同的用户、不同的程序，最好使用不同的虚拟环境，避免相互影响。

窗格（pane）：用于可视化图像、数值或文本等，它可以自由拖动、缩放、保存和关闭，类似于一个一个的小的窗口。一个程序可以使用同一个 env 中的不同 pane，每个 pane 可视化记录某一信息。

状态(state)：用于管理用户的操作。当创建一些可视化工作后，服务器自动缓存这些可视化工作，之后当重新加载页面、重新打开服务器时都会再现这些可视化工作。通过保存(vis.save函数，见后续介绍)可以序列化环境的状态，并以json文件保持在本地里。

2) Visdom API函数

Visdom支持多种数据格式的可视化，包括数值、图像、文本以及视频等，用户可以通过Visdom API函数通过编程组织可视化空间，或者通过用户接口为数据打造仪表板、检查实验结果和调试代码。

Visdom API函数的可视化功能如表3-1所示。

表3-1 Visdom API函数的可视化功能

Visdom API函数	功 能	Visdom API函数	功 能
vis.image	图片	vis.scatter	2D或3D散点图
vis.images	图像列表	vis.line	线图
vis.text：	任意HTML	vis. boxplot/ stem/ quiver	箱形图/茎干图/箭状图
vis.audio	音频	vis. heat/contour/surface	热程图/地理图/表面图
vis.video	视频	vis.bar	条形图
vis.matplot	matplotlib绘图	vis.histogram	直方图
vis.save	序列化状态服务器端绘图	vis.mesh	网格图

3) Visdom可视化程序

Visdom可视化程序以如下代码(详见visdom_test.py代码)为例进行说明。

```
vis=visdom.Visdom(env=u'test_cos') #❶

x=t.arange(1, 30, 0.01)
y=t.cos(x)
vis.line(X=x, Y=y, win='cos', opts={'title': 'y=cos(x)'}) #❷

vis.image(t.randn(256, 256).numpy())

for ii in range(0, 10):
    x=t.Tensor([ii])
    y=x
    vis.line(X=x, Y=y, win='polynomial', update='append' if ii > 0 else None) #❸
    time.sleep(0.5)
```

代码❶新建一个连接客户端，指定env='test_cos'，代码❷利用Visdom API函数绘图，然后在浏览器中打开http://localhost:8097链接即可。为了形成一个动态的效果，代码❸使用 update='append'方法(另有“new”方法)进行数据追加，以及短暂休眠来实现重绘(图像是通过同一窗口重绘实现更新，因此需要花费一段时间运算、刷新)。

4) Visdom 的 CNN 滤波器可视化

为了展示滤波器在训练过程中的变化，如下代码(visdom_cnn_train.py)利用 Visdom 对自定义的只包含两个卷积层的 CNN 识别 MNIST 数据集训练过程中滤波器的演进过程进行可视化。

```
import torch
import torch.nn as nn
import torch.nn.functional as F
import torch.optim as optim
from torchvision import datasets, transforms
import visdom
import numpy as np

vis=visdom.Visdom(env=u'filter_vis')                # ❶
image=vis.image(np.random.rand( 20, 20))            # ❷

BATCH_SIZE=512 # 批次大小
EPOCHS=20 # 总共训练批次
DEVICE=torch.device("cuda" if torch.cuda.is_available() else "cpu") # 判断是否使用 GPU
```

在上述程序首先导入相关库，然后创建 visdom 环境(见代码❶)和一个图像窗格(见代码❷)，此时该窗格的内容暂时用随机张量替代。

接下来，通过 DataLoader 从线上导入 MNIST 数据，然后构建一个简单的 CNN 模型(该模型有 2 个卷积层、1 个池化层，以及 2 个全连接层)。具体代码如下：

```
class ConvNet(nn.Module):
    def __init__(self):
        super().__init__()
        self.add_module("conv1", nn.Conv2d(1, 10, 5)) # ❸
        #self.conv1=nn.Conv2d(1, 6, 3)
        self.pool=nn.MaxPool2d(2, 2)
        self.add_module("conv2", nn.Conv2d(10, 20, 3))
        #self.conv2=nn.Conv2d(10, 20, 3)
        self.fc1=nn.Linear(20*10*10, 500)
        self.fc2=nn.Linear(500, 10)
    def forward(self, x):
        in_size=x.size(0)
        out=self.conv1(x)
        out=F.relu(out)
        out=self.pool(out)
        out=self.conv2(out)
        out=F.relu(out)
        out=out.view(in_size,-1)
```

```
            out=self.fc1(out)
            out=F.relu(out)
            out=self.fc2(out)
            out=F.log_softmax(out, dim=1)
            return out

    model=ConvNet().to(DEVICE)
    optimizer=optim.Adam(model.parameters())
```

其中，代码❸采用add_module方法构建隐层。通常，CNN隐层可以采用如下两种方法加入模型：

```
self.conv1=nn.Conv2d(1, 20, 5)
self.add_module("conv1", nn.Conv2d(1, 10, 5))
```

此处之所以采用后者，是为了给该层添加一个名字“conv1”，方便后续利用model.parameters()对该层参数进行过滤。注意，add_module函数会将“weight”和“bias”分别自动加入“conv1”后面得到两个层，分别是“conv1 .weight”和“conv1 . bias”。

后续模型的训练和测试函数如下：

```
    def train(model, device, train_loader, optimizer, epoch):
        model.train()        # ❹
        for batch_idx, (data, target) in enumerate(train_loader):
            data, target=data.to(device), target.to(device)
            optimizer.zero_grad()
            output=model(data)
            loss=F.nll_loss(output, target)
            loss.backward()
            optimizer.step()

            if (batch_idx+1) % 30==0:
                print('Train Epoch: {} [{}/{} ({:.0f}%)]\tLoss: {:.6f}'.format(
                    epoch, batch_idx * len(data), len(train_loader.dataset),
                        100. * batch_idx / len(train_loader), loss.item()))

    def test(model, device, test_loader):
        model.eval()        # ❺
        test_loss=0
        correct=0
        with torch.no_grad():
            for data, target in test_loader:
                data, target=data.to(device), target.to(device)
                output=model(data)
                test_loss+=F.nll_loss(output, target, reduction='sum').item()  # 将一批的损
                                                                                 失相加
                pred=output.max(1, keepdim=True)[1]  # 找到概率最大的下标
```

```
            correct+=pred.eq(target.view_as(pred)).sum().item()

    test_loss /=len(test_loader.dataset)
    print('\nTest set: Average loss: {:.4f}, Accuracy: {}/{} ({:.0f}%)\n'.format(
        test_loss, correct, len(test_loader.dataset),
        100. * correct / len(test_loader.dataset)))
```

这里分别使用了 PyTorch 提供的两种方式来切换训练和测试(推断)模式，分别是 model.train()(见代码❹)和 model.eval()(见代码❺)。一般在训练开始之前使用 model.trian()，在测试时使用 model.eval()。model.train()的作用是启用 Batch Normalization (BN)层和 Dropout 方法。如果模型中有 BN 层和 Dropout 方法，则需要在训练时添加 model.train()，保证 BN 层能够用到每一批数据的均值和方差；而对于 Dropout 方法，model.train()则随机对一部分网络进行训练来更新参数。model.eval()的作用是不启用 BN 层和 Dropout 方法。如果模型中有 BN 层，则在测试时需要添加 model.eval()。

每使用训练集中的全部样本训练一次(即 1 个 epoch)后，通过 Visdom 函数绘制一次滤波器当前的参数实现可视化解释，代码如下：

```
for epoch in range(1, EPOCHS+1):
    train(model, DEVICE, train_loader, optimizer, epoch)
    for name, param in model.named_parameters():    #❻
        #print(param.size(), name)
        if 'conv2' in name and 'weight' in name:    #❼
            in_channels=param.size()[1]
            out_channels=param.size()[0]  # 输出通道，表示卷积核的个数
            k_w, k_h=param.size()[3], param.size()[2]  # 获得卷积核的尺寸
            kernel_all=param.view(-1, 1, k_w, k_h)  #❽
            #vis.image(kernel_all[0, 0, :, :].detach().numpy(), win=image1)
                                                        #只显示第一个卷积核
            vis.images(kernel_all.detach().numpy(), nrow=20, win=image) #❾
    test(model, DEVICE, test_loader)
```

代码❻中的 model.named_parameters 函数用于获取当前的模型参数，代码❼依据隐层的名字对参数进行过滤，代码❽将滤波器按照卷积核转换成顺序排列的序列，便于绘图。其中，PyTorch 获取模型参数有以下方法：

(1) model.named_parameters()：每次迭代打印该选项，将会打印每一次迭代元素的名字和 param。

```
for name, param in model.named_parameters():
    print(name, param.requires_grad)
    param.requires_grad=False
```

(2) model.parameters()：每次迭代打印该选项，将会打印每一次迭代元素的 param 而不会打印名字，这是它和 named_parameters 的区别，两者都可以用来改变 requires_grad 的属性。

```
for param in model.parameters():
    print(param.requires_grad)
```

```
param.requires_grad=False
```

(3) model.state_dict().items()：每次迭代打印该选项，将会打印所有的name和param，但是所有的param都是requires_grad=False，无法改变requires_grad的属性，所以改变requires_grad的属性只能通过上述两种方法。

此外，PyTorch还可以采用children()等迭代器获得权重，此处不作介绍。

代码❾采用vis.images方法可将以张量方式查询到的卷积核转换成Numpy格式显示出来。由于该转换类型的PyTorch张量带有梯度，直接将其转换为Numpy数据将破坏计算图，因此Numpy会不允许进行这种转换。为此，上述操作前需要调用detach()函数去除梯度。

最终，Visdom可视化训练过程中滤波器的效果如图3-32所示。利用上述方法进行观察，就会发现在训练过程中有的滤波器变化非常剧烈，有的较为平滑，甚至很多滤波器并未参与训练，这可以作为简化模型的依据；另外，若采用不同模型，则滤波器训练效果存在显著差异，这也为分析CNN模型家族成员的特性差异提供了手段。

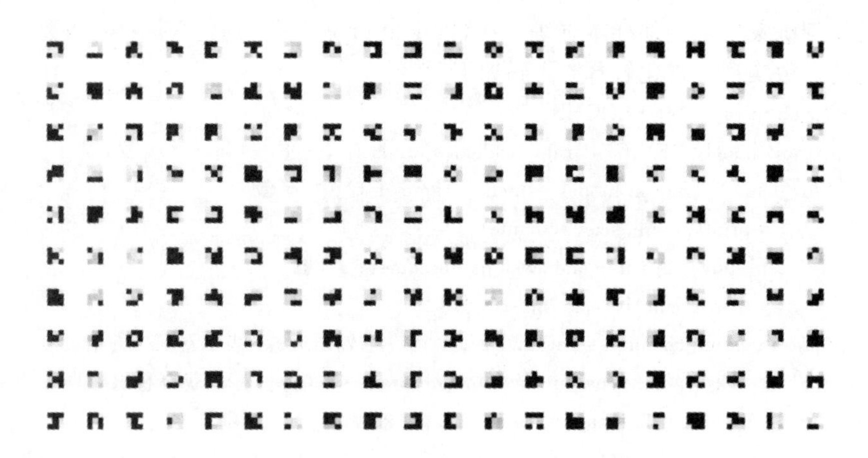

图3-32　Visdom可视化训练中滤波器效果图

4. W&B

W&B (https://wandb.ai/site)是Weights & Biases的缩写，这款工具能够帮助用户跟踪机器学习项目中模型的训练，能够自动记录模型训练过程中的超参数和输出指标，然后对结果进行可视化和比较，并快速与其他用户进行共享。W&B可以说是一个面向开发人员，可以更好、更快地构建机器学习模型训练辅助的平台，具有轻量化、可交互、快速跟踪实验、追踪版本、迭代数据集、评估模型性能、重现模型、可视化结果和点回归等特性。W&B为用户带来了强大的交互式可视化调试体验，能够自动记录Python脚本中的图标，并且实时在网页仪表盘展示结果，如损失函数、准确率、召回率等，它能在最短的时间内完成机器学习项目模型训练可视化图片的制作。

W&B具有4项核心功能：

(1) 跟踪训练过程，给出可视化结果。

(2) 保存和共享训练过程中的一些细节和有价值的信息。

(3) 使用超参数调优来优化训练的模型。

(4) 版本化数据集和模型。

也就是说，W&B 并不是单纯的一款数据可视化工具，它具有更为强大的模型和数据版本管理功能。此外，W&B 还可以对正在训练的模型进行调优。W&B 的另外一大亮点就是强大的兼容性，它能够和 Jupyter、TensorFlow、PyTorch、Keras、Scikit、fast. ai、LightGBM、XGBoost 结合使用。因此，它不仅可以节省时间和精力，还可以提高模型训练的质量。W&B 和 TensorBoard 最大区别在于：TensorBoard 的数据保存在本地，W&B 则保存在远端服务器上。W&B 会为开发者创建一个账户并生成登录 API 的密。用户可以在 Google、Microsoft 或 GitHub 上登录账户。

运行程序之前需要先登录 W&B。安装和登录 W&B 的命令如下：

pip install wandb(注意，需要以管理员的身份运行安装)

Wandb login(第一次登录需要在命令行中输入)

按照回显提示，打开网址 https：//wandb. ai/authorize，在用户数据处获取一个 40 个字符长的密钥，粘贴该密钥到输入该命令行窗口即可完成，获得的密钥与 W&B 登录回显如图 3-33 所示。

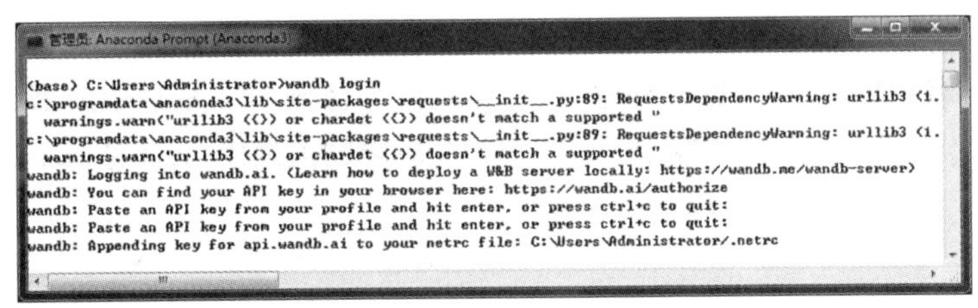

图 3-33　获得的密钥与 W&B 登录回显

下面给出一个 W&B 可视化示例，代码(详见 wandb_vis_simple. py 代码)如下：

```
import wandb# ❶
from PIL import Image
import time


wandb. login()
wandb. init(project="wandb_simple_instance") # ❷


config=wandb. config                # ❸
config. learning_rate=0. 01
config. epochs=100
config. batch_size=128


for epoch in range(1, config. epochs):
    # 每次循环采样记录一次
    wandb. log({"loss1": 10/(3 * epoch), "loss2": 10/(2 * epoch), "loss3": epoch})# ❹
    time. sleep(2)
```

使用 W&B 进行训练可视化，大致可分为以下步骤：导入包(见代码❶)；初始化一个项目(见代码❷)；设置参数(见代码❸)；追踪并记录(见代码❹)。可视化效果如图 3-34 所示。

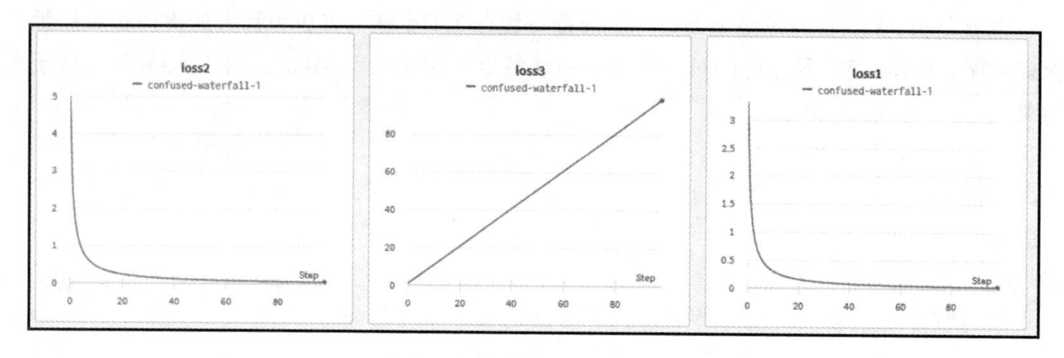

图 3-34　W&B 可视化简单示例

W&B 也可以可视化图片，代码如下：

```
img=Image.open('baboon.jpg') #❶
Img=wandb.Image(img, caption="It's an image") #❷
wandb.log({"log an image": Img}) #❸
```

上述代码中，首先打开图像文件(见代码❶)，然后利用 wandb.Image 函数将该图像记录到 W&B 中(见代码❷)，再导入该图像到 W&B 显示容器(见代码❸)。

W&B 对滤波器学习过程可视化解释的关键代码(详见 wandb_cnn_train.py 代码)如下：

```
wandb.login()
wandb.init(project="wandb_cnn_instance")      #❶

def train(model, device, train_loader, optimizer, epoch):
    model.train()
    for batch_idx, (data, target) in enumerate(train_loader):
        data, target=data.to(device), target.to(device)
        optimizer.zero_grad()
        output=model(data)
        loss=F.nll_loss(output, target)
        loss.backward()
        optimizer.step()

        if (batch_idx+1) % 30==0:
            print('Train Epoch: {} [{}/{} ({:.0f}%)]\tLoss: {:.6f}'.format(
                epoch, batch_idx * len(data), len(train_loader.dataset),
                    100. * batch_idx / len(train_loader), loss.item()))
            wandb.log({"train_loss": loss.item()})        #❷

def test(model, device, test_loader):
    model.eval()
    test_loss=0
    correct=0
    with torch.no_grad():
        for data, target in test_loader:
```

```
            data, target=data.to(device), target.to(device)
            output=model(data)
            test_loss+=F.nll_loss(output, target, reduction='sum').item()  # 将一批的损失相加
            pred=output.max(1, keepdim=True)[1]  # 找到概率最大的下标
            correct+=pred.eq(target.view_as(pred)).sum().item()

    test_loss /=len(test_loader.dataset)
    wandb.log({"test_loss": test_loss})        # ❸
    print('\nTest set: Average loss: {:.4f}, Accuracy: {}/{} ({:.0f}%)\n'.format(
        test_loss, correct, len(test_loader.dataset),
        100. * correct / len(test_loader.dataset)))

for epoch in range(1, EPOCHS+1):
    train(model, DEVICE, train_loader, optimizer, epoch)
    for name, param in model.named_parameters():
        print(param.size(), name)
        if 'conv2' in name and 'weight' in name:
            in_channels=param.size()[1]
            out_channels=param.size()[0]

            k_w, k_h=param.size()[3], param.size()[2]
            kernel_all=param.view(-1, 1, k_w, k_h)  #
            Img=wandb.Image(kernel_all[0, 0, :, :], caption="It's one of conv2 core of
                    epoch"+str(epoch)) # ❹
            #Img=wandb.Image(kernel_all.detach().numpy(), caption="It's an image")
            wandb.log({"log an cnn_core": Img})
    test(model, DEVICE, test_loader)
```

上述代码中，首先进行W&B的登录与项目初始化(见代码❶)，然后在train和test函数中分别记录损失值(见代码❷❸)，并且在每个epoch命令执行后记录“conv2”的第一个卷积核(见代码❹，可以采用类似的方法观察其他卷积核)。代码的可视化效果如图3-35所示。

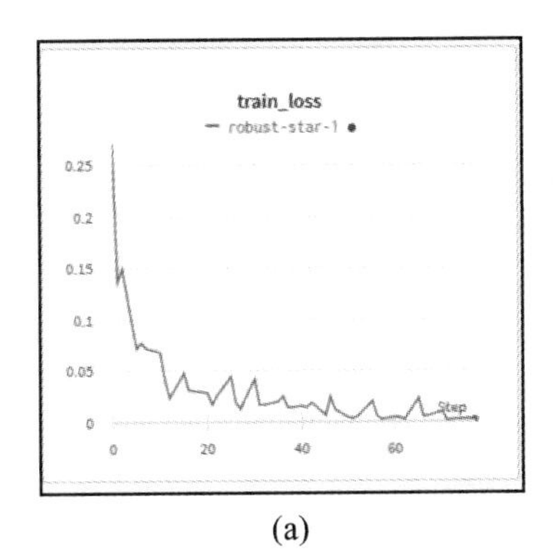

(a)

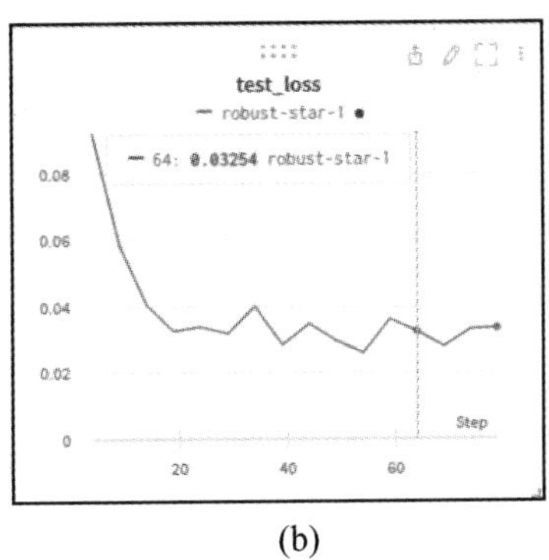

(b)

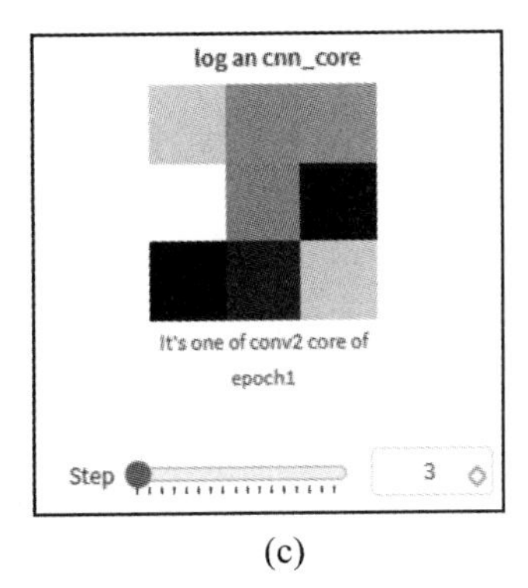

(c)

图3-35 W&B滤波器训练可视化解释示意图

图3-35(c)显示的卷积核可以通过拖拽下端的滚动条进行浏览。

W&B还支持超参数搜索功能，这里不作介绍。

5. 其他平台

除了上述平台，还有NNSVG、ConvNetDraw、CNN Explainer、TensorSpace.js、Neataptic、Deep Visualization Toolbox(见图3-36(a))、ENNUI(见图3-36(b))等平台，也提供多种不同的学习训练可视化功能。滤波器可视化作为可视化解释的基本工具，如今很多都已经被集成到CNN模型框架设计工具或教育与直觉理解工具中。

(a)

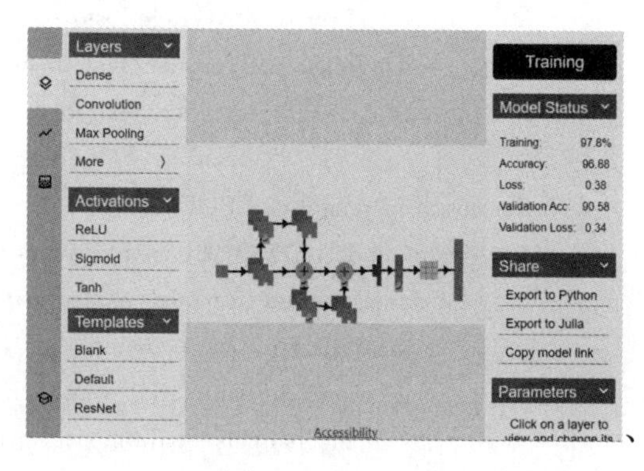

(b)

图3-36 Deep Visualization Toolbox与ENNUI CNN学习训练可视化效果图

本章小结

对于CNN的可视化解释性，人们首先想到的是模型本身结构到底是什么样的，经过训练的模型学习到了什么特征。依据这样的思路，人们开发出了本质可视化的三种方法，部分解释了CNN。进一步，为了观察CNN的学习过程，用户可以在训练过程中对不断进化的滤波器进行持续观察，并得出很多有意义的解释与发现。目前，本质可视化是争议相对较少的可视化解释方法，且已经可以得到很多成熟的工具，大大降低了其实现的技术门槛要求。

第4章
CNN 前向传播可视化解释

在 CNN 分类模型训练完成后，在测试阶段需将样本输入模型。样本由输入层进入后，由低及高逐层通过 CNN 模型的隐层每一层，最终在输出层获得分类概率，该方向的样本数据流动就是前向传播过程。该过程是模型对样本进行"理解"的具体操作。对这一过程以及中间数据进行可视化呈现，就可以从一个角度解释 CNN 分类模型是如何"工作"的。

4.1 前向传播可视化解释方法的分类

为了区分各种前向传播可视化解释方法，本节根据可视化解释对象在模型中的深度，将这些方法分为基于样本、基于隐层特征和基于分类函数三类解释方法，如图 4-1 所示。

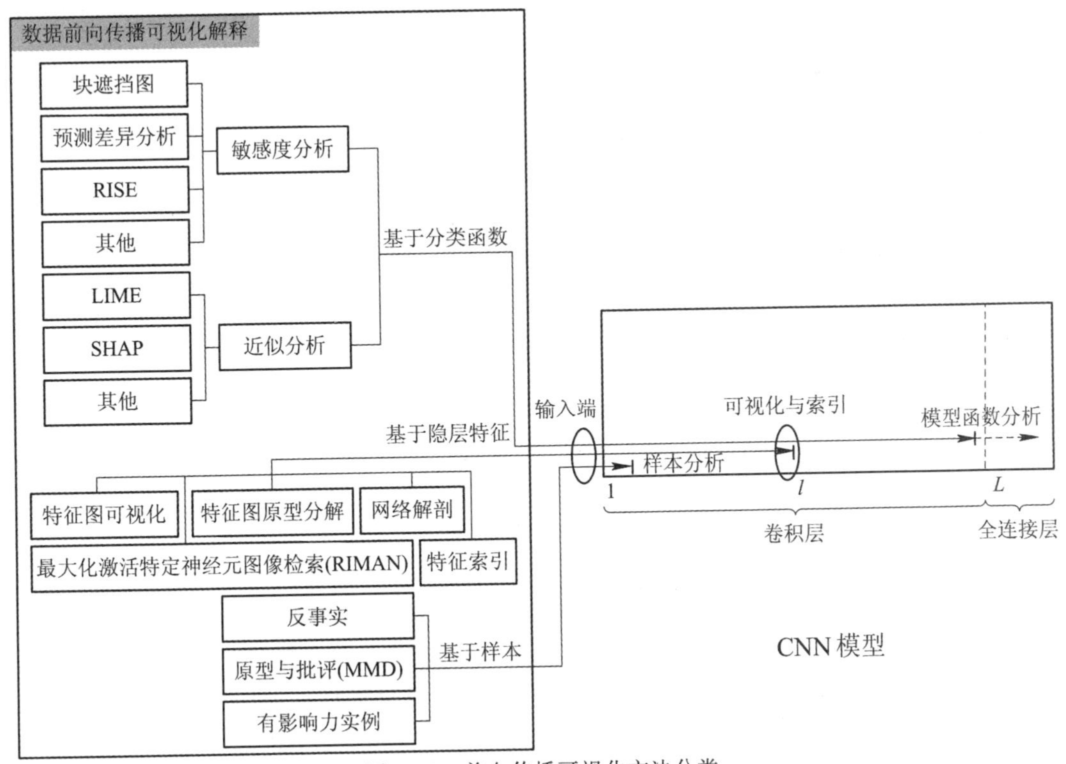

图 4-1 前向传播可视化方法分类

1. 基于样本的解释方法原理

基于样本的CNN解释方法是一种不可忽视的重要解释手段。根据可信AI的理论，对机器学习模型实施基于样本的解释，能够诠释是“什么原料”(样本)致使模型训练成为最后的“模样”(学习结果)。训练完成的模型表现优异，则说明训练样本也是良好的;反之模型未达到预期功能，训练样本不佳极有可能是诱因，可见样本与模型二者存在相关性。进一步，对施用于待解释模型的训练样本进行分析，就可以了解模型“到底学习了什么”。

基于样本的解释还有一个优异的特性，就是这种解释与模型无关，因而理论上适合于解释任何机器学习模型。其实在实际日常生活中，人们就已经非常广泛地常使用基于样本的解释方法回答生活中的各种“疑难问题”。在日常生活中人们会经常用到基于样本的解释方法。

例如：一个理智的人，不会从危墙(模型)下走过，因为在他的记忆里曾经有一个不幸的人(样本)被其砸到，因此“危墙”这个“模型”被解释为具有危险属性；医生看到就诊的病人(样本)出现某种特殊的咳嗽和轻度发烧的症状，会想起曾遇到患有类似症状的另一位病人(另一个样本)，因此她采用当时的治疗手段使得前者康复(她甚至不知道病人得了什么病，即导致病症的模型是什么)。像这样的实例还有很多。

《可解释机器学习》的作者Christoph将基于样本的解释方法概括为以下几种：

(1) **反事实解释**：通过创建反事实样本来解释模型。

(2) **对抗样本**：通过构造欺骗机器学习模型的反事实样本来解释模型，其重点是翻转预测。

(3) **原型与批评**：原型是从数据中选择出具有代表性的实例，批评是那些原型无法很好地表示的实例，这种解释方法试图通过从训练集中析出原型样本(Prototype)和批评样本(Criticism)来解释模型。

(4) **有影响力的实例**：通过识别和分析有影响力的实例来发现数据问题、调试模型、了解模型的行为。

(5) *k*-**最近邻模型**：通过与可解释的机器学习模型进行类比来解释模型。

基于样本的解释还有另一层意义，就是有利于对模型本身的改进。在任务中寻找到真正有用的训练样本，排除掉训练样本中的杂质，可提升训练模型的效率以及模型最终的测试性能。

基于样本的可视化解释，还可分为前向传播和反向传播两类，分别在4.2节和5.4节介绍。

2. 基于隐层特征的解释方法原理

样本经前向传播将会在网络的隐层中获得一系列的特征图(Feature Map)或激活图(Activation Map)，特征图反映了模型对输入样本的“理解”视图。因此，可以通过截取隐层的特征图进行可视化呈现来解释模型，具体方法包括直接特征图可视化、原型分解、特征索引、最大化激活特定神经元图像检索(Retrieving Images that Maximally Activate a Neuron，RIMAN)及网络解剖(Network Dissection)等。

(1) 直接特征图可视化方法就是对隐层的特征图直接进行可视化展示(为了方便观察，可以进行上采样处理)。在CNN的特征提取部分(详见2.3.1节介绍)中，特征图保留了图像的大部分空间位置信息，因此对隐层特征直接进行可视化解释可以与原图进行很好的映射比对。应当注意的是，由于目前流行CNN模型通道和层数众多，因此实施隐层可视化时需要进行取舍或归纳。

(2) 特征图是通过模型特征提取获得的抽象，失去了许多帮助理解的辅助信息。为了实现对特征图的解释，可以采用原型分解的方法。原型分解将原输入的特征图与不同的已知部件特征图进行比对，将比对获得的部件记录下来，最终实现了特征图的整体分解，最后利用得到的已知部件的原图去综合理解输入特征图。

(3) 在 CNN 隐层特征中，通常高层的特征图蕴含的图像信息越来越抽象，卷积末端层的特征图用来表示整幅图像的分类的特征。因此，可以将高层特征作为输入的整体图像特征(Holistic Image Features)进行索引，然后对图像库中的其他图像索引与该目标图像索引进行欧几里得距离计算，找出图像库中的相似图像，从而通过相似图像实现了特征图检索。进一步，还可以实施降维(通常使用 PCA、t-SNE 等方法)将高维图像降维至二维或三维空间并标注出来，从而将相似内容的图片都聚集在一起得到网格图，实现样本图嵌入二维空间可视化，进而达成解释。

(4) 在 CNN 中，由于每个神经元都匹配一个特征，因此可以将获得匹配(激活值最大)的神经元图像都检索出来，通过观察就可以推知被激活的特定神经元所关注的特征。基于此，RIMAN 方法将数据集中的图像样本依次输入整个网络，将激活值最大的神经元图像检索显示出来，从而实现对该神经元关注模式的可视化解释。

(5) 网络解剖方法是由麻省理工学院计算机科学与人工智能实验室(Computer Science and Artificial Intelligence Laboratory，CSAIL)的计算机视 David Bau 研究团队提出来的一种独特方法，可以更好地量化分析不同 CNN 内部神经元的语义特征，通过评估单个隐藏单元与一系列语义概念间的对应关系来量化 CNN 隐层特征的可解释性。

本章将在 4.3 节对隐层特征可视化解释方法实现进行介绍。

3. 基于分类函数的解释方法原理

如果把贯穿整个模型的前向传播视为一个分类函数，并用 f_C 表示，则对于模型的解释可视为对 f_C 的解释。这种方法可分为敏感度分析(Sensitivity Analysis，SA)、函数近似分析两类。

(1) 敏感度分析方法的基本思想是：令每个属性在可能的范围内变动，研究和预测这些属性的变化对模型输出值的影响程度。该方法能够定量描述模型输入变量对输出变量的重要性程度，且与模型无关。

(2) 近似分析方法是指用一个已知的、可解释的简单模型去近似(Approximation)复杂的、待解释的模型。将已经获得实践验证、在分类任务中表现良好的“待解释”模型的训练样本导入“可解释”的机器学习模型进行训练，通过两种模型之间的近似分析，来解释模型。这实际上是一种类比分析，即采用一些被认为是可解释的方法(如：线性回归、逻辑回归、决策树、k-最近邻模型，以及多个方法的结合或修正)进行类比。若利用简单模型无法解释复杂整体模型，则可以将前者仅用于后者的局部来简化问题从而加以解决。

本章将在第 4.4 节对基于分类函数的解释方法进行介绍。

4.2　基于样本的前向传播可视化解释

基于样本的可视化解释非常直观有效，本节主要介绍不依赖梯度的前向传播样本可视化解释方法，包括反事实解释、原型与批评样本的最大均值差异(Maximum Mean Discrepancy，MMD)、有影响力实例。

4.2.1 反事实解释

1. 反事实解释的原理

反事实解释描述了将预测实例更改为预定义输出时特征值的最小变化，即：如果事件 X 不发生，则事件 Y 就不会发生，用“如果不……”解释了“为什么”。例如：“如果你不是昨晚睡得太迟，今早就不会迟到!”由于反事实解释方法仅需要模型的输入和输出，因此可以真正做到与模型无关。反事实解释中的预测实例与当前实例形成对比，并且反事实解释具备选择性，这更有利于用户专注于少量特征。

由于反事实实例不一定是来自训练数据的实际实例，而可以是特征值的新组合。如何搜索或构建反事实实例就成为解释的关键。

通常，反事实实例的获取需要满足以下要求：

(1) 反事实实例应尽可能产生预定义的预测。

(2) 反事实实例应与特征值实例尽可能相似，也就是被解释实例与反事实实例之间的距离度量值结果要尽量小。

(3) 反事实实例应具有实际存在的特征值，对于无意义或超出解释范围的特征值不作考虑(例如人类理解范围内根本不可能存在的值)。

反事实解释通常采用启发式方法，公式如下：

$$\mathcal{L}(x, x', y', \lambda)=\lambda \cdot (f_C(x')-y')^2+d(x, x') \tag{4-1}$$

式中，$\mathcal{L}$为损失函数，f_C 为模型分类函数，x 为实例；x'为反事实实例；y'为期望的分类结果(即为寻找关于哪个分类的反事实)；d 为距离度量，λ 为平衡参数，用于平衡预测距离与特征值距离。从公式中不难看出，较高的 λ 表示更倾向于与 y'非常接近的反事实，较低的 λ 则表示。

图 4-2 给出了一组反事实解释的举例。

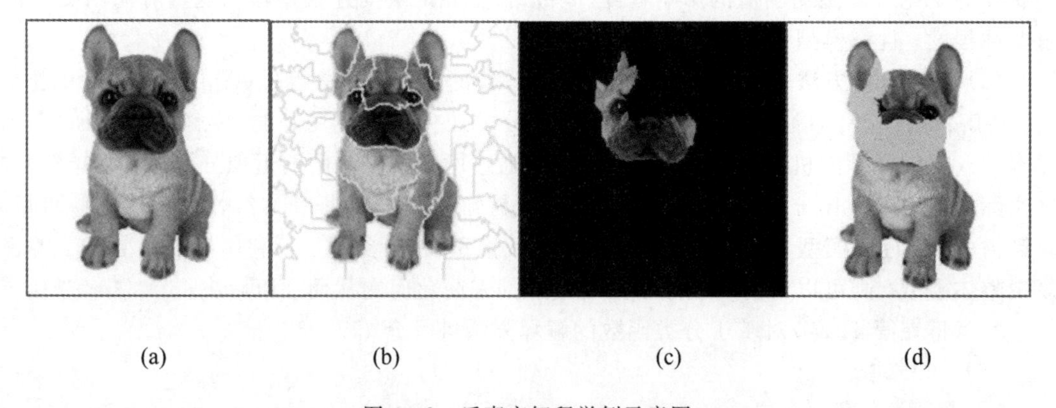

图 4-2 反事实解释举例示意图

图 4-2(a)是一个 x 实例，其分类为“法国斗牛犬(French bulldog)”，此例中该类也是解释期望分类，即 y'，图 4-2(b)是 x 的超像素分割图，图 4-2(c)是 x 的反事实解释图(即从 x 中删除该部分会导致模型分类类别发生改变)，图 4-2(d)是 x 对应 y'的反事实实

例 x'(该图虽然与 x 很相似，但是却被模型分类为“吉娃娃犬(Chihuahua)”)。

公差 ε 量化了反事实实例 x' 的预测与 y' 的相距，如下式：

$$|f_C(x')-y'|\leqslant\varepsilon \tag{4-2}$$

反事实解释需预先设置实例 x、所需输出 y' 和公差参数 ε。对于 x'，计算式(4-1)损失函数 L 的最小值，并且增大 λ 找到(局部)最佳反事实 x'，直到找到足够接近的解，具体步骤如下：

(1) 选择 x、y'、ε 和较低的 λ 初始值。

(2) 采样一个随机的实例作为初始反事实实例。

(3) 用初始采样的反事实实例，对损失函数进行优化。

(4) 当 $|f_C(x')-y'|>\varepsilon$ 时，增加 λ，再用当前反事实实例优化损失函数，并返回损失函数最小值对应的反事实。

(5) 重复步骤(2)～(4)并返回反事实或最小化损失的列表。

图像分类的反事实解释，通常视为解决多分类问题的反事实解释，其实现一般可以采用经过上述过程简化后的 SEDC(Search for EviDence Counterfactual)算法，其算法流程如图 4-3 所示。

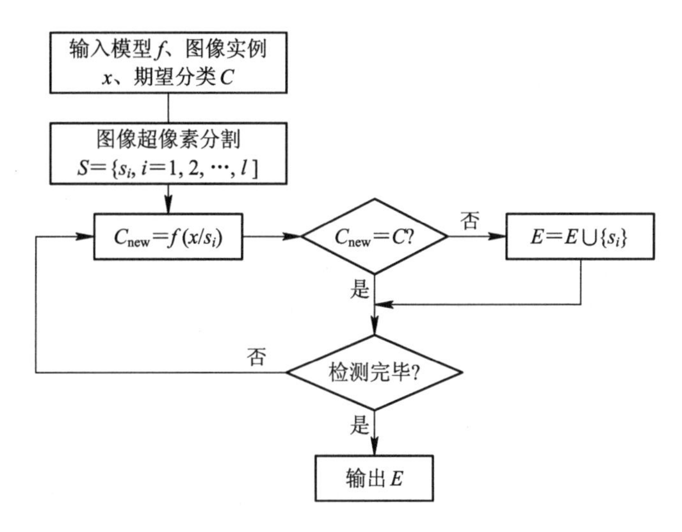

图 4-3　SEDC 算法流程

方法导入模型 f，图像实例 x，预期分类 C 后，对 x 进行超像素分割，获得超像素块集合 S，然后对该集合中的每个元素 s_i 进行测试，计算新的分类值 C_{new}。也就是从原图中删除该像素($x\backslash s_i$)，看是否会引起分类类别变化($C_{\text{new}}=C$)，如果引起则将其加入到解释集合 E 中。检测完毕后输出 E。

2. 反事实解释的实现

采用 SEDC 算法对 CNN 图像分类进行反事实解释前需要对图像进行超像素分割，该分割借助 skimage.segmentation 库(该库的安装可执行命令：pip install scikit-image)的 slic 函数。

反事实解释实现的关键代码(Evidence_Counterfactuals.py)如下：

```
def slic_img(img, n):
    segments=slic(img, n_segments=n, compactness=0.2)                # ❶
```

```
    np.set_printoptions(threshold=np.inf)
    print(segments[:20, :20])
    out=mark_boundaries(img, segments)
    out=out * 255
    img3=Image.fromarray(np.uint8(out))
    img3.show()

    return segments

def SEDC(model, orignial_img, segments, orignal_cls):
    P=[]
    maxn=max(segments.reshape(int(segments.shape[0] * segments.shape[1]), ))    # ❷

    for i in tqdm(range(1, maxn+1)):                                            # ❸
        a=np.array(segments==i)
        a=a.reshape(a.shape[0], a.shape[1], 1)
        a1=np.concatenate((a, a), axis=2)
        a=np.concatenate((a1, a), axis=2)
        a=a.transpose(2, 0, 1)                                                  # ❹
        a_torch=~torch.from_numpy(a)                                            # ❺
        masked_img=orignial_img * a_torch                                       # ❻

        preds=F.softmax(model(masked_img), dim=1)
        score, indices=torch.max(preds, 1)
        masked_img_class=imagenet_classes.class_names[indices]
        if masked_img_class!=orignal_cls:                                       # ❼
            P.append(i)

    return P
```

代码❶是用slic函数进行分割，该函数支持灰度和彩色图像的分割，其中参数img是待分割的图像，n_segments是预期分割的超像素块数。分割得到的结果如图4-4所示。

图4-4(a)为分割得到的超像素图的部分数据(左上角前20个像素)，其中数字代表超像素编号，图4-4(b)为slic分割结果。

SEDC函数实现反事实解释，代码❷获得分割结果块数(实际分割结果一般小于预期分割块数n_segments)，此处实际上就是获得超像素编号的最大值。代码❸对超像素逐块进行反事实测试，测试方法就是依次将各块从原图中删除，然后将删除后的图导入模型观察分类结果是否发生改变。由于待解释图是彩色图，需要对3个颜色通道均进行处理，因此要将原来的超像素块从(244，244)扩充为(3，244，244)，见代码❹。代码❺是删除超像素，保留其他部分，故使用“~”取反得到掩膜。代码❻是将掩膜与原图进行张量乘法得到删除图(掩膜掩盖删除原图一部分内容)。代码❼将删除图导入模型与原图分类结果比较，如果出现分类变化，则记录该超像素序号到列表P。最后，通过绘制P中的超像素，就得到了反事实解释图(如图4-4(c)所示)。

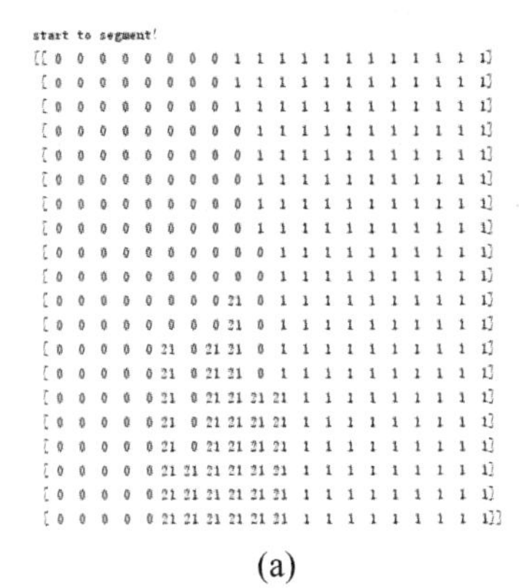

(a)

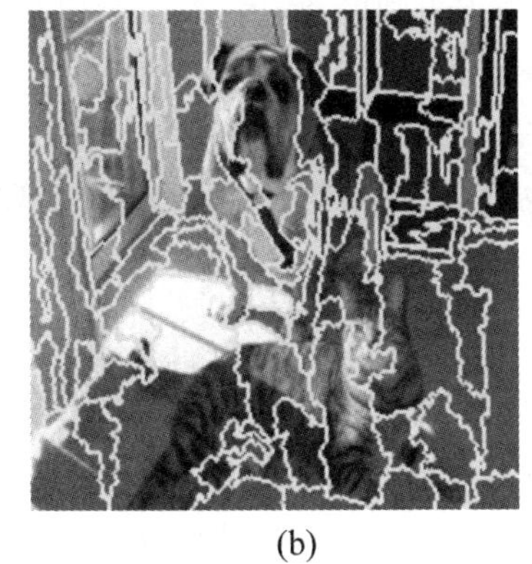

(b)

(c)

图 4-4　超像素分割与反事实解释结果

除了 SEDC 算法，生成反事实解释实例的方法还包括：扰动方法和 GAN 方法。扰动方法是指通过在原型实例上进行扰动发现反事实实例。由于扰动生成的实例可能无法理解的实例，因此可以对扰动用原型实例进行指导(限制)，以免生成无意义的实例。GAN 方法是指利用 GAN 网络训练生成实例。因篇幅关系，对这两种方法不进行具体的介绍。

反事实解释具有很多优点：解释很清楚、不需要访问数据或模型、还适用于不使用机器学习的系统、相对容易实现。但缺点是：它会产生多个反事实的解释；对于给定的公差 ε，不能保证找到反事实的实例，也不能很好地处理具有许多不同级别的分类特征，因此需要根据应用场合进行选择应用。

4.2.2　原型与批评样本的最大均值差异(MMD)

1. MMD 的原理

MMD 可以实现对样本中的原型样本和批评样本进行分析，从而获得解释。

在进行原型(或称模范)样本和批评样本分析时，可以尝试观察去除(或增加)某个样本对于样本空间分布的影响。如果影响是积极的则该样本是模范样本，否则就是批判样本。在计算操作前后样本空间的变化时，需要采用一些数学方法进行度量，常用的方法有 MMD 距离度量和 KL 散度。

在计算距离时，最简单的是欧氏空间距离，例如，计算两点 $X(x_1, x_2, x_3)$ 与 $Y(y_1, y_2, y_3)$ 的距离，公式如下：

$$\mathrm{Dist}(x, y)=\sqrt{(x_1-y_1)^2+(x_2-y_2)^2+(x_3-y_3)^2} \tag{4-3}$$

不同于欧氏距离，MMD 是将 X 和 Y 通过核函数 F 映射到希尔伯特空间得到 X' 和 Y'，即：$X'=F(X)$、$Y'=F(Y)$，然后进行距离计算。之所以进行这样的映射，是因为当 X 和 Y 分布在欧氏空间时，由于分布不同，其欧氏空间距离的值比较大。通常，在某些场合若要拉近这两点分布的欧氏空间距离，则需要进行上述映射。MMD 实际上跟欧氏空间的计算非常类似，公式如下：

$$\mathrm{MMD}^2=\left\|\frac{1}{n}\sum_1^n x_i-\frac{1}{m}\sum_1^m y_i\right\|_H^2 \tag{4-4}$$

这可以简单理解为：将两个多样本的分布映射到希尔伯特空间(希尔伯特空间可以随

着核函数的改变而变化的)，对映射得到的 x_i' 和 y_i' 分别取平均值，然后进行距离计算。式(4-4)取的是平方，在具体应用时也可以实施开方计算。

一般情况下，应用MMD方法还可以采用多核函数，并对所有核映射得到的希尔伯特空间中的MMD距离统一量化，也就是多个核映射后的MMD取均值，这就是MK(Multiple Kernel)-MMD，介绍从略。

2. MMD分析的实现

MMD方法可以对样本进行筛选。Max Idahl给出了该筛选的实现，具体实现是在select_prototypes和select_criticisms函数中分别定义(详见程序mmd_critic.py)，其中select_prototypes实现了模范样本的筛选，具体代码如下：

```
def select_prototypes(K: torch.Tensor, num_prototypes: int):
    sample_indices = torch.arange(0, K.shape[0])
    num_samples = sample_indices.shape[0]

    colsum = 2 * K.sum(0) / num_samples
    is_selected = torch.zeros_like(sample_indices)
    selected = sample_indices[is_selected > 0]

    for i in range(num_prototypes):
        candidate_indices = sample_indices[is_selected == 0]
        s1 = colsum[candidate_indices]

        if selected.shape[0] == 0:
            s1 -= K.diagonal()[candidate_indices].abs()
        else:
            temp = K[selected, :][:, candidate_indices]
            s2 = temp.sum(0) * 2 + K.diagonal()[candidate_indices]
            s2 /= (selected.shape[0] + 1)
            s1 -= s2

        best_sample_index = candidate_indices[s1.argmax()]
        is_selected[best_sample_index] = i + 1
        selected = sample_indices[is_selected > 0]

    selected_in_order = selected[is_selected[is_selected > 0].argsort()]
    return selected_in_order
```

根据原文作者，该模范样本筛选函数采用一种贪婪算法实现MMD样本筛选，效果如图4-5所示。从图4-5中可以看出模范样本更具可识别性和普遍性，批判样本更具有奇异的特性(非常规特征)。

图 4-5　MMD 实现样本筛选

4.2.3　有影响力实例

1. 有影响力实例的原理

在训练集中，通常有些样本对最终模型的训练是具有突出影响的，这种样本称为有影响力实例。为什么有影响力实例对于模型的解释是有价值的呢？因为机器学习模型最终是训练数据的产物，删除其中一个训练实例可能会影响生成的模型。当训练实例从训练数据中删除后，会大大改变模型的参数或预测结果，因此称这个实例为“有影响力的”。通过识别有影响力的训练实例，可以更有针对性地“调试”机器学习模型，并更好地解释模型的行为和预测。因为不同的机器学习模型具有不同的预测方法，即使两个模型具有相同的性能，它们根据特征进行预测的方式也可能截然不同，例如，对支持向量机(SVM)和神经网络分别进行训练，用于区分狗和鱼，虽然二者都可以实现狗和鱼的区分，但是从最有影响力实例的巨大差异就可以看出它们的原理完全不同。对于 SVM，如果实例颜色相似则实例具有影响力；而对于神经网络，如果实例在概念上相似则更具有影响力。

对于有影响力实例，不像其他方法那样将模型视为固定不变的，而是将其视为训练数据的函数。通过有影响力实例，可以帮助人们解答有关全局模型行为和单个样本预测的问题。有影响力实例可以告诉人们模型可能会在哪些实例上出现问题，针对错误应该检查哪些训练实例，并且会给人以模型鲁棒性高低与否的印象。如果单个实例对模型的预测结果和参数有很大的影响，则可能不信任该模型。可见，有影响力实例对于模型的解释是非常有用的。

目前常用的度量影响力实例的方法有两种。

(1) 从训练数据中删除实例，在简化后的训练数据集上重新训练模型，训练完成后观察新的模型参数或预测方法的差异。可以将上述样本对模型预测影响力写为如下度量公式：

$$\text{Influence}^{(-i)} = \left| \hat{y}_j - \hat{y}_j^{(-i)} \right| \tag{4-5}$$

式中，$\text{Influence}^{(-i)}$表示删除样本 i 的影响，$\hat{y}_j$ 表示删除样本前训练得到模型对样本 j 的预测值，$\hat{y}_j^{(-i)}$ 表示删除样本后训练得到模型对样本 j 的预测值。

(2) 增加训练实例 z 的权重，计算出新参数，然后将新参数代入模型进行预测。为了避免重新训练，也可以使用链式规则来直接计算实例 z 对预测的影响力，公式如下：

$$\begin{aligned} I_{\text{up, loss}}(z, z_{\text{test}}) &= \left.\frac{\mathrm{d}\boldsymbol{L}(z_{\text{test}}, \hat{\theta}_{\varepsilon, z})}{\mathrm{d}\varepsilon}\right|_{\varepsilon=0} \\ &= -\nabla_\theta \boldsymbol{L}(z_{\text{test}}, \hat{\theta})^{\mathrm{T}} \left.\frac{\mathrm{d}\hat{\theta}_{\varepsilon, z}}{\mathrm{d}\varepsilon}\right|_{\varepsilon=0} \\ &= -\nabla_\theta \boldsymbol{L}(z_{\text{test}}, \hat{\theta})^{\mathrm{T}} H_\theta^{-1} \nabla_\theta L(z, \hat{\theta}) \end{aligned} \tag{4-6}$$

该公式的第一行意味着，当增加实例 z 的权重并获得新参数 $\hat{\theta}_{\varepsilon, z}$ 时，测量训练实例对某个预测 z_{test} 的影响力作为预测实例损失的变化；第二行应用导数的链式规则，得到了测试实例的损失相对于参数的导数乘以 z 对参数的影响力；第三行将表达式替换为参数的影响函数，$\nabla_\theta \boldsymbol{L}(z_{\text{test}}, \hat{\theta})^{\mathrm{T}}$ 是测试实例相对于模型参数的梯度。

2. 有影响力实例的实现

(1) 这里对方法(1)的实现展示以一个垃圾识别的CNN为例。该数据集包含了2507个生活垃圾图片，分为玻璃(glass)、纸(paper)、硬纸板(cardboard)、塑料(plastic)、金属(metal)和一般垃圾(trash)共6个类别。

在原训练数据集的基础上，删除硬纸板文件夹中的一个训练“cardboard1.jpg”，主函数的代码(influence_by_del.py)如下：

```
if __name__=="__main__":
    train_loader1=load_data("./dataset-resized/1")    #❶
    train_loader2=load_data("./dataset-resized/2")    #❷

    net1=MyNet().to(DEVICE)
    print("\ntraining on whole dataset!")
    train(net1, train_loader1)                        #❸

    net2=MyNet().to(DEVICE)
    print("\ntraining on dataset miss cardboard1.jpg!")
    train(net2, train_loader2)                        #❹

    img=Image.open("./test.jpg")
    img=trans(img)
    img=torch.unsqueeze(img, dim=0)
    labels={0:'cardboard', 1:'glass', 2:'metal', 3:'paper', 4:'plastic', 5:'trash'}

    net1.eval()
    net2.eval()
    with torch.no_grad():
        pred1=net1(img)
```

```
        predict1=labels[np.argmax(pred1.numpy())]
        pred2=net2(img)
        predict2=labels[np.argmax(pred2.numpy())]

    influnce=pred1-pred2                                # ❺
    print(influnce)
```

该段代码使用了一个自定义的 CNN 网络——MyNet。训练开始前，分别导入包含“cardboard1.jpg”(见代码❶)和不包含“cardboard1.jpg”(见代码❷)的训练数据集，各自训练两个网络(见代码❸、❹)。训练完成后分别用两个训练好的网络进行预测，对预测结果求差(见代码❺)，得到“cardboard1.jpg”对模型的影响力。依据该方法，可以在训练数据集中找到最具影响力的实例，并进行可视化呈现。

(2) 对方法(2)的实现进行展示。基于第三方库(pytorch_influence_functions，该库的安装命令为：pip3 install--user pytorch-influence-functions)，利用影响力函数计算影响值，具体代码(influence_by_func.py)如下：

```
if __name__=="__main__":
    model=MyNet()
    trainloader, testloader=load_data("./dataset-resized/")

    train(model, train_loader)

    ptif.init_logging()
    config=ptif.get_default_config()                                          # ❶

    influences, harmful, helpful=ptif.calc_img_wise(config, model, trainloader, testloader)    # ❷
```

该段代码同样使用了 MyNet。训练开始前，导入 pytorch-influence-functions 的配置参数(见代码❶)，然后调用 calc_img_wise 函数计算影响值(见代码❷)。

效果如图 4-6 所示。

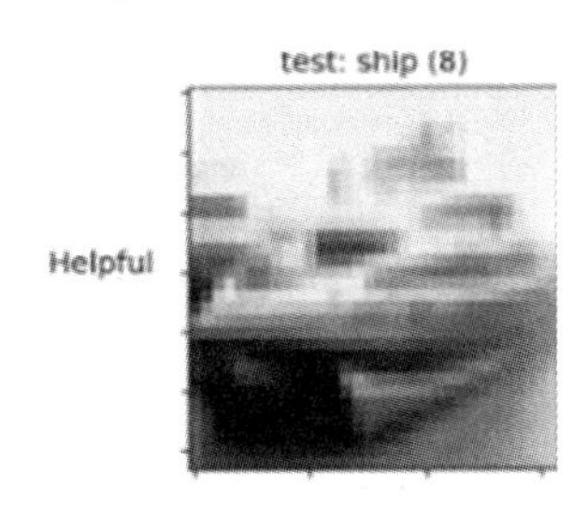

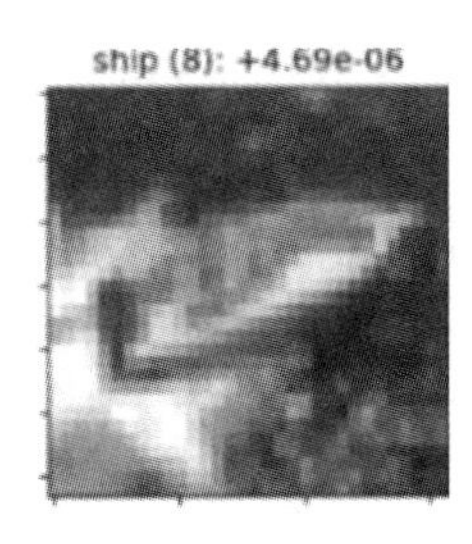

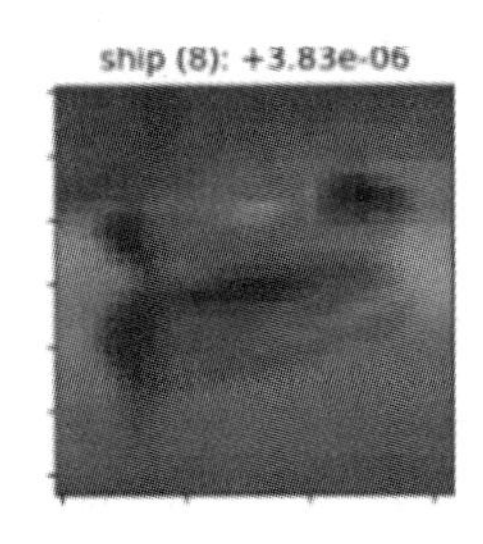

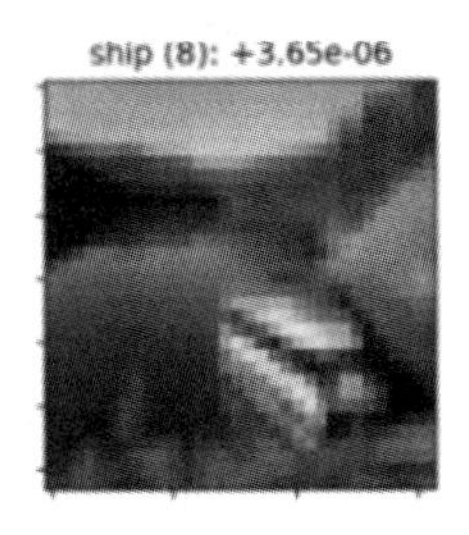

图 4-6　样本影响值计算效果

图 4-6 中，第一列是测试样本，其余列依次是对该样本有影响力的训练样本排序。

对有影响力实例的研究强调了训练数据在学习过程中的作用，可以用来解释、比较不同的机器学习模型并更好地理解它们的不同行为，而不是仅仅比较预测性能；用户也可以在一定程度上通过训练样本的筛选提供模型训练的交互性功能。但是该方法的使用以计算代价昂贵(需要耗费大量算力与时间)和模型函数可微(影响函数)为前提条件，此外还存在偏差等问题，还需要进一步研究加以解决。

对于依赖梯度的反向传播样本可视化解释，将在5.4节进行介绍。

4.3 基于隐层特征的可视化解释

顾名思义，中间隐层可视化是样本在模型隐层的处理形态——特征图的可视化。如前所述，这种可视化解释既可以采用直接的方法对其进行可视化，也可以将特征图作为索引或度量指标对样本进行观察，以及分解等方法，从而实现解释。在早期的研究阶段，可视化解释主要集中在低层特征，随着CNN的快速发展和应用，可视化解释已经扩展到CNN的整体结构中了。

本节将介绍隐层特征可视化解释的主要方法。

4.3.1 特征图可视化

隐层特征可视化解释是一种非常重要的解释方法。Google公司开发了许多隐层特征图可视化解释方法(https://distill.pub/2017/feature-visualization/)，常用的有修改模型前向函数返回值、利用迭代器直接获取特征图和钩子截流获取特征图三种，其区别在于获得特征图的方式不同。

1. 修改模型前向函数返回值

该方法可以通过修改模型类，将前向函数中的中间变量作为返回值输出，从而得到中间层的特征图。示例代码(详见feature_viz_1.py代码)如下：

```
import torchvision, torch
import cv2
from PIL import Image
import torchvision.models as models
import torch.nn as nn
from matplotlib import pyplot as plt
import torch.nn.functional as F
from collections import namedtuple

class LeNet(nn.Module):
    def __init__(self):
        super(LeNet, self).__init__()

        self.layer_names=['relu_1', 'relu_2']                    # ❶

        self.conv1=nn.Conv2d(3, 16, 5)
        self.pool1=nn.MaxPool2d(2, 2)
        self.conv2=nn.Conv2d(16, 32, 5)
        self.pool2=nn.MaxPool2d(2, 2)
```

```
        self.fc1=nn.Linear(32 * 5 * 5, 120)
        self.fc2=nn.Linear(120, 84)
        self.fc3=nn.Linear(84, 10)

    def forward(self, x):
        x=F.relu(self.conv1(x))
        relu_1=x                                        # ❷
        x=self.pool1(x)
        x=F.relu(self.conv2(x))
        relu_2=x
        x=self.pool2(x)
        x=x.view(-1, 32 * 5 * 5)
        x=F.relu(self.fc1(x))
        x=F.relu(self.fc2(x))
        x=self.fc3(x)

        vgg_outputs=namedtuple("VggOutputs", self.layer_names)# ❸
        out=vgg_outputs(relu_1, relu_2)
        return out

img=Image.open('MNIST_6.png')                           # ❹
img_tensor=torchvision.transforms.Compose([torchvision.transforms.Resize((32, 32)),
torchvision.transforms.ToTensor()])(img).unsqueeze(0)

model=LeNet()
out=model(img_tensor)
print(out.relu_1.shape)                                 # ❺

plt.figure(1)
for i in range(16):
    plt.subplot(8, 8, i+1)
    plt.axis('off')
    plt.imshow(out.relu_1[0, i, :, :].detach(), cmap='gray')   # ❻
plt.show()
```

与 2.4.1 节的网络有所区别，上述代码的 LeNet 类创建了一个 layer_names 列表(见代码❶)，该列表用于对所关心的隐层进行命名(在没有命名的时候系统也会以序号自动给隐层命名)。代码❷用于保存激活层的中间变量。代码❸利用 namedtuple 将多个激活层的特征图存储为返回值，这里 namedtuple 是 Python 中存储数据的类型。代码❹用于读取数据。代码❺通过返回值读取所需的特征图。代码❻通过 detach()函数去除梯度，然后进行图形显示，可以看出，上述示例代码只获取了该层第“0”通道的前 16 个特征图进行显示。

该方法的实现不需要借助于其他工具，但是需要修改模型。

2. 利用迭代器直接获取特征图

利用迭代器直接获取特征图具体的方法是，通过迭代器分解 CNN 模型，然后将样本输入各层得到特征图。一般可以采用 torchvision. models 的 model. modules()、model. named_modules()、model. children()、model. named_children()函数对模型进行分解。modules()函数和 children()函数均为迭代器，区别在于 modules()函数会遍历 model 中所有的子层，而 children()函数仅会遍历当前层；named_modules 与 named_children 同 modules()函数与 children()函数对应，只是获得的子层带有"name"(名字)。示例代码(详见 feature_viz_2. py 代码)如下：

```
vgg=models.vgg11(pretrained=True)                #❶
print(vgg)

CNN_layers=[]
counter=0
model_children=list(vgg.children())              #❷

for i in range(len(model_children)):             #❸
    if type(model_children[i])==nn.Sequential:
        for child in list(model_children[i].children()):
            counter+=1
            CNN_layers.append(child)
    else:
        counter+=1
        CNN_layers.append(child)

img=cv2.cvtColor(cv2.imread('baboon.jpg'), cv2.COLOR_BGR2RGB) #❹
img=torchvision.transforms.Compose([
                        torchvision.transforms.ToPILImage(),
                        torchvision.transforms.Resize((224, 224)),
                        torchvision.transforms.ToTensor(),
                        torchvision.transforms.Normalize([0.485, 0.456, 0.406], \
                                                         [0.229, 0.224, 0.225])
                        ])(img).unsqueeze(0)

featuremaps_layers0=CNN_layers[0](img)        #❺
featuremaps_layers1=CNN_layers[1](featuremaps_layers0)
featuremaps_layers2=CNN_layers[2](featuremaps_layers1)
featuremaps_layers3=CNN_layers[3](featuremaps_layers2)        #❻

plt.figure(1)
for i in range(64):
    plt.subplot(8, 8, i+1)
    plt.axis('off')
    plt.imshow(featuremaps_layers3[0, i, :, :].detach(), cmap='gray') #❼
```

```
plt.show()
```

上述代码中，代码❶用于加载训练模型后。代码❷利用 children()函数提取子层（该函数也可以获得模型的权重参数）。如果 CNN 是用 Sequential 结构（一种方便的模型构建工具，可以帮助我们简化神经网络的搭建过程）构建，则需要进一步拆分（见代码❸）以读取数据（见代码❹）。代码❺用于将样本数据导入各层进行特征映射。代码❻获取高层的特征图（包括池化层、激活层、全连接层）。代码❼绘制特征图完成可视化。这里绘制的是第二个卷积层的特征图，如图 4-7 所示。

图 4-7 利用迭代器直接获取特征图效果图

从图中可以看出，不同的滤波器对同一幅图像的关注点的区别是十分明显的。

上述迭代器也可以使用 modules()函数实现，实现代码（详见 feature_viz_3.py 代码）如下：

```
import torch
from torchvision import models, transforms

layer=28

model=models.vgg16(pretrained=True)
modules=list(model.features.modules())                    #❶
```

```
img=torch.randn((1, 3, 224, 224))
print(img.shape)

for layerId in range(layer):
    img=modules[layerId+1](img)                    #❷
    print(img.shape)
```

代码❶用于获取VGG-16的feature下的所有层结构，不同于children()，modules()会遍历模型。由于该VGG-16使用了Sequential容器，因此得到的modules要比实际的层数多1。代码❷通过层的列表逐层将输入前向传播透过模型，直达指定的层(layer=28)。

3. 钩子截流获取特征图

PyTorch中的钩子(Hook)可以方便地获取、改变网络中间层变量的值和梯度(可能会被释放掉)，而不必改变网络输入输出的结构。这个功能被广泛用于可视化神经网络中间层的特征、梯度的获取(详见第5章)，以诊断神经网络中可能出现的问题，并分析网络运行的有效性。此处，Hook方法还可用于获取特征图。PyTorch有四种Hook，其中torch.Tensor.register_hook(hook)针对张量，而torch.nn.Module.register_forward_hook、torch.nn.Module.register_forward_pre_hook、torch.nn.Module.register_backward_hook针对模块。

register_forward_hook用于获取前向传播的输出，即特征图(或激活值)，示例代码如下：

```
nn.Module.register_forward_hook(hook_fn)
```

这里nn.Module类是指神经网络中的卷积层(nn.Conv2d)、全连接层(nn.Linear)、池化层(nn.MaxPool2d, nn.AvgPool2d)、激活层(nn.ReLU)或nn.Sequential定义的小模块等。对于这些模型的中间模块，其输出为特征图(或激活值)、反向传播的梯度值都会被系统自动释放，想要获取它们，就要用到Hook功能。Hook函数(输入是hook_fn)的定义如下：

```
def forward_hook(module, input, output):
    operations
```

其中，module、input、output参数分别表示模块、模块的输入、模块的输出。此处只是为了获取特征图，即只需描述output的操作即可。operations表示钩子具体的操作，由用户定义。

采用Hook方法获取VGG-11的特征图，代码(详见feature_viz_4.py代码)具体如下：

```
vgg_feature_extractor=models.vgg11(pretrained=True)
print(vgg_feature_extractor)

class SaveOutput:                                  #❶
    def __init__(self):
        self.outputs=[]
    def __call__(self, module, module_in, module_out):
        self.outputs.append(module_out)
    def clear(self):
```

```
        self.outputs=[]

save_output=SaveOutput()                              #❷
hook_handles=[]

for layer in vgg_feature_extractor.children():
    if type(layer)==torch.nn.Sequential:
        for child in list(layer.children()):
            handle=child.register_forward_hook(save_output)   #❸
            hook_handles.append(handle)
            print(child)
    else:
        handle=layer.register_forward_hook(save_output)
        hook_handles.append(handle)

image=Image.open('baboon.jpg')
plt.imshow(image)
transform=T.Compose([T.Resize((224, 224)), T.ToTensor()])
X=transform(image).unsqueeze(dim=0)

out=vgg_feature_extractor(X)                    #❹
print(len(hook_handles))
a_list=[0, 3, 6, 8, 11, 13, 16, 18]             #❺
for i in a_list:
    print(save_output.outputs[i].cpu().detach().squeeze(0).shape)
    plt.figure(1)
    for j in range(64):
        plt.subplot(8, 8, j+1)
        plt.axis('off')
        plt.imshow(save_output.outputs[i][0, j, :, :].detach(), cmap='gray')   #❻
    plt.suptitle("VGG16 conv featrures of layer "+str(i))
    plt.show()
```

代码❶用于声明一个 hook_fn 类，以存储中间特征值。代码❷是创建该类对象时自动执行构造函数。代码❸通过 children()函数分解模型。代码❸利用 register_forward_hook 对每个层安装 Hook(此处与例程 feature_viz_z.py 类似同样要对 nn.Sequential 实施拆解)。将样本导入模型后，代码❹将前向函数自动执行一次，这时钩子就会将前向特征图值(当前模块的输出)记录到 SaveOutput 类对象的 outputs 列表中。代码❺选取 VGG 的卷积层 0、3、6、8、11、13、16、18 层。代码❻依次利用 matplotlib.pyplot 绘图呈现各层前 64 幅特征图。效果如图 4-8 所示。

可见，高层的特征图尺寸不断缩小、深度不断增加、内容更加抽象，若不借助特定工具则很难理解。

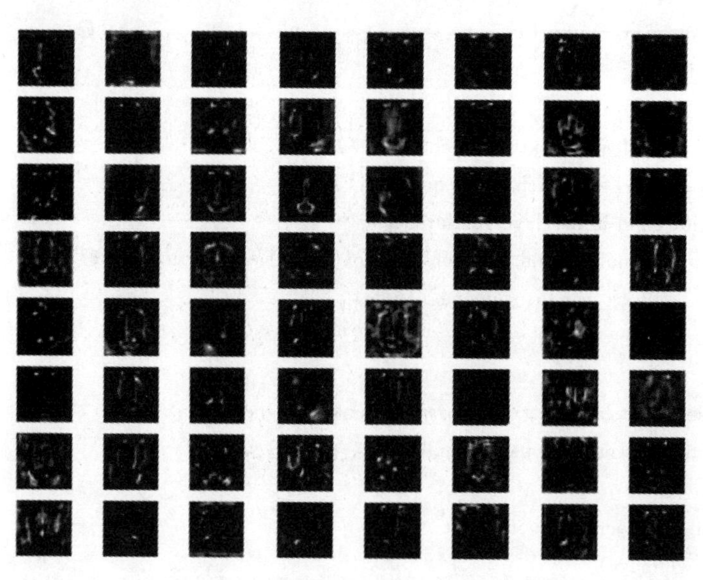

图 4-8 利用钩子截流获取特征图效果图

4.3.2 特征图原型分解

当人类在判断图像如何进行分类的时候，总是会采用先分解图片再解释分类理由这一思路，而机器在判断的时候与人的判断会存在差距。为了减小机器分类和人分类之间的差距，一种称为 ProtoPNet 的网络被提出，它可以模仿人判断的机理来分类图像。

人类在对图像分类时，着重关注图像的几个部分并将其与给定的物品的典型部分进行对比，这就是以所谓的用“这个看上去像那个”(this looks like that)来解释一幅图像。例如：在区别棕熊、大熊猫、北极熊时，依据的主要特征为颜色，而区分大熊猫和小熊猫时依据的是颜色和形状。那么机器学习的模型是否可以模仿这个过程来解释模型分类结果推理的依据呢？答案是肯定的，ProtoPNet 就是采用类似思想从推理的可解释性角度来处理图像的，该网络的结构如图 4-9 所示。

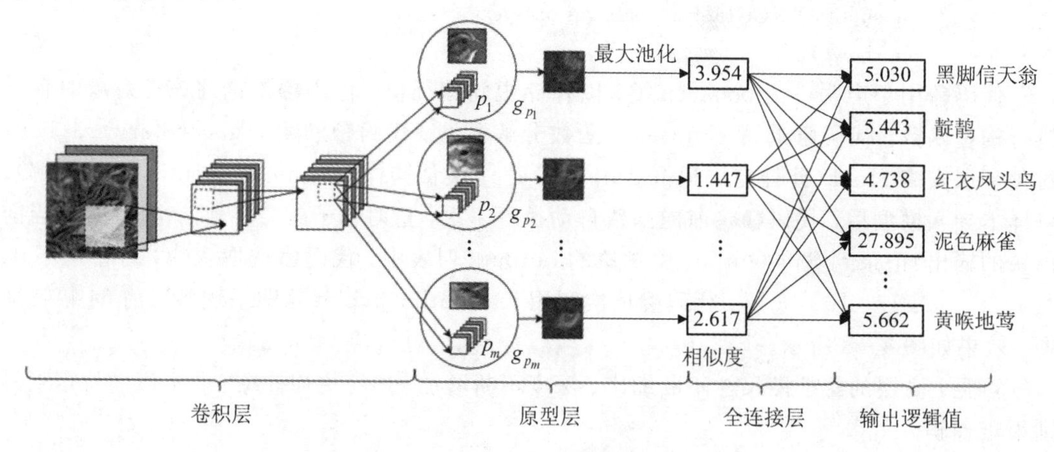

图 4-9 ProtoPNet 网络结构图

图中，输入为一张图像，输出为分类的结果。该网络主要由卷积网络、原型层(Prototype Layer)以及一个全连接层组成。卷积网络可以是VGG、ResNet等经典结构，其功能可以视为起到特征提取作用的函数f，并且以ImageNet完成了预训练。假设输入图像x的大小为224×224×3，令$z=f(x)$表示卷积输出，输出特征图为$\text{height}_z \times \text{width}_z \times \text{depth}$。原型层$g_p$学习了$m$个原型，记为$P$，这里$P$为1×1×depth的卷积网络。不同的原型，通过SGD优化从样本中习得表示识别目标对象不同的典型部位(如：头、翅膀、喙等)。原型层以卷积层的特征图为输入，逐点计算特征图与m个原型P的L_2距离，得到m个距离值g_{P_i}，即原图中检测到每P_i个原型的强度矩阵。接着，再对这些矩阵进行最大池化操作就得到了各原型在原图中最大的响应值。将m个响应值导入全连接层h得到最终的输出单元，经过softmax之后得到预测概率，最后输出分类图片结果。

可以看出，ProtoPNet与传统CNN最大的不同在于原型层模仿了人类看图像的机制：提取特征并在原图中对逐个区域进行比较，以确认原图含有这个特征，即最终得出分类结论。ProtoPNet与传统CNN在本质上都是模式的匹配，但机理不同。CNN通过连续地卷积，得到一组尺寸很小但很深(有多个通道，即为“深”)的特征图。但人在实际看一个物体时，不会把每个小细节特征都分析一遍，而是只关注较明显的特征，这就导致了对CNN的理解困难。ProtoPNet则是把m个明显特征在低层特征图中进行对比，模仿人的同时还恢复了信息的完整性(低层特征图具有更多信息)，因此相比CNN的模式匹配更合理，且完全可以进行直观理解解释。

ProtoPNet的可解释性在于，这种方法可以利用原型层指出各个特征在原图中的强度分布，以及指出各个特征在原图中最具代表性的位置，很好地分解了特征图，这也与人类的理解完全一致。

4.3.3　特征索引

1. 索引相似度计算

特征图是对输入样本的一种关于某一模式的概括，并且尺度要小于原输入，尤其是高层特征图，那么是否可以用特征作为样本的特征索引，对样本进行相似度计算、分类、聚类解释呢？这完全可行。基于这一思想，Krizhevsky将AlexNet的最后一层特征作为输入样本的整体图像特征(Holistic Image Features)索引，然后通过计算图像库中的其他图像的索引与待解释目标图像索引之间的欧氏距离，找出图像库中的相似图像来，通过相似图像实现了特征图检索可视化解释。

下面例程Nearest_Neighbors_index.py中的img_indexed函数用于提取整体图像特征索引。利用该索引可以进行相似距离计算，如：简单匹配相关系数SMC、简单匹配相关系数JAC、L_1范式(曼哈顿距离)、L_2范式(欧氏距离)、L_r范式(闵可夫斯基距离)、L_∞(切比雪夫距离)、余弦相似度、杰卡德距离、重叠程度、海明距离等。

```
def img_indexed(img):
    model=models.vgg11(pretrained=True)                    #❶


    image=Image.open(img)                                  #❷
    transform=T.Compose([T.Resize((224, 224)), T.ToTensor()])
```

```
X=transform(image).unsqueeze(dim=0)

save_output=SaveOutput()
for layer in model.children():                          #❸
    if type(layer)==torch.nn.Sequential:
        for child in list(layer.children()):
            handle=child.register_forward_hook(save_output)
    else:
        handle=layer.register_forward_hook(save_output)


out=model(X)
index=save_output.outputs[28].detach().numpy()         #❹
c=class_names[index.argmax()]
handle.remove()
del model
return index, c
```

上述代码中，代码❶首先导入预训练 VGG-11 模型。代码❷用于导入待索引图片。代码❸为模型设置钩子。代码❹用于钩取 VGG 的第 28 层输出(张量维度为(1，4096))。

根据获得的索引在样本库中进行搜索，就可以解释该索引到底“看到了什么”。图 4-10 就是对 AlexNet 最后一层进行图像检索得到的相似图。

图 4-10 利用 AlexNet 最后一层进行图像检索

第一列是待解释目标图像，其他各列是从“ILSVRC-2010 test images”数据库中检索出来的欧氏距离最相似的 6 幅图，很好地对检索图片进行了解释。

2. 索引数据降维

数据降维又称维数约简，简称“降维”，就是降低数据的维度。目前人们已经开发出许多种降维方法，它们的主要分类方法有：根据数据的特性可以划分为线性降维和非线性降维，根据是否考虑和利用数据的监督信息可以划分为无监督降维、有监督降维和半监督降维，根据保持数据的结构可以分为全局保持降维、局部保持降维和全局与局部保持一致降维等。实际应用中，一般需要根据特定的问题选择合适的数据降维方法。数据降维一方面可以解决“维数灾难”，缓解信息丰富、知识贫乏的现状，降低复杂度，另一方面可以更好地认识和理解数据。

对于 CNN 样本的可视化解释，降维方法也是完全适合的，通常采用的是 t-SNE (t-distributed Stochastic Neighbor Embedding)，该方法可以说是目前最为流行的一种高维数据降维的算法。由于人类能感知的数据只有三个维度，因此很有必要通过降维将高维数据可视化地展现出来。那么如何将数据集从一个任意维度降维到二维或三维呢？可以采用 t-SNE 方法实现。t-SNE 成立的前提是基于这样的假设：尽管现实世界中的许多数据集嵌入在高维空间中，但是都具有很低的内在维度。也就是说高维数据经过降维后，在低维状态下更能显示出其本质特性。这就是流行学习(即从高维采样数据中恢复低维流形结构，也叫作流形学习方法，Manifold learning)的基本思想，该方法属于非线性降维。

t-SNE 的原理是将数据点之间的相似度转换为概率，概率选择的一般策略为：原始空间中的相似度由高斯联合概率表示，嵌入空间的相似度则由“学生 t 分布”表示。

在标准 sklearn. manifold 库中，t-SNE 的 TSNE 类的对象创建示例代码如下：

```
t_sne=sklearn.manifold.TSNE(n_components=2, perplexity=30.0, early_exaggeration=12.0, \
                            learning_rate='warn', n_iter=1000, n_iter_without_progress=300, \
                            min_grad_norm=1e-07, metric='euclidean, init='warn', \
                            verbose=0, random_state=None, method='barnes_hut', \
                            angle=0.5, n_jobs=None')
```

其中，参数含义如下：

n_components：嵌入空间的维度。

perpexity：混乱度，表示 t-SNE 优化过程中考虑邻近点的多少，默认为 30，建议取值在 5～50 之间。

early_exaggeration：表示嵌入空间簇间距的大小，默认为 12，该值越大，可视化后的簇间距越大。

learning_rate：学习率，表示梯度下降的快慢，默认为 200，建议取值在 10～1000 之间。

n_iter：迭代次数，默认为 1000，自定义设置时应保证大于 250。

n_iter_without_progress：中止优化前没有进步的最大迭代次数，缺省值 300。

min_grad_norm：如果梯度小于该值，则停止优化，默认为 1e-7。

metric：表示向量间距离度量的方式，默认是欧氏距离。如果是 precomputed，则输入是计算好的距离矩阵。也可以是自定义的距离度量函数。

init：初始化，默认为 random，表示随机初始化；取值为 pca 表示利用 PCA 主成分分析降维方法进行初始化(常用)，取值为 numpy 表示数组必须设置 shape=(n_samples，n_components)。

verbose：是否打印优化信息，取值为 0 或 1，默认为 0，表示不打印信息。打印的信息为：近邻点数量、耗时、σ、KL 散度、误差等。

random_state：随机数种子，为整数或 RandomState 对象。

method 有两种优化方法：barnets_hut 和 exact。barnets_hut 时间复杂度为 $O(N\log N)$；exact 时间复杂度为 $O(N^2)$，虽误差较小，但不能用于百万级样本。

angle：当 method=barnets_hut 时，该参数有效，用于均衡效率与误差。该值越大，效率越高且误差越大。默认为 0.5。

n_jobs：表示为邻居搜索运行的并行作业数，默认值为“None”。

下面展示利用 TSNE 类可以对高维手写数字图片数据进行降维可视化解释的方法，实例(详见 t-SNE.py 代码)代码如下：

```
import numpy as np
from sklearn.manifold import TSNE
from sklearn.datasets import load_digits

digits=load_digits()        #❶

X=np.vstack([digits.data[digits.target==i] for i in range(10)])            #❷
y=np.hstack([digits.target[digits.target==i] for i in range(10)])          #❸
digits_proj=TSNE(n_components=2, random_state=2023).fit_transform(X)   #❹

scatter(digits_proj, y)    #❺
plt.savefig('digits_tsne-generated.png', dpi=120)
plt.show()
```

上述代码中，代码❶利用 sklearn.datasets 的 load_digits 加载 sklearn.datasets 中内置的手写数字图片数据集；代码❷、❸对数据和标注进行合并；代码❹利用 t-SNE 的 fit_transform 方法将 64 维的图片降维到 2 维；代码❺利用 matplotlib 绘制散点图。效果如图 4-11 所示(采用 Seaborn 库进行增强显示)。

图 4-11 手写数字图片 t-SNE 降维可视化效果图

对于 CNN 中的数据集样本，为了提高 t-SNE 的效率，一般不对样本直接进行降维，而是对经过神经网络特征提取后的中间数据进行降维。例如：对图像输入 AlexNet 的 FC7 层数据进行处理，图像在该层的数据维度是 4096。进行降维可视化之后，再将原图缩小嵌入到二维空间对应位置，就可以得到图 4-11 的效果。注意，由于最终嵌入的是样本图而不是降维后的二维数据，因此还是将此类方法归为输入端可视化。

t-SNE 是目前来说效果最好的数据降维与可视化方法，但是它的缺点也很明显，包括占内存大、运行时间长等。读者也可以依据类似思想采用其他降维方法实现该种可视化解释。

4.3.4　RIMAN

1. RIMAN 原理

RIMAN 以最大化特定神经元的激活值作为图像检索(解释)的依据。

通常一幅图像输入到 CNN 分类模型中的时候，并不是所有的神经元都会被激活，CNN 不同层的各神经元个体会对输入图像特征产生不同强度的响应(这已在 3.3.1 节单个神经元的理解中讨论过)。图 4-12 展示的 6 行图像序列，就是对 AlexNet 第 pool 5 层的 6 个神经元具有很高的激活值的 6 类图像(人像、小狗、文字等)。这充分说明神经元只会对包含特定图像特征的输入产生强激活性。

图 4-12　AlexNet 第 pool 5 层的 6 个神经元分别对 6 类图像具有很高的激活率

图 4-12 中的每一行都选取了该行对应神经元激活值最高的 16 个区域。这里之所以选择第 pool 5 层，是因为该层从 ImageNet 训练集中学习了物体的泛化能力①。

在上述思想的启发下，Ross Girshick 在论文“Rich feature hierarchies for accurate object detection and semantic segmentation”(用于精确目标检测和语义分割的丰富特征分级结构)中提出了 R-CNN(Region-CNN)，这是一种当时全新的目标检测算法，第一次成功地将深度学习应用到目标检测算法中。R-CNN 具体思路是：选择一个神经元作为分类器，然后计算它们在不同候选区域时的激活值，这个激活值代表图像特征对候选区域的响应；将该激活值作为分数排序，取前几位；最后显示这些候选区域。R-CNN 提出者也将 AlexNet 中第 pool 5 层的神经元作为可视化对象。

2. RIMAN 的实现

RIMAN 的实现代码(详见 RIMAN.py 代码)如下：

```
def img_activated(img):
    model=models.vgg11(pretrained=True)
```

① 尽量选择中间的神经元，则其感受野更大，边缘影响也相对小。

```
        image=Image.open(img)
        transform=T.Compose([T.Resize((224, 224)), T.ToTensor()])
        X=transform(image).unsqueeze(dim=0)

        save_output=SaveOutput()
        for layer in model.children():
            if type(layer)==torch.nn.Sequential:
                for child in list(layer.children()):
                    handle=child.register_forward_hook(save_output)
            else:
                handle=layer.register_forward_hook(save_output)

        out=model(X)
        activated_value=save_output.outputs[11].detach().numpy()[0, 0, 14, 14]    # ❶
        handle.remove()
        del model
        return activated_value

    if __name__=="__main__":
        v={}
        file=r'.\JPEGImages'

        for root, dirs, files in os.walk(file):                                   # ❷
            for file in files:
                path=os.path.join(root, file)
                v[path]=img_activated(path)
                print(path+" is calculuted!")

        v_sorted=sorted(v.items(), key=lambda x: x[1], reverse=True)              # ❸
        print(v_sorted)

        plt.figure('YouthUpward', figsize=(1, 8))
        plt.axis('off')
        for i in range(8):
            print(v_sorted[i][0])
            img=cv2.cvtColor(cv2.imread(v_sorted[i][0]), cv2.COLOR_BGR2RGB)
            plt.subplot(1, 8, i+1)
            plt.axis('off')
            plt.imshow(img)
        plt.show()
```

上述代码中，代码❶对VGG第11层(也就是第pool 5后的激活层)中的第一组滤波器中第一个卷积核的中间神经元的激活值进行取样；代码❷对“.\JPEGImages”文件夹下的图像进行遍历后输入模型，从而获得上述神经元的激活值，并存入字典v；代码❸对获取的激活值按照字典的“值”进行倒序排序；最后将激活值最大的前 8 个图像进行显示。

通过 RIMAN，就可以观察并解释该神经元所关注的内容是什么了。

4.3.5　网络解剖

1. 网络解剖的原理

对于一个 CNN 模型，网络解剖(Network Dissection)利用大量视觉概念的数据集对每个卷积层神经元的语义进行评分，实现了神经元的语义解释。这些卷积层神经元的语义标签包括：objects(目标)、parts(物体的一部分)、scenes(场景)、textures(纹理)、materials(材料)、color(颜色)。网络解剖因此实现了自动将语义概念分配给内部神经元的功能。网络解剖的实现基于一个专门被构建出来的异构图像数据集(Broadly and Densely Labeled Dataset)，该数据集基于带有不同语义概念的图片数据库 Broden，库中每张图都有像素级(pixel-wise)的标签(即 parts、scenes、textures、color 等)，它们为图像提供了与本地内容相对应的特定语义概念。

网络解剖的原理如图 4－13 所示。

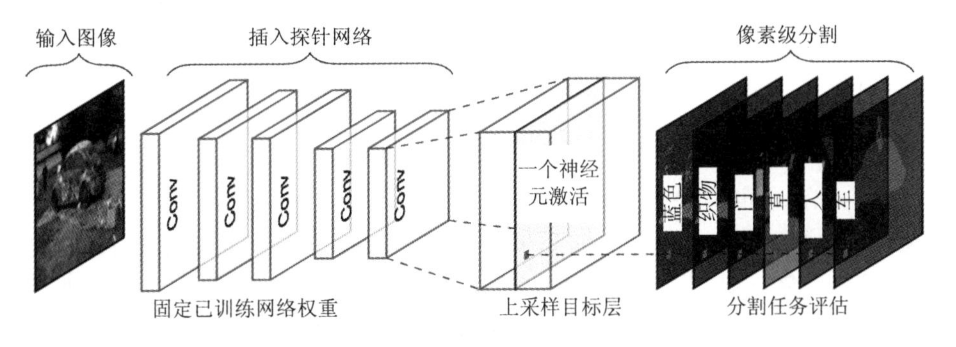

图 4－13　网络解剖原理图

对于一个训练好、待解释的网络模型，网络解剖先导入 Broden 库中的所有图片，然后收集某个单元神经元在所有图片上的响应图(即激活图)。为了比较该响应图对应于哪种语义概念，网络解剖将这些响应图插值放大到数据库输入原图尺寸大小后，做阈值处理(如设为 0.04)，即：大于 0.04 就将该放大的响应图对应位置值置为 1，否则为 0。也就是只关注响应较大的区域，把这些较大的区域作为该神经元的语义表征。完成上述阈值处理后，就可以得到一个二值的掩膜。计算该掩膜和每一个真实输入图语义概念的 IoU(重叠度)。如果大于定值，也就是和某个语义概念的重合率比较大，就认为该神经元是对这个概念的检测器。当然，单个神经元可能是多个概念的检测器，为此可以选择排名最靠前的作为结果输出。

由上述原理可以看出，网络解剖实际上是针对 CNN 分类模型的神经元开展的解释，但是这种方法是从激活图出发的，与输入相关，因此本书将其归为前向可视化解释，而非本质可视化解释类。

2. 网络解剖的实现

网络解剖的实现示例代码(详见 main.py 代码，源自 https://github.com/Sakilee/NetDissect-teach)如下：

```
import settings
```

```
from loader.model_loader import loadmodel
from feature_operation import hook_feature, FeatureOperator
from visualize.report import generate_html_summary
from util.clean import clean

fo=FeatureOperator()
model=loadmodel(hook_feature)

features, maxfeature=fo.feature_extraction(model=model)              #❶

for layer_id, layer in enumerate(settings.FEATURE_NAMES):            #❷
    thresholds=fo.quantile_threshold(features[layer_id], savepath="quantile.npy")

    tally_result=fo.tally(features[layer_id], thresholds, savepath="tally.csv")   #❸

    generate_html_summary(fo.data, layer,                            #❹
                          tally_result=tally_result,
                          maxfeature=maxfeature[layer_id],
                          features=features[layer_id],
                          thresholds=thresholds)
    if settings.CLEAN:
        clean()
```

上述代码的网络解剖操作分为四个步骤，分别是：创建特征抽取器对象(见代码❶)；计算阈值(见代码❷)；计算IoU分数(见代码❸)；输出神经元的网络解剖结果(见代码❹)。读者可以通过修改settings.py和model_loader.py参数，对CNN网络或指定层进行解剖。

此处，Broden数据集是解剖的关键，读者可自行下载(http://netdissect.csail.mit.edu/data/broden1_227.zip或http://netdissect.csail.mit.edu/data/broden1_224.zip)得到。

图4-14是神经元的概念分析结果，可以看出该神经元关注的是建筑的圆顶。

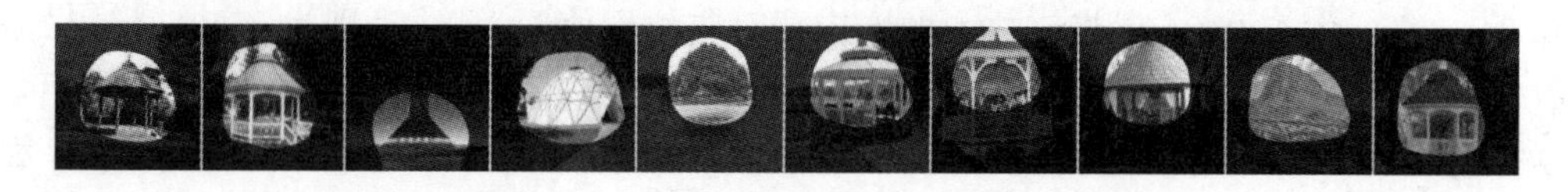

图4-14　网络解剖神经元的概念分析结果

网络解剖不但实现了隐层特征的可视化，对其开展的研究也取得了很多有意义的发现，包括：

(1) 可解释性是与坐标轴对齐(axis-aligned)的，如果对表征进行翻转，则网络的可解释能力会下降，但是分类性能不变。

(2) 越深的结构可解释性越好，常见的模型的可解释性ResNet＞VGGNet＞GoogleNet＞AlexNet。

(3) 对于训练数据集的可解释性，Places数据集优于ImageNet，这是因为一个场景

(Scene)包含多个目标，因此有益于多个目标检测器 Placess 数据集。

(4) 训练条件的可解释性随着训练轮数的增加而提高，并与初始化无关。

(5) CNN 网络的操作会对解释性带来不同的影响，Dropout 的可解释性会增强，而 Batch Normalization 则会降低。

网络解剖的思想还被进一步拓展到了 GAN 网络(https://github.com/BierOne/NetDissect-Gen)，与自然语言描述结合取得了非常好的效果，有兴趣的读者可以自行了解(http://netdissect.csail.mit.edu/)。

网络解剖技术还会在 5.2.3 节的可解释基拆解中应用到。

4.4　基于分类函数的可视化解释

基于分类函数的可视化解释通过将模型视为函数来进行解释，解释的方法包括敏感度分析、映射分析和近似分析，本节将进行具体介绍。

4.4.1　函数敏感度分析

1. 原理

在 CNN 分类模型输出端，分类函数 f_C 输出的是输入样本 $\boldsymbol{x}$ 关于分类 C 的概率，可视化解释通常更关心得到这一分类过程中到底是 $\boldsymbol{x}$ 的哪些特征影响了该分类的概率。对于该问题，一般可以采用 SA 方法定量计算模型输入各部分对输出结果的重要性程度。

SA 的基本思想是：令 $\boldsymbol{x}$ 的每个属性在可能的范围内变化，然后将这些属性的变化对模型输出值的影响程度进行量化。这种做法是典型的因果分析。对某对象实施 SA 时，可以通过分解(删除)各属性，测量该分解对分类产生的影响，进而估算属性的重要性。估算可以采取信息差异(Information Difference，ID)、证据权重(Weight of Evidence，WE)和概率差异(Difference of Probabilities，DP)三种算法，计算公式分别如下：

信息差异：$\mathrm{infDiff}_i(y|\boldsymbol{x})=\ln p(y|\boldsymbol{x})-\ln p(y|\boldsymbol{x}\backslash A_i)$

证据权重：$\mathrm{WE}_i(y|\boldsymbol{x})=\ln(\mathrm{odds}(y|\boldsymbol{x}))-\ln(\mathrm{odds}(y|\boldsymbol{x}\backslash A_i))$

其中 $\mathrm{odds}(z)=p(z)/(1-p(z))$。

概率差异：$\mathrm{prodDiff}_i(y|\boldsymbol{x})=p(y|\boldsymbol{x})-p(y|\boldsymbol{x}\backslash A_i)$

式中，$\boldsymbol{x}$ 表示待分析的实例，y 表示类别，f 表示需要解释的模型，A_i 表示 $\boldsymbol{x}$ 的第 i 个维度，$p(y|\boldsymbol{x})$ 表示 f 将 $\boldsymbol{x}$ 分类为 y 的概率，$p(y|\boldsymbol{x}\backslash A_i)$ 表示去掉 A_i 这个维度 f 将 $\boldsymbol{x}$ 分类为 y 的概率。

本节后续将介绍几种 SA 的实现方法，包括块遮挡、预测差异分析和随机输入抽样解释(Randomized Input Sampling For Explanation，RISE)。

2. 块遮挡

“遮挡”或称为遮挡图(Occlusion Map)，是指“隐藏或阻止”图像的某些部分，然后观察对分类结果的影响。在实现 SA 时，Zeiler 首先提出将输入样本原图片用灰色块遮挡后导入神经网络，然后观察遮挡对分类的影响并绘制热力图。这个过程就是块遮挡，效果如图

4-15 所示。

图 4-15　块遮挡效果图

块(图中的灰色方块)遮挡先将输入样本原图片分成若干个相同大小的区块，分别将其置为灰色后导入神经网络，得到的概率损失就是该块的分类影响值。在完成全部块的遮挡后，将获得各块分类的影响值转换成一个灰度掩膜，并将其叠加到图像上就得到了热力图。图 4-15 中下面一行热力图的浅色区域代表分类影响值高的部分，深色区域代表分类影响值低的部分。

块遮挡的示例程序(详见 Block.py 代码)如下：

```
def Block_mask(model, path, s_z):
    img=Image.open(path)
    #print(img.size[0], img.size[1])

    bar_length=20                # 进度条长度
    w, h=s_z[0], s_z[1]          # 块的宽、高
    transform=T.Compose([ T.ToTensor()])
    X=transform(img).unsqueeze(dim=0)

    p, c=torch.topk(model(X), k=1)           #❶
    print("topk", c, class_names[c])
    # print("argmax", model(X).squeeze().argmax())

    patch_image=Image.fromarray((np.random.rand(w, h, 3) * 255).astype(np.uint8), \
                                                    mode='RGB')   # ❷
    # patch_image=Image.fromarray((np.zeros((w, h, 3))).astype(np.uint8), \
                                                    mode='RGB')   # ❸
```

```
        w_time=int(img.size[0]/w)
        h_time=int(img.size[1]/h)
        total=w_time * h_time
        sac=np.zeros((h_time, w_time))
        plt.figure()
        for i in range(h_time):
            for j in range(w_time):
                img_temp=img.copy()
                img_temp.paste(patch_image, (j * w, i * h))        # ❹
                x=transform(img_temp).unsqueeze(dim=0)
                p_masked_loss=p-model(x)[0, c]                     # ❺

                sac[i][j]=p_masked_loss
                #进度条
                hashes='=' * int((i * w_time+j)/total * bar_length)
                spaces=' ' * (bar_length-len(hashes))
                sys.stdout.write("\r running: [%s] %d/%d" % (hashes+spaces, i * w_time+j+1, total))
                sys.stdout.flush()
        return sac, class_names[c]                                 # ❻


    if __name__=="__main__":
        model=models.resnet50(True)       #或 model=models.vgg11(True)
        model=nn.Sequential(model, nn.Softmax(dim=1))
        model=model.eval()                # 关闭 BN 层功能
        for p in model.parameters():
            p.requires_grad=False

        size=(20, 20)                     # 遮挡块的大小
        saliency, c=Block_mask(model, "catdog.png", size)

        sns.heatmap(saliency, annot=True, annot_kws={"size": 4})    # ❼
        plt.title("Block heatmap of class <"+str(c)+">")
        plt.axis('off')
        plt.show()
```

上述代码进行遮挡的关键部分在于 Block_mask 函数，该函数在导入模型、样本路径、块尺寸参数之后，首先读取样本图像，将样本导入到模型中，然后测试该样本属于哪一类(概率最大的类)及其对应的概率，再以该类进行后续测试(见代码❶)；代码中生成遮挡块的方法有两种，一种是生成随机噪声块(见代码❷)，另一种是直接生成黑块(见代码❸)，可以择一进行后续测试；测试部分利用 PIL(标准图像处理库)的 paste 函数依次把遮挡块覆盖在输入图上(见代码❹)；再将遮挡后的概率损失值存入一个 numpy 二维数组(见代码❺)；最终 Block_mask 函数返回的是块遮挡概率损失值(见代码❻)；返回的损失值被 seaborn 库可视化为热力图(见代码❼)。带有概率的块遮挡热力图如图 4-16 所示，其中的

标注文字为遮挡分类概率损失值。

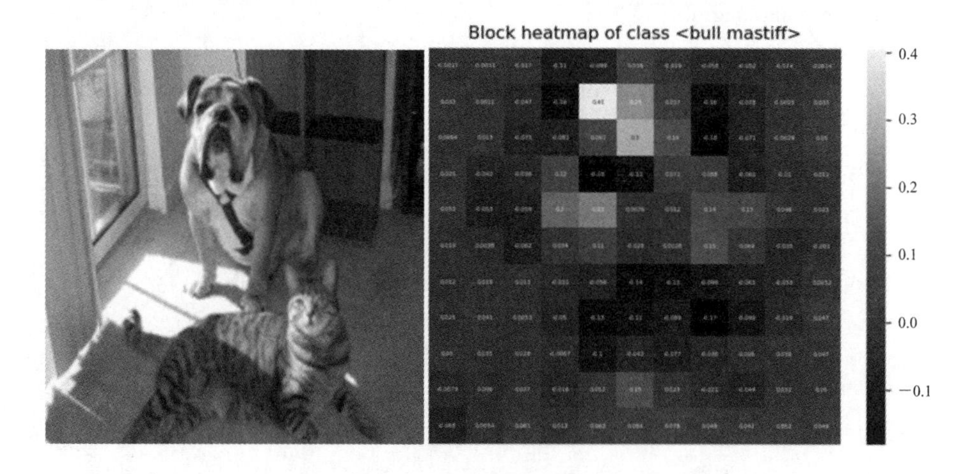

图 4－16　带有概率的块遮挡热力图

除了重要度发现外，块遮挡还可以对图像中空间分离的各部分之间的相关性进行分析。通过有意识地遮挡不同图像中的特定对象，可分析对象之间的对应关系(如图 4－17 所示动物脸部具有特定的眼睛和鼻子的空间配置)。该实验采用 5 个随机、具有正面姿势的狗图像，系统地在每张图像上掩盖相同的面部部分(如遮盖所有狗的左眼)，计算差异的一致性。实验表明，在不同图像中相同对象之间的模型建立了某种程度的相关性。

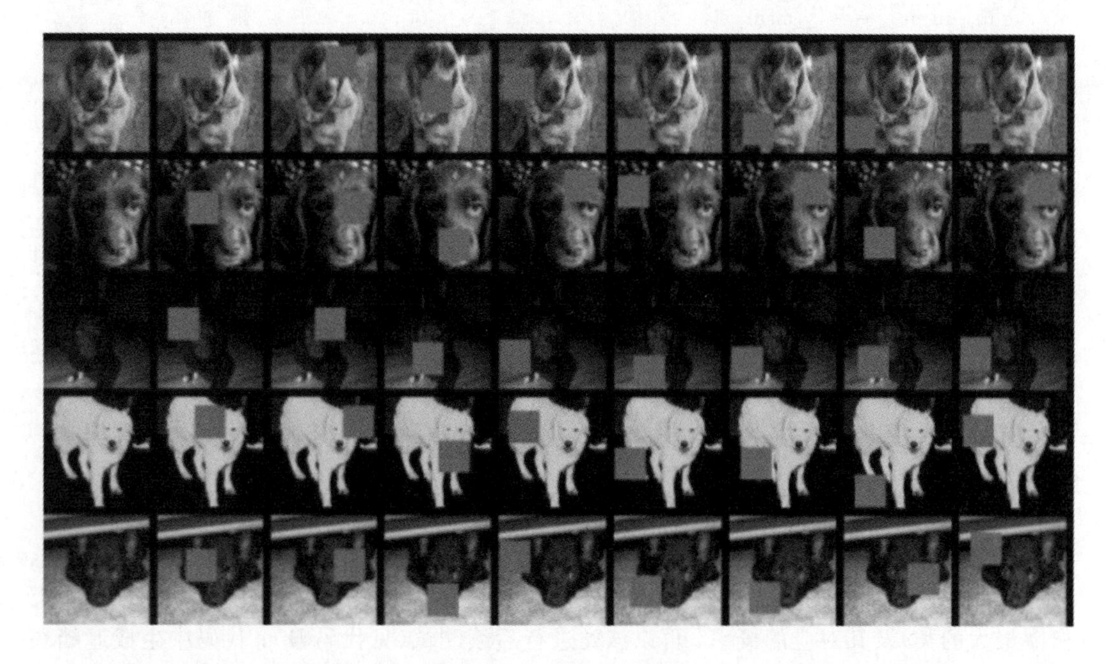

图 4－17　块遮挡分析动物脸部具有特定的眼睛和鼻子的空间配置相关度

从原理上讲，块遮挡对于 CNN 的任何一层都是可操作的，但是效果大不相同。现有大多数方法主要应用于输入层，也有一些方法尝试在特征图层实现。例如，对底层特征层进行遮挡时，通过利用维度较低的特征图和损失较少的信息，可兼顾块遮挡计算的效率与效果。何恺明等人在借鉴 R-CNN 的语义分割技术的同时，将块遮挡技术用于卷积 L 层的特征图，设计了一种卷积特征图掩码(Convolutional Feature Masking，CFM)方法，实现了基于目标定位和语义分割的解释。

块遮挡存在的一个问题就是遮挡块的大小不易确定，尺寸太大可能导致热力图的精度下降，尺寸太小则可能增加可视化图生成时间。

3. 预测差异分析

块遮挡采用灰度或黑块对特征进行一次性替换以获得敏感差异，是一种非常粗糙且武断的方法。考虑到概率分布，采用预测差异分析的方法更为合理，其公式如下：

$$\mathrm{prodDiff}_i(y \mid \boldsymbol{x}) = \sum_{s=1}^{m_i} p(A_i = a_s \mid \boldsymbol{x} \backslash A_i)\, p(y \mid \boldsymbol{x} \leftarrow A_i = a_s) \tag{4-7}$$

式中，$p(A_i=a_s|\boldsymbol{x}\backslash A_i)$表示用 a_s 替代 A_i 的概率。$p(y|\boldsymbol{x}\leftarrow A_i=a_s)$表示用 a_s 替换该 A_i(表示为：$\boldsymbol{x}\leftarrow A_i=a_s$)后的模型分类概率。重复进行 m_i 次采样，每次利用一个不同于原 A_i 的采样值 a_s 替换该 A_i，将得到的差异均值代表该特征的重要性。

预测差异分析是基于两点发现后的重要改进：其一像素的重要度强烈地依赖于它周围的一个小区域，其二像素对相邻像素的影响与其在图像中所处的位置无关。利用这些发现，预测差异分析在公式(4-7)中，通常 $p(A_i=a_s|\boldsymbol{x}\backslash A_i)$在很多情况下计算是不可行的，且对神经网络单独像素进行差异分析会被网络的鲁棒性所屏蔽。因此在实施 SA 时，预测差异分析对遮挡采样区域选取窗口 $\boldsymbol{x}_w$ 进行一定扩充，得到一个稍大的区域$\hat{\boldsymbol{x}}_w$(如图 4-18 所示)，利用 $p(A_i=a_s|\hat{\boldsymbol{x}}_w\backslash A_i)$代替 $p(A_i=a_s|\boldsymbol{x}_w\backslash A_i)$进行计算，然后再采用滑动窗口的方法对整幅图像进行差异分析，最终获得了包含正负分类贡献值(正贡献指提高分类概率，负贡献反之)且更加清晰的显著图。

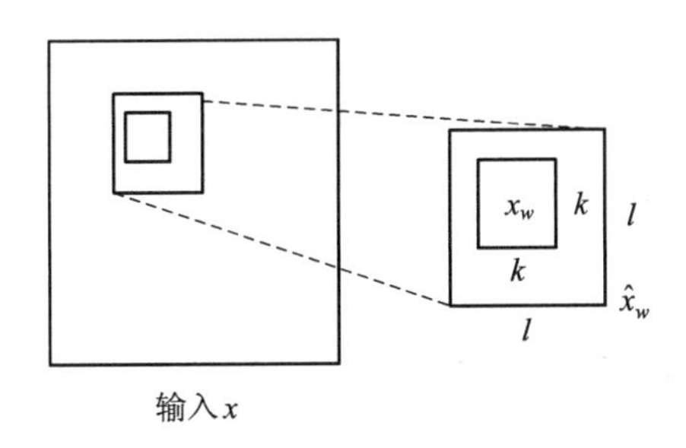

图 4-18　预测差异分析原理图

图 4-18 中，$\boldsymbol{x}_w$ 为($k\times k$ 大小)差异计算对象区域，$\hat{\boldsymbol{x}}_w$ 为扩充区域($l\times l$ 大小，$l>k$)，$\boldsymbol{x}$ 为输入图。

预测差异分析已被用于 HIV 患者的 MRI 脑部扫描分类模型的解释中，并取得了良好效果。由于作者给出的预测差异分析基于 Keras 框架的实现，因此这里不作介绍。

4. RISE

块遮挡以滑动窗口的方式进行扫描显得过于机械，能否采用更灵活的方法来实现遮挡呢？RISE 提供了一种思路，其主要原理是：首先使用蒙特卡洛采样产生多个随机遮挡，然后对分类函数的输出进行遮挡加权(权重为遮掩后的模型输出)平均，得到最终显著图，如图 4-19 所示。

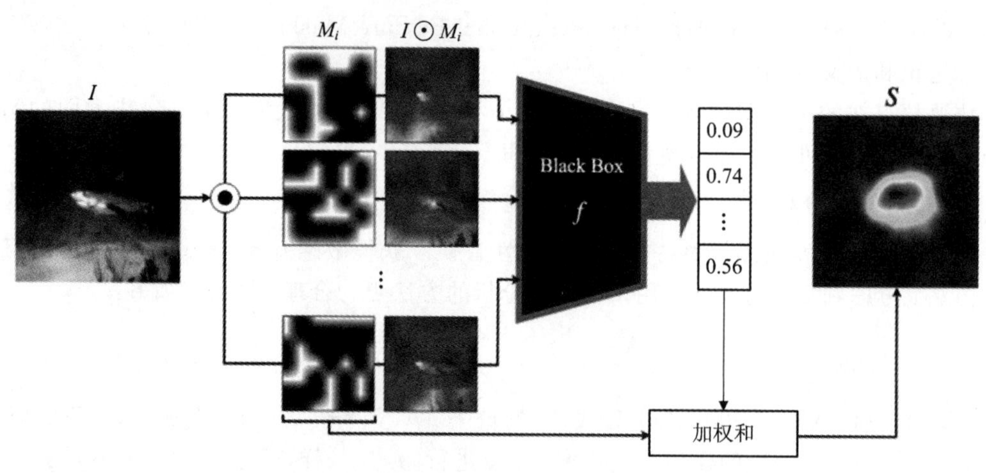

图 4-19　RISE原理图

RISE的计算公式如下：

$$S_{I,f}(\lambda)\approx\frac{1}{E[M]\cdot N}\sum_{i=1}^{N}f(I\odot M_i)\cdot M_i(\lambda) \tag{4-8}$$

式中，$S_{I,f}(\lambda)$是图片I的像素λ在模型f分类过程中的重要度；$M:\Lambda\rightarrow\{0,1\}$，$\lambda\in\Lambda$是分布为$D$的随机二进制遮挡，且尺寸与图片$I$相等，遮挡操作可以得到多张遮挡图，构成的集合为$\{M_1, M_2, \cdots, M_N\}$；$M_i(\lambda)$为像素$\lambda$在遮挡$M$中的二进制值，取0或1；$E[M]$为这些遮挡图遮挡样本后获得分类结果的数学期望。先以概率p随机选取若干像素生成1、其余为0的小尺寸图片，然后采用双线性插值方法，上采样到与图片I尺寸一致，得到随机遮挡。

下面参考RISE源码(https://github.com/eclique/RISE)给出简化后的实现代码(详见RISE.py代码)：

```
def example(img, ex, top_k=3):
    saliency=ex(img).cpu().numpy()                  #生成热力图
    p, c=torch.topk(model(img), k=top_k)            #选取分类概率最大的top_k个
    print(p, c, p.shape)
    p, c=p[0], c[0]
    print(c.shape, c)

    img=img[0]
    img=img.swapaxes(0, 1)
    img=img.swapaxes(1, 2)    #图像格式从Tensor的(3, 224, 224)转化成(224, 224, 3)
    plt.figure(figsize=(10, 5 * top_k))
    for k in range(top_k):
        plt.subplot(top_k, 2, 2 * k+1)
        plt.axis('off')
        plt.title('{:.2f}% {}'.format(100 * p[k], class_names[c[k]]))
        plt.imshow(img)
```

```
        plt.subplot(top_k, 2, 2 * k+2)
        plt.axis('off')
        plt.title(class_names[c[k]])
        plt.imshow(img)
        sal=saliency[c[k]]
        plt.imshow(sal, cmap='jet', alpha=0.5)
        plt.colorbar(fraction=0.046, pad=0.04)
    plt.show()


if __name__=="__main__":
    model=models.resnet50(True)                        # ❶
    model=nn.Sequential(model, nn.Softmax(dim=1))
    model=model.eval()

    for p in model.parameters():                       # ❷
        p.requires_grad=False

    explainer=RISE(model, (224, 224))                  # ❸

    maskspath=r'.\masks\masks.npy'                     # ❹
    explainer.generate_masks(N=60, s=8, p1=0.1, savepath=maskspath)   # ❺

    image=Image.open("catdog.png")
    transform=T.Compose([T.Resize((224, 224)), T.ToTensor()])
    X=transform(image).unsqueeze(dim=0)

    example(X, explainer, 2)                           # ❻
```

上述代码中，代码❶导入模型，并通过 eval 函数关闭模型的 BN 层功能；代码❷关闭梯度，以提高运行效率并节约存储空间；代码❸创建一个 RISE 对象，这里 RISE 类的定义存在于 explanations 模块中；代码❹生成掩码，生成的掩码将以“.npy”格式存入硬盘(这里是通过调用模块 explanation.py 中的 np.load 和 np.save 这两个读/写磁盘数组数据的函数实现的)，默认情况下数组以未压缩的原始二进制格式保存在扩展名为.npy 的文件中；代码❺利用 generate_masks 生成掩码，掩码的数量需要足够多才能确保可解释图的稳定性和正确性；代码❻调用 example 函数进行实例的解释(显著图生成由 RISE 对象完成)，其中第三个参数 n 表示对输入样本分类概率最大的前 n 个分类进行解释，这里取 2(通过对 example 函数进行分析，最大概率的选取是利用 torch.topk 实现的)。

利用 RISE 进行解释的效果如图 4-20 所示。

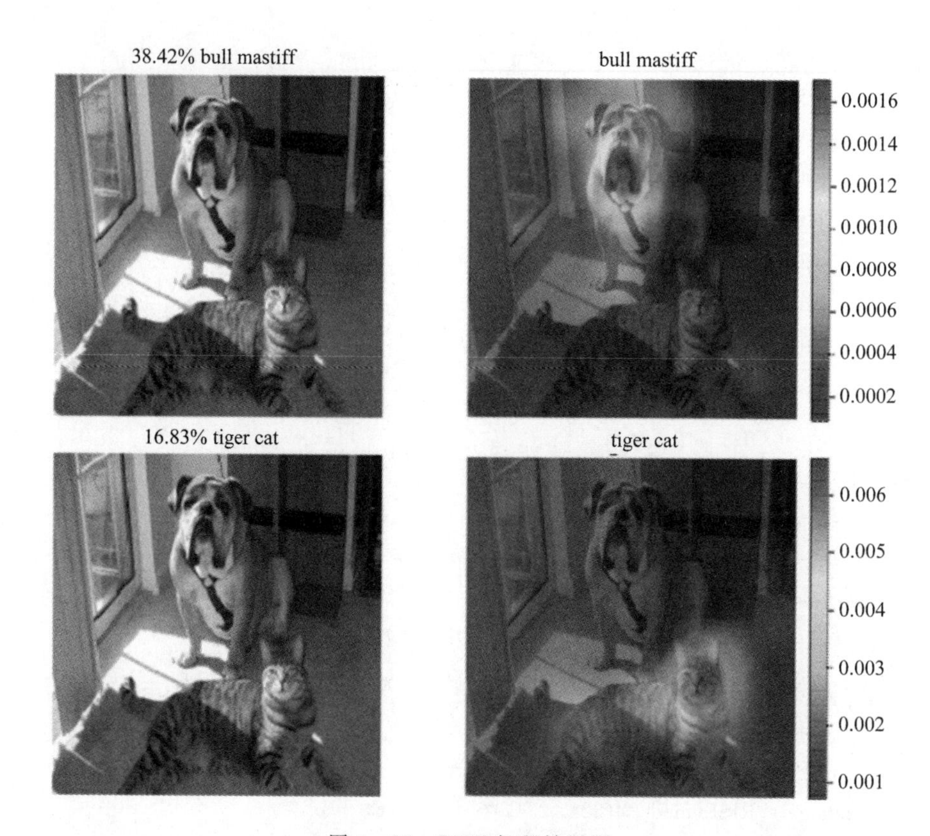

图 4-20 RISE解释效果图

图 4-20 中上下两行，分别给出模型将图片分类成“bull mastiff”和“tiger cat”的概率及其对应的解释热图，右侧的颜色标尺给出了重要度比较。

4.4.2 函数近似分析

1. 原理

函数近似①分析基于类比分析的思想。所谓类比分析，就是由两个对象的某些相同或相似的性质，推断它们在其他性质上也有可能相同或相似的一种推理形式。类比利用新知识和旧知识之间的相似性，将旧知识的特性映射到新知识上，降低了学习新知识的难度。类比是思维的梯子，也是旧知识和新知识之间的桥梁，使得人们不需要从头开始新知识学习，而可以借助类比这个“梯子”，从旧知识迁移到新知识上。类比试图通过参考不同但比较熟悉的某事来解释相对陌生的某事，其作为一种重要的推理形式，成为了逻辑学、心理学、法学、计算机科学等领域的重要研究内容。可以说，演绎、归纳和类比是人类三种主要的推理方法，演绎是从一般到个别，归纳是从个别到一般，而类比是从个别到个别。

本节将要介绍的附加特征属性方法(Additive Feature Attribution Methods)就是这一思路的一种实现。该方法给出了如何求解一个简单模型来解释一个复杂模型的通用方法，其定义如下：

---

① 也有文献将“函数近似”称为模型代理、替代模型或蒸馏等。

$$g(z')=\phi_0+\sum_{j=1}^{M}\phi_j z'_j \tag{4-9}$$

其中，g 是二元线性解释模型；$z'\in\{0,1\}^M$ 是特征向量，向量中的 1 表示相应的特征值“存在”，而 0 则表示“不存在”；M 是空间大小；$\phi_j\in\mathbf{R}$ 是特征 j 的特征归因值，也就是重要度。之所以用 z' 表示原样本，其原因是原来待解释的样本被映射到另外更易解释的空间（如图像被分解到超像素空间）。

满足上式的解释方法已经不止一种了，包括：LIME、DeepLIFT（见第 6 章）、LRP（见第 6 章）、SHAP（SHapley Additive exPlanations，沙普利值加性解释），等等，其差别在于如何计算 ϕ_j，本节后续将重点对 LIME 和 SHAP 进行介绍。

2. LIME

LIME 算法是 Marco Tulio Ribeiro 在 2016 年发表的论文“‘Why Should I Trust You?’ Explaining the Predictions of Any Classifier”中介绍的一种局部可解释性模型算法。该算法主要适用于文本类与图像类的分类模型。Marco 认为，理想的解释器应当满足：可解释性、局部忠诚、与模型无关（Model-Agnostic）、全局视角四个方面的要求。概而言之，对复杂模型解释就是找到一个简单可解释的模型，并配以可解释的特征，让它们在局部的表现上逼近待解释的复杂模型。LIME 就是通过扰动后观察模型相应的变化，继而进行解释。其原理如图 4-21 所示。

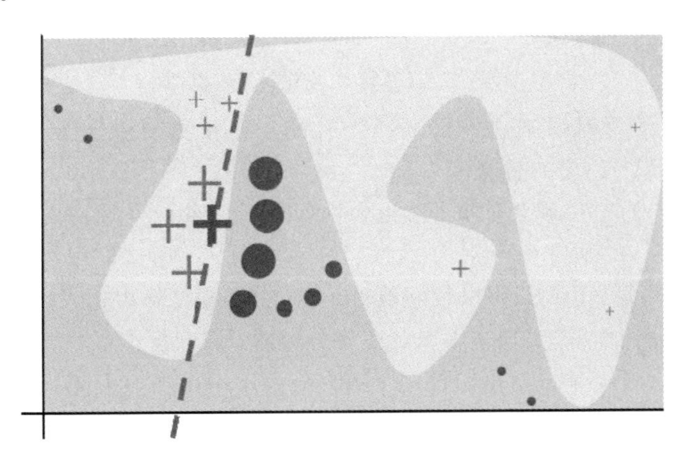

图 4-21　LIME 可视化解释原理

图 4-21 中浅色和深色部分分别表示一个复杂的分类模型 f 对样本集的两个分类区域，其中大十字（✚）表示需要解释的样本。显然，对于该模型很难从全局解释，但是如果把关注点从全局放到局部，就可以看到在某些局部是可以用简单的线性模型（如图中虚线，记为 g）去拟合的，进而可以用 g 去对 f 进行关于该样本实例的解释。

为了得到 g，只有一个样本是不够的，因此需要更多的相关样本（记为 z'），从而利用这些样本再通过训练得到 g。依据该思路，LIME 从加粗的大十字样本（✚）周围“采样”（实际就是扰动该样本，得到该样本的轻微变形后的副本）来获取足够多的 z'（图中就是除了大十字之外的小十字（+）以及圆点，其中十字和圆点分别代表正、负样本）。

为了提高可理解性，LIME 采用两种手段。其一就是不直接在输入图像像素上做扰动，而是在超像素(SuperPixel, SP)空间做扰动。之所以在超像素空间做扰动，是因为超像素要比像素的语义含量更加丰富，更利于人类理解。当然，超像素破坏了原有计算规则，因此在计算之前，还要再利用一个函数 h_x，将扰动得到的超像素 $\boldsymbol{z}'$映射回到原特征空间。另一个必要手段就是引入正则化项，从而对计算进行约束。综合起来其计算公式如下：

$$\xi = \underset{g}{\operatorname{argmin}}\, \mathcal{L}(f, g, \pi_x) + \mathcal{R}(g) \tag{4-10}$$

式中，ξ 是综合评价函数，$\mathcal{L}$是分类器的预期预测误差，π_x 是样本 $\boldsymbol{x}$ 与扰动后的样本之间的相似度距离，正则项$\mathcal{R}(g)$这里表示 g 的复杂度。从该约束不难看出，扰动后得到的样本距离原样本越远的被认为越不重要，解释的复杂度越高、越难以被人所理解，也会受到惩罚。

通过上述计算与训练就可以得到 LIME 解释，示例如图 4-22 所示。

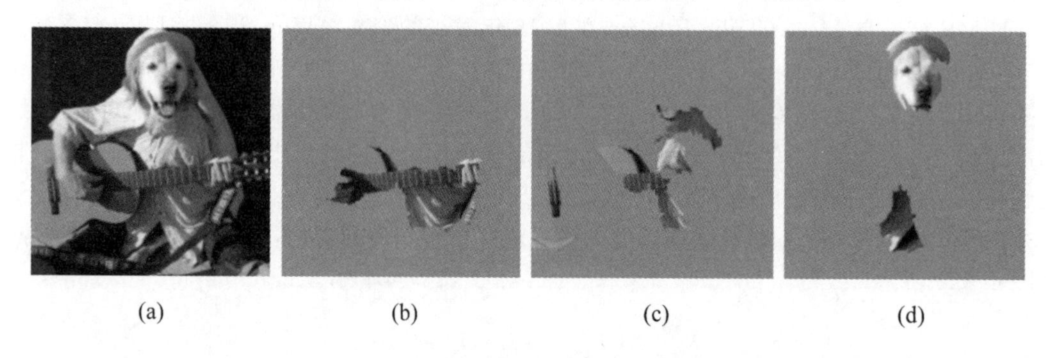

(a) (b) (c) (d)

图 4-22 LIME 可视化效果示意图

该例中，CNN 模型对图 4-22(a)所示图片的三个预测结果分别进行解释，图 4-22(b)、(c)分别为 LIME 给出的解释。

按照概率递减，这三个解释依次是：电吉他(electric guitar)、原声吉他(acoustic guitar)、拉普拉多犬(labrador)，概率值分别为 32%、24%和 21%。通过使用 LIME 来解释了模型为何做出该判断。可见，LIME 可以较好地对 CNN 分类模型作出相应的解释。

用户还可以利用 LIME 实现文本以及图像分类器、回归模型(示例见 https://github.com/marcotcr/lime)的解释。这里以使用 LIME 解释 PyTorch 构建的图像分类模型解释为例进行展示。其过程包括以下几个步骤(这里可直接使用 LIME 第三方库实现，该库可通过 pip install lime 命令安装)：

(1) 导入待解释的模型，输入数据，得到分类概率；

(2) 创建解释器；

(3) 利用解释器解释一个样本；

(4) 将结果可视化(包括正、反解释)。

示例代码(LIME.py)关键部分如下：

```
from lime import lime_image
from skimage.segmentation import mark_boundaries


explainer=lime_image.LimeImageExplainer()                    #❶
explanation=explainer.explain_instance(np.array(pill_transf(img)),
                                        batch_predict,
```

```
                                top_labels=5,
                                hide_color=0,
                                num_samples=1000)  #❷

print("top", explanation.top_labels[0])

temp, mask=explanation.get_image_and_mask(explanation.top_labels[0], # ❸
             positive_only=True, num_features=5, hide_rest=False)
img_boundry1=mark_boundaries(temp/255.0, mask)
plt.imshow(img_boundry1)
plt.show()

temp, mask =explanation.get_image_and_mask(explanation.top_labels[0], #❹
            positive_only=False, num_features=10, hide_rest=False)
img_boundry2=mark_boundaries(temp/255.0, mask) #❺
plt.imshow(img_boundry2)
plt.show()
```

上述代码中，代码❶利用 lime_image. LimeImageExplainer 构建解释器对象，该解释器对 explain_instance 函数第二个参数 batch_predict 指向的模型进行解释，解释的样本为 img；进行解释时，将向模型“采样”(扰动)产生 num_samples 个样本(见代码❷)；解释器可以产生正、反两个方向的解释(通过设置参数 positive_only，True 为正(见代码❸)，False 为反(见代码❹))，并列举出支持对应论点的像素；为了便于理解，代码❺会将解释区域利用 mark_boundaries 库的无监督超像素分割算法画出边界来，效果如图 4-23 所示。

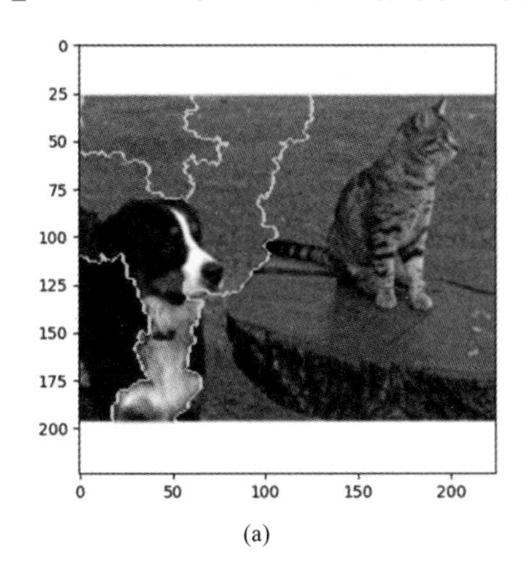

(a)

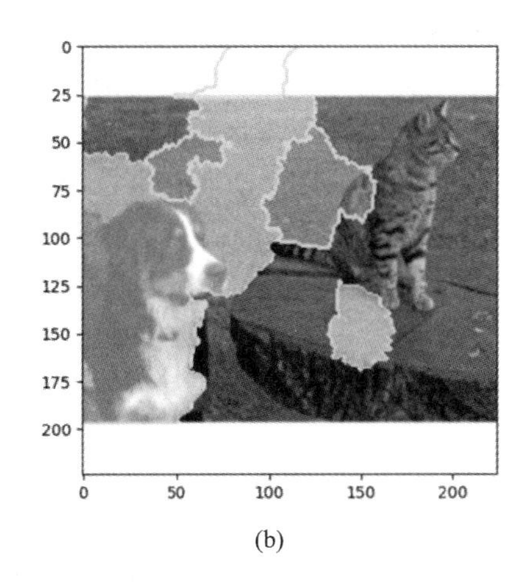

(b)

图 4-23　LIME 库调用可视化解释图

图 4-23(a)边界框出部分为支持该样本“dogs. png”为分类“Bernese_mountain_dog”的超像素可视化解释，图 4-23(b)阴影部分为反对该样本为该分类的超像素解释。

LIME 提供了非常简单易懂、快速的解释方法，但其最大的不足就是结果具有不稳定性。究其原因：每次解释过程有不同的局部采样；LIME 使用线性模型作为代理模型是一个过强的先决条件。为此，如下的一些改进方法被提了出来，以期提升 LIME 的解释效果。

3. SHAP

SHAP方法基于Shapley值理论将合作博弈论(Cooperative Game Theory)中的Shapley值方法用于解释机器学习的预测。

什么是Shapley值呢?该概念是由Shapley在1953年创造的。这是一种根据玩家对博弈总支出的贡献来为玩家分配支出的方法。这里的博弈根据是否可以达成具有约束力的协议，分为合作博弈和非合作博弈，此处主要讨论前者。合作博弈是指一些参与者以联盟、合作的方式结成团队进行博弈，并从这种合作中获得更高的收益。

在合作获利后，就存在研究如何分配支出，即收益分配问题。举例来说，甲、乙、丙三个玩家，他们之间可以组合构成合作联盟。倘若甲、乙联盟可获利7万元，甲、丙联盟可获利5万元，乙、丙联盟可获利4万元，三人联盟则获利11万元，而每人单干构成的单人联盟则各获利1万元，显然三人联盟获利最多。试问若三人合作时达成后，如何分配11万元呢?

Shapley值给出的分配方案如下：

$$\varphi_i(v)=\sum_{s\in S_i}w(|s|)[v(s)-v(s\backslash\{i\})] \tag{4-11}$$

其中，$\varphi_i(v)$表示成员i在博弈v中的收益，所有合作人的集合表示为$I=\{1, 2, \cdots, i, \cdots, n\}$，$S_i$表示成员包含有$i$的所有联盟构成的集合，$s\in S_i$是$S_i$的任一元素，是一个具体的含$i$联盟，$|s|$是联盟$s$中的人数，$w(|s|)$是加权因子，$s\backslash\{i\}$表示联盟$s$中去掉成员$i$后得到的联盟，$v(s)-v(s\backslash\{i\})$是成员$i$在联盟$s$中的边际贡献。

$w(|s|)$的计算如下：

$$w(|s|)=\frac{(|s|-1)!\ (n-|s|)!}{n!} \tag{4-12}$$

代表着对应边界贡献的重要度。

Shapley值可以理解为，包含成员i的联盟会有很多个，通过列出包含成员i所有的联盟，然后依次计算每个联盟中成员i的边际贡献，并将该边际贡献乘以该联盟出现的概率(权重)，最后把所有结果值加起来，就是成员i的Shapley值。通俗地讲，Shapley值就是计算i的加入，对于已有联盟收益带来的平均变化。

结合上面甲、乙、丙三玩家例子，计算$\varphi_{甲}(v)$，通过列表4-1展示。

表4-1 Shapley支出计算示例

包含甲的所有联盟	{甲}	{甲，乙}	{甲，丙}	{甲，乙，丙}
$v(s)$：联盟的收益	1	7	5	11
$v(s\backslash\{甲\}$：剔除甲后联盟的收益	0	1	1	4
$v(s)-v(s\backslash\{甲\})$：甲的边界贡献	1	6	4	7
$\|s\|$联盟成员个数	1	2	2	3
$w(\|s\|)$：权重系数，$n=3$	0!×2!/3!=2/6	1!×1!/3!=1/6	1!×1!/3!=1/6	2!×0!/3!=2/6
$w(\|s\|)[v(s)-v(s\backslash\{i\})]$	1×2/6	6×1/6	4×1/6	7×2/6

$\varphi_{甲}(v)=1\times2/6+6\times1/6+4\times1/6+7\times2/6=13/3$万元。

除了可以对任何模型进行计算(与模型无关)，Shapley值还满足如下四个公理：

（1）对称性：合作获利的分配，不随每个人在合作中的记号或次序变化。

（2）有效性：合作各方获利总和等于合作获利。

（3）冗员性：如果一个成员对于任何他参与的合作联盟都没有贡献，则他不应当从全体合作中获利。

（4）有多种合作时，每种合作的利益分配方式与其他合作结果无关。

因此，Shapley 值计算的优点在于这是一种公平的分配方式（在法律要求可解释性的情况下，Shapley 值也是被认可的）；但是 Shapley 值也存在需要大量的计算时间、不提供稀疏解释（解释始终包含所有成员）的缺点。

基于上述理论，SHAP 方法提出用 Shapley 值去解释机器学习的预测，也就是通过计算每个特征对模型预测的贡献来解释实例预测结果。在此，SHAP 的“总支出”就是数据集单个实例的模型预测值，“玩家”就是实例的特征值（假设实例由不同特征描述，模型根据特征进行预测），“边界收益”是该实例的实际预测减去所有实例的平均预测。

举例说，图 4－24 就是对某黑盒模型的一个关于特征年龄 Age、性别 Sex、BP 血压、BMI 体重指数的 SHAP 示意，进行关于健康模型预测输出所实施 SHAP 计算（右侧方框中的条块给出了贡献值大小）。

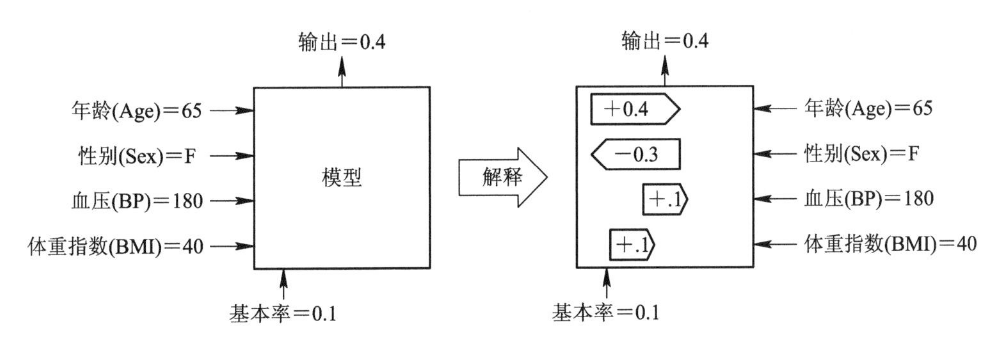

图 4－24　SHAP 示意图

Sharpley 值方法的实现不止一种，经典的 Sharpley 值估计包括：沙普利回归值（Shapley Regression Values）、沙普利采样值（Shapley Sampling Values）、量化输入影响（Quantitative Input Influence），等等。经证明，这些方均可满足局部准确性（Local Accuracy）、缺失性（Missingness）、一致性（Consistency）的要求。

Shapley regression values 计算如下：

$$\phi_i(f, x)=\sum_{z'\subseteq x'}\frac{|z'|!\ (M-|z'|-1)!}{M!}[f_x(z')-f_x(z'\backslash i)] \tag{4-13}$$

在其基础上，Shapley sampling values 避免了重复训练新模型的过程，通过抽样对上述公式做近似。而 Quantitative Input Influence 是一个更广义的算法解释框架，其中特征贡献的部分仍是通过抽样来近似得到。然而，即使进行了近似，由于特征的数量非常多，因此 Sharpley 计算还是非常困难和耗时，而 SHAP 的贡献就是提出了很多独特的计算方式使得计算变得可行。在 SHAP 框架中有很多实现方法，其中 Kernel SHAP 是一个通用解释算法，而 Deep SHAP 是采用深度学习模型的方法，此外还有 Max SHAP，Linear SHAP 等介绍从略。

通过安装 SHAP 第三方库（安装命令：pip install shap）就可以直接获得 SHAP 工具。

下面程序(SHAP_vgg.py)是SHAP的CNN可视化解释示例程序。

```
import torch, torchvision
from torch import nn
from torchvision import transforms, models, datasets
import shap                                                  #❶
import json
import numpy as np

mean=[0.485, 0.456, 0.406]
std=[0.229, 0.224, 0.225]

def normalize(image):                                        #❷
    if image.max() > 1:
        image /=255
    image=(image-mean) / std
    return torch.tensor(image.swapaxes(-1, 1).swapaxes(2, 3)).float()

model=models.vgg16(pretrained=True).eval()                   #❸

def imagenet50():                                            #❹
    prefix="./imagenet50/imagenet50_"
    X=np.load(prefix+"%sx%s.npy" % (224, 224)).astype(np.float32)
    y=np.loadtxt(prefix+"labels.csv")
    return X, y

X, y=imagenet50()
to_explain=X[[39, 41]]                                       # ❺

fname="./imagenet50/imagenet_class_index.json"
with open(fname) as f:
    class_names=json.load(f)

e=shap.GradientExplainer((model, model.features[7]), normalize(X)) # ❻
shap_values, indexes=e.shap_values(normalize(to_explain), ranked_outputs=2, nsamples=2) # ❼

# get the names for the classes
index_names=np.vectorize(lambda x: class_names[str(x)][1])(indexes)

# plot the explanations
shap_values=[np.swapaxes(np.swapaxes(s, 2, 3), 1, -1) for s in shap_values]     #❽
shap.image_plot(shap_values, to_explain, index_names)
```

上述代码中的关键SHAP函数(包括Gradient Explainor类、shap_values、image_plot),均来自于代码❶导入的shap库。函数normalize实现对图像的规范化(见代码❷)。

代码❸导入的 VGG 预训练模型。根据 shap 库的说明(https://github.com/slundberg/shap)，SHAP 解释器需要导入整个图像库来获取背景分布，这里为了提高运行效率使用了一个 mini 库——ImageNet50，该库仅有 50 张图片(见代码❹)。代码❺对库中的图片样本进行分类解释，这里选取了第 39 和 41 两幅图(支持多幅图片)。因为是应用于 PyTorch 框架的深度模型解释，因此这里选取 GradientExplainer 解释器，该解释器类需要导入最少三个参数，分别是模型、模型的层、背景分布图像库，这里选择第七层特征计算对分类的影响 SHAP 值(见代码❻)。如前所述，在 SHAP 值计算是通过抽样来近似得到，因此需要设定采样数。为了减少运算压力，可以降低采样数 nsamples(这里采样设定为 2，一般设定为 200)(见代码❼)。shap_values 还可以通过 ranked_outputs 来设定，设定计算分类前几位的值；这里设定为 2。SHAP 自带显示模块，可以将计算结果用可视化的方法显示出来(见代码❽)。

SHAP 解释效果如图 4-25 所示。

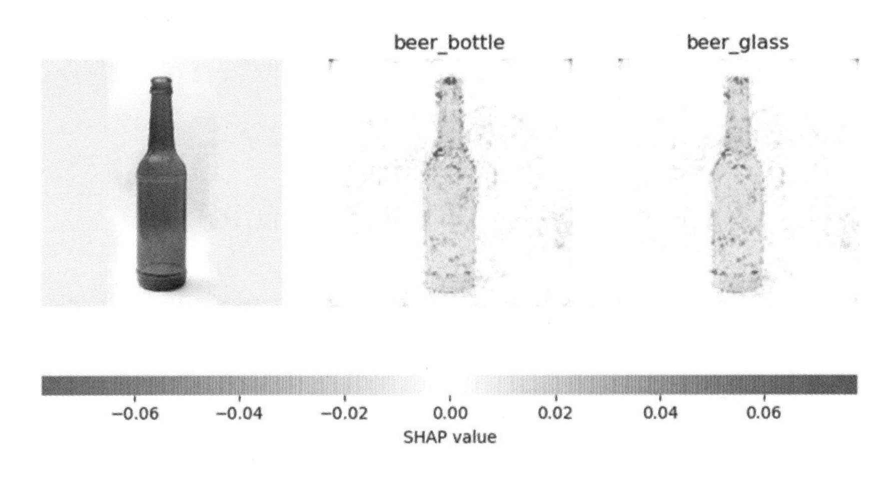

图 4-25　SHAP 解释效果图

SHAP 还可以与其他解释模型结合以改进之，对 LIME 的改进称为：Kernel SHAP，对 DeepLIFT 的改进称为 Deep SHAP。由于继承自 Shapley 类方法，SHAP 的优势在于不但能计算样本中的特征影响力，同时还能给出影响的正负性，但缺点是计算时间过长。

本章小结

前向传播可视化是对于 CNN 的可视化解释最直接的方法，它直接展示了模型是如何“表示”与“观察”输入，且实现也相对简单。本章根据深入模型的视角不同，将前向传播可视化由浅及深分为三层，并对典型方法进行了介绍。前向传播相对来说对于模型的依赖较其他方法弱，甚至很多方法可以做到模型无关，因此在 CNN 可视化解释中具有非常重要价值。

第 5 章

CNN 反向传播可视化解释

BP 神经网络的反向传播，是指“误差”从输出层开始，反方向逐层传播的机制。如前所述，深度学习模型之所以能够实现“学习”与自我修正，就是得益于这种反向传播的设计。因此，从反向传播原理出发，对反向传播相关量进行分析、重构、呈现，就可以达成另一种行之有效的可视化解释。

5.1 反向传播可视化概述

数据的反向传播可视化解释是典型的归因分析，为了方便理解，从模型传播方向(从右向左)由深及浅划分为类激活图、梯度反向传播、输入反演重绘三类反向传播可视化解释。

1. 类激活图可视化解释原理

类激活图(Class Activation Mapping，CAM)更关注特征提取部分(详见 2.3.1 节介绍)最后的一层，即图 5-1 中的 L 层。该层在全连接层之前，保有模型所关心的大量语义信

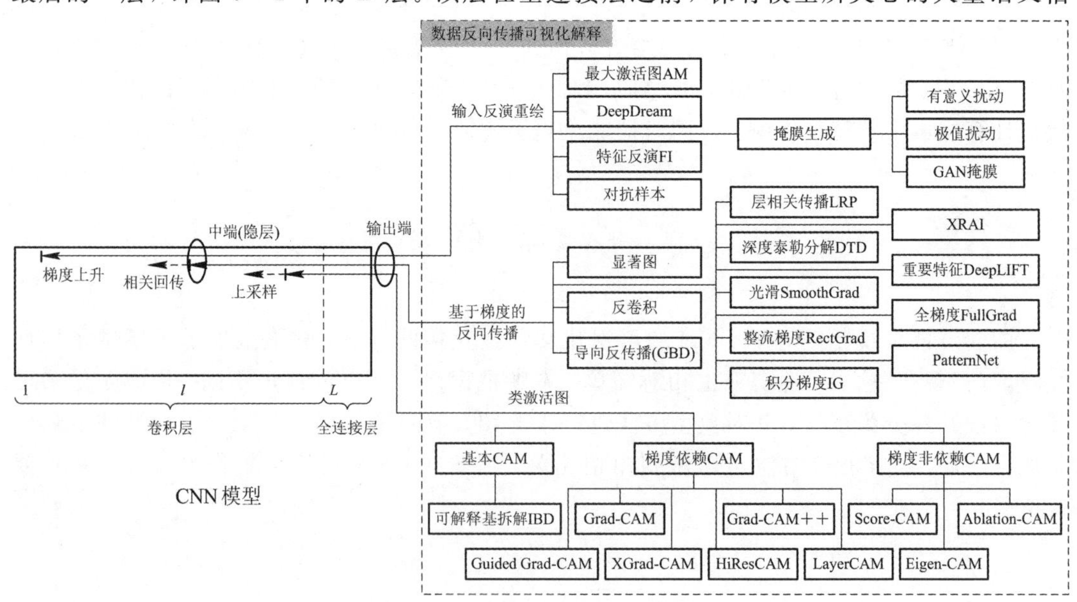

图 5-1　反向传播可视化方法分类

息，直接影响分类结果。除了语义，L 层卷积单元本身还具有出色的定位物体的能力(这种定位能力在使用全连接层进行分类后会丧失)。CAM 系列可视化解释方法采用了不同策略，通过计算 L 层特征图对分类结果的重要度值来实现可视化解释。

目前 CAM 方法已经发展成为一个丰富的系列，可以用下面的通式描述：

$$\boldsymbol{M}_C(i,j)=\sum_{k=1}^{K}(w_k^c\boldsymbol{A}^{lk}(i,j)) \tag{5-1}$$

其中，M_C 为类激活图，C 为分类，l 为应用 CAM 的目标层，$\boldsymbol{A}^{lk}(i,j)$为网络第 l 层第k 个通道的第 i 行第 j 列响应构成的矩阵，w_k^c 为 l 层各特征图 $\boldsymbol{A}^{lk}$ 对分类结果的重要度值。假设第 l 层共包含 K 个通道，则生成的 CAM 就是 K 个通道的 w_k^c 线性加权和。对 CAM 实施上采样(从一个较小尺寸的矩阵进行变换，得到较大尺寸的矩阵，常用方法有最邻近插值、双线性插值、转置卷积等)，就可得到对输入样本 $\boldsymbol{x}$ 的热力图可视化解释。

CAM 的基本实现和简单改进将在 5.2 节进行介绍。

2. 梯度反向传播可视化解释原理

BP 神经网络特征自学习的强大之处在于其反向求导的设计，CNN 可视化解释则可以依据梯度的反向数据流动了解模型到底在学习什么、传递什么样的信息，从而绘制出可视化图，其反向传播在 CNN 模型内部，这就是基于梯度反向传播可视化解释方法。

这种方法可以利用下列通式表示：

$$M_C(\boldsymbol{x})=R_C(\boldsymbol{x})\odot(\boldsymbol{x}-\tilde{\boldsymbol{x}}) \tag{5-2}$$

其中，$M_C(\boldsymbol{x})$表示反向传播获得的热图，C 表示分类，$R_C(\boldsymbol{x})$表示输入 $\boldsymbol{x}$ 反向传播的相关度，$\tilde{\boldsymbol{x}}$ 表示参考点(如果没有参考点，则视为$\tilde{\boldsymbol{x}}=0$)，$\odot$为哈达马积运算。

梯度反向传播的方法可以应用于 CNN 的任何激活层，不限于卷积层，对全连接层其实也适用；梯度的反向传播对于 $R_C(\boldsymbol{x})$的计算也各不相同，包括显著图、反卷积(deconvolution)、导向反传播(Guided-Backpropagation，GBP)，以及相关变种(详见第 6 章)。为了得到更好的可视化解释图，还采用了层相关传播、消除噪声等技术，以及引入参考点、梯度饱和处理、信号分析等变式技术(详见第 6 章介绍)。

梯度反向传播实现具体将在 5.3 节介绍。

3. 输入反演重绘可视化解释原理

进行反向传播不一定要从 L 层入手，由于在隐层中端($1<l<L$)也存在着大量的激活图，这些图包含着分类的重要过程信息，因此可以对这些激活图进行反演重绘输入，主要方法有激活最大化(Activation Maximization，AM)、DeepDream、特征反演(Feature Inversion，FI)、掩膜生成、对抗样本等，其优化通式如下：

$$\underset{x\in\mathbb{R}}{\operatorname{argmax}}(f_C(H(x))-\lambda\,\mathcal{R}(x)) \tag{5-3}$$

其中，f_C 为分类C 的 CNN 模型分类函数，$H(x)$为反演函数，$\mathcal{R}(x)$为正则化项。此类方法通过对输入 x 进行优化计算(一般是梯度上升)重绘，得到最优解 x^* 即为解释图，反向传播直达输入层。

上述方法在实现时有一定差别，具体将在 5.4 节介绍。

5.2 类激活图可视化解释

本节介绍类激活图可视化解释的基本CAM实现与可解释基拆解方法。

5.2.1 基本CAM介绍

1. 原理

CAM的原理可以理解成，为了解释模型如何得到某个分类结果，将特征层的输出按照对该分类作出贡献的大小(权值)计算加权和，从而得到了CAM解释图。显然，这是一种非常简单却十分有效的可视化解释方法。如前所述，CAM的实现不止一种，最先提出CAM的是周博磊等人，其基本方法就是将CNN分类模型中的全连接层替换为全局平均池化层(GAP)，然后对模型重新进行训练，训练结束后所得到的GAP权重就是通式(5-1)中$\boldsymbol{A}^{lk}$对应的w_k^c。

本书将这种方法称为基本CAM，其原理如图5-2所示①。

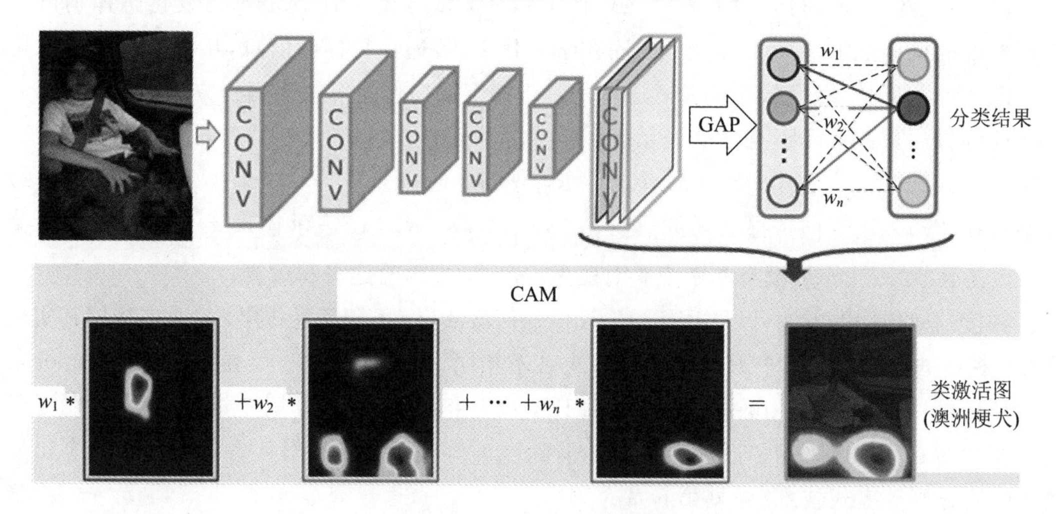

图5-2 基本CAM的原理

从图中可以看出，基本CAM解释图是通过CNN最后一层的激活图加权和得到的。

为什么要用GAP替换呢？这是因为一方面为了简化训练，另一方面GAP可以保护输入图的空间信息。GAP层所指的全局平均池化，顾名思义，就是对整个特征映射应用平均池化，这是源自NiN(详见2.4.4节)的一种技术，实际上就是一种极端激进的平均池化。使用GAP的模型，对于特征层输出n个通道的$h\times w$尺寸特征图，并不是直接导入顶端全连接层，而是求这n个特征图各图的平均值，然后把得到的n个均值结果加权输入softmax层直接进行分类，这样对于一个具体的分类，权值数量由本来的$h\times w\times n$个迅速降到$1\times1\times n$个，参数大幅简化，从而避免过拟合问题。

① 虽然基本CAM并没有直接使用梯度，但是CAM变种使用梯度非常普遍，因此本书将CAM统一归为反向传播类方法。

在基本CAM中，GAP被用来训练得到类激活图权重，正好可以获得每个类激活图对分类的重要度值。

2. 实现

基于上述思想，就很容易理解如下基本CAM的实现示例代码(详见pytorch_CAM.py代码)了。

```
def returnCAM(feature_conv, weight_softmax, class_idx):
    size_upsample=(256, 256)
    bz, nc, h, w=feature_conv.shape
    output_cam=[]
    for idx in class_idx:
        cam=weight_softmax[idx].dot(feature_conv.reshape((nc, h * w)))
        cam=cam.reshape(h, w)
        cam=cam-np.min(cam)
        cam_img=cam / np.max(cam)
        cam_img=np.uint8(255 * cam_img)
        output_cam.append(cv2.resize(cam_img, size_upsample))
        print("idx", idx)
    return output_cam

if __name__=="__main__":
    net=models.resnet18(pretrained=True)                                    #❶
    finalconv_name='layer4'
    net.eval()

    features_blobs=[]
    def hook_feature(module, input, output):
        features_blobs.append(output.data.cpu().numpy())
    net._modules.get(finalconv_name).register_forward_hook(hook_feature) #❷

    params=list(net.parameters())
    weight_softmax=np.squeeze(params[-2].data.numpy())                     #❸

    LABELS_file='imagenet-simple-labels.json'
    Image_file='img1.jpg'
    img_pil=Image.open(Image_file)                                         #❹
    normalize=transforms.Normalize(mean=[0.485, 0.456, 0.406],
                                   std=[0.229, 0.224, 0.225])
    preprocess=transforms.Compose([transforms.Resize((224, 224)),
                                   transforms.ToTensor(),
                                   normalize])
    img_tensor=preprocess(img_pil)
    img_variable=Variable(img_tensor.unsqueeze(0))
```

```
logit=net(img_variable)

with open(LABELS_file) as f:
        classes=json.load(f)
h_x=F.softmax(logit, dim=1).data.squeeze()                       #❺
probs, idx=h_x.sort(0, True)
probs=probs.numpy()
idx=idx.numpy()
for i in range(0, 5):
    print('{:.3f}->{}'.format(probs[i], classes[idx[i]]))

CAMs=returnCAM(features_blobs[0], weight_softmax, [idx[0]])       #❻
print('output CAM.jpg for the top1 prediction: %s'%classes[idx[0]])
img=cv2.imread(Image_file)
height, width, _=img.shape
heatmap=cv2.applyColorMap(cv2.resize(CAMs[0], (width, height)), \
                                    cv2.COLORMAP_JET)
result=heatmap * 0.3+img * 0.5
cv2.imwrite('CAM.jpg', result)
```

上述代码中，代码❶导入模型，由于GoogleNet、ResNet、DenseNet本身就采用了GAP层，因此无须修改网络结构和重新训练；代码❷通过设置Hook钩取最后一层的特征图；代码❸利用parameters()函数获得softmax层的权重(此处参数就是GAP参数)；代码❹打开一幅待解释的样本图，并将该图进行格式转换；代码❺将样本图导入模型，并获取5个最大分类概率和对应类别名称；代码❻通过returnCAM函数获得CAM热力图(由两部分加权构成，即：原图+特征图，其中特征图通过GAP参数与最后输出的特征图加权相乘再相加而形成)，并显示输出得到CAM图。

由上述代码returnCAM函数的定义不难看出，CAM的热图是通过矩阵乘法和上采样得到的。下面利用该程序对图5-3(a)所示的图像关于模型给出"restaurant"分类作CAM解释，运行效果如图5-3(b)所示。该解释清晰地在图中标记出了该幅图被分类成"restaurant"的原因，因此很容易引起人类的认同从而达到令人满意的解释效果。

(a)

(b)

图5-3 基本CAM解释实例

在上述 CAM 实验中，可以了解到分类模型因为“看到”了目标区域所以会判断一张图片到底属不属于目标类。由于 CAM 技术保留了图片的空间位置，因此可以用于定位。也就是说，如果将目标区域使用边界框框选出来，就实现了目标检测（Object Detection）。除此之外，CAM 也可以应用到目标检测相关的很多方面的应用，例如：发现场景中有用的物体，在弱标记图像中定位比较抽象的概念从而减少对人工标注的依赖，对比模型选择一个更合适的结构，等等。

希望这些应用能够给予读者以启发，从而提出自己的 CAM 创新应用。本书将在第 7 章介绍基本 CAM 的一些改进方法。

5.2.2 可解释基拆解

通常情况下，CAM 中的 w_k^C 不好理解，为此，一种称为可解释基拆解模型（Interpretable Basis Decomposition，IBD）的方法被提了出来。它将 CAM 与网络内部概念表示解释相结合，其核心思想就是拆解 CNN 的 L 层激活特征向量，将多分类任务中对每个目标的识别分解成若干个不同，但相对更细粒度概念特征向量的表示。简而言之，就是用与概念相关的权值去解释 w_k^C。

IBD 方法认为 CNN 的特征提取部分可视为一个函数并记为 g，输入 $\boldsymbol{x}$ 到 g 的输出为 $a=g(\boldsymbol{x})$，表示在可解释空间的一个点（可以视为公式（5-1）中的 A^{lk}），CNN 的分类部分是一个全连接网络，可以视为一个线性函数并记为 h_C，则 $h_C(a)$ 可以视为整个 CNN 分类函数 f_C 的等价函数，存在 $\boldsymbol{W}^C=[w_0^C, \cdots, w_k^C, \cdots]$ 是类 C 的权重向量，并有 $h_C(a)=(\boldsymbol{W}^C)^{\mathrm{T}}a+b_C$，$b_i\in\{b_1, \cdots, b_n\}$ 表示 n 个可解释组件其中一个对应的偏置，则 IBD 进行如下分解：

$$(\boldsymbol{W}^C)^{\mathrm{T}}=s_1\boldsymbol{q}_{b_1}^{\mathrm{T}}+\cdots+s_i\boldsymbol{q}_{b_i}^{\mathrm{T}}+\cdots+s_n\boldsymbol{q}_{b_n}^{\mathrm{T}}+\boldsymbol{r}^{\mathrm{T}} \tag{5-4}$$

其中，s_i 为组件 $\boldsymbol{q}_{b_i}$ 的贡献度，$\boldsymbol{r}^{\mathrm{T}}$ 为残差。

实际上该式就是将类权重 $\boldsymbol{W}^C$ 分解成可解释组件 $\{q_{b_i}\}$ 的加权和，则：

$$\begin{aligned}h_C(a)&=(\boldsymbol{W}^C)^{\mathrm{T}}a+b_C\\&=s_1\boldsymbol{q}_{b_1}^{\mathrm{T}}a+\cdots+s_i\boldsymbol{q}_{b_i}^{\mathrm{T}}a+\cdots+s_n\boldsymbol{q}_{b_n}^{\mathrm{T}}a+\boldsymbol{r}^{\mathrm{T}}a+b_C\end{aligned} \tag{5-5}$$

由于待选的可解释组件 $\{\boldsymbol{q}_{b_i}\}$ 可以通过标准数据集提前获取（如利用 4.3.5 节的 Broden 集合），因此 IBD 只需要求得 s_i 即可。为此，需要求解满足残差最小的优化公式，具体如下：

$$\underset{b\in B}{\operatorname{argmin}}\min_{s,\, s_i>0}\|\boldsymbol{W}^C-[\boldsymbol{B}\mid\boldsymbol{q}_b]s\| \tag{5-6}$$

此外，为了使组件尽量少，可以通过贪心的方式来构造矩阵 $\boldsymbol{B}$，$\boldsymbol{q}_{b_i}\in\boldsymbol{B}$，每次从可解释组件集合中选择一个可以使残差最小的 $\boldsymbol{q}_{b_i}$ 加入到 $\boldsymbol{B}$ 中，最终选出排名前几位的组件，而其余作为残差，具体原理示意如图 5-4 所示。

从图中可以看出，IBD 可以把 CAM 的关于分类 C 的一组 w_k^C 分解为几个关键组件 q_{b_i} 及其贡献 s_i，并且可以根据贡献进行排名。图中的实例展示了为什么 CNN 模型将输入的图像识别成起居室，给出的解释是：“墙”贡献了 24.8%，“沙发”贡献了 9.3%，“桌子”贡献了

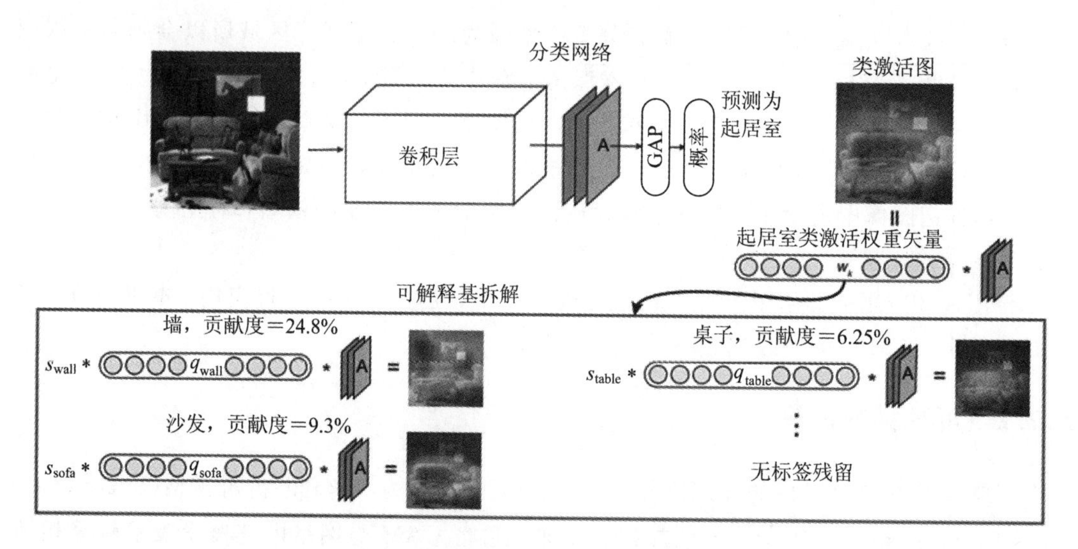

图 5-4　IBD 原理示意图

6.25%。但是，也应注意到，无标注的残差占据了 40.2%的贡献。最后再利用求得的 s_i 和 q_{b_i} 与 a 加权求和，就可以得到 IBD 解释图(带有可解释组件解释)。

进一步基于 IBD 的知识图谱可解释方法，代表了该方法的最新进展。此外，IBD 对于 Grad-CAM(见 5.3.2 节)也是有效的。

5.3　梯度反向传播可视化解释

本节介绍梯度反向传播可视化解释的基本实现方法包括显著图(saliency map 或 vanilla backpropagation)、反卷积、导向反传播。

5.3.1　显著图

1. 原理

图像中的显著性是指图像在视觉处理环境中的独特特征(像素、分辨率)，它们代表了图像中最具视觉吸引力的位置，而显著图是它们的地形表示法。显著图可以说是最早的反向传播可视化解释方法，首先由 Karen Simonyan 提出。这种可视化技术利用泰勒近似(Taylor approximation)展开，解释了输入图片 $\boldsymbol{x}$ 的每个像素在生成输出分类结果中贡献的重要性。

泰勒近似基于泰勒公式。该公式得名于英国数学家布鲁克·泰勒，于 1712 首次提出。泰勒近似是研究复杂函数性质时经常使用的一种近似方法，也是函数微分学的一项重要应用内容。之所以提出泰勒近似，是因为实际优化问题的目标函数往往比较复杂，难以计算。为了使问题简化，通常数学家会将目标函数用导数(假设其导数相对比较容易计算)展开成多项式，也就是说在某点 x_0 附近可以把复杂的函数 $f(x)$ 展开为泰勒多项式来逼近原函数。

这里以一元函数一阶泰勒公式为例，如下式：

$$f(x)=f(x_0)+f'(x_0)(x-x_0)+o(x-x_0) \tag{5-7}$$

式中，$o(x-x_0)$为误差。

除了一元泰勒公式，多元泰勒公式的应用也非常广泛，特别是在微分方程数值解和最优化上有着很大的作用。当然，在有些场合下泰勒公式也可以展开成高阶的。泰勒公式的几何意义是利用多项式函数来逼近原函数，由于多项式函数可以任意次求导，易于计算，且便于求解极值或者判断函数的性质，因此可以通过泰勒公式获取函数的信息。

基于上述思想，可以将CNN视为一个复杂的非线性模型$f_C(\boldsymbol{x})$，该模型可用一阶泰勒公式展开为$f_C(\boldsymbol{x})\approx\boldsymbol{w}^{\mathrm{T}}\boldsymbol{x}+b$，其中，$\boldsymbol{w}^{\mathrm{T}}$是由偏导数组成的矩阵或向量，并有$\boldsymbol{w}=\partial f_C/\partial x$。还可以把待解释的输入图像$x_0$视为参考点，因此通过这种方式对分类输出$f_C$求关于输入样本图片$\boldsymbol{x}_0$的诸像素的导数，就可以得到式(5-2)中每个像素对结果的影响$R_C(\boldsymbol{x})|_{x_0}$(即$\boldsymbol{w}$)，如下式：

$$R_C(\boldsymbol{x})\,|_{x_0}=\frac{\partial f_C}{\partial x}\bigg|_{x_0} \tag{5-8}$$

2. 实现

基于上述显著图的思想，下面的代码(详见Saliency_Maps.py代码)实现了对输入重要像素的筛选计算。

```
def saliency(img, model):
    for param in model.parameters():
        param.requires_grad=False
    input=transform(img).unsqueeze_(0)
    input.requires_grad=True                          #❶

    model.eval()

    preds=model(input)
    score, indices=torch.max(preds, 1)                #❷
    #print(score, class_names[indices])
    score.backward()                                  #❸
    slc, _=torch.max(torch.abs(input.grad[0]), dim=0)
    slc=(slc-slc.min()) / (slc.max()-slc.min())       #❹
```

上述代码很容易理解，代码❶关闭其他参数的梯度，将输入图片的梯度设置为True；代码❷选取分类概率最大的类的概率值；代码❸进行反向传播，求出导数；代码❹对各个像素的导数用最大导数值进行归一化(这里得到的梯度input.grad[0]是一个torch.Size([3, 224, 224])的3维张量，归一化的最大值按照第0维维度比较得到，即：dim=0)，得到显著图。

运行效果如图5-5所示。

图5-5中左图是一个ResNet50模型分类任务中的样本。为了解释哪些像素是该分类结果的依据，右侧的显著图给出水杯区域，表明该分类是合理性。

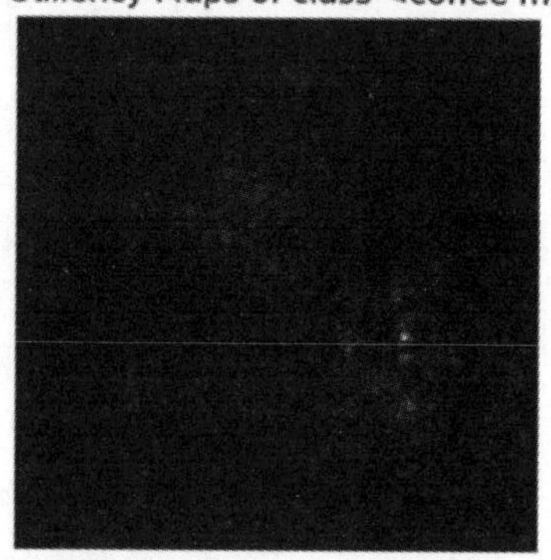

图 5-5　显著图解释实例效果图

下面对于显著图方法进一步讨论其合理性。假设存在误差函数：

$$\text{loss}=1-f_C(x) \tag{5-9}$$

该函数的含义可以解释为：模型 f 距离将输入 x 判断为 C 类的概率达到 1 的误差值大小。若固定模型参数，利用反向传播梯度对 x 的输入进行修正，则梯度就是使得 x 更加趋向于分类概率 1 的学习方向，这样解决了如何使得图 5-5 更加像"coffee mug"的问题。

然而，即便"怎样更像'coffee mug'"比较接近"为什么是'coffee mug'"这个问题，但二者依然是不同的问题，可见梯度方法还是没有彻底解决 CNN 的解释问题，关于更进一步的讨论将在 6.1 节展开。

5.3.2 反卷积

1. 原理

顾名思义，反卷积就是卷积操作的逆向操作，它由 Zeiler 于 2011 提出并首先用于 CNN 的可视化。反卷积的可视化方法是针对 CNN 的结构提出的逆向计算方法。其输入为各层得到的特征图，经过反池化、反激活、反卷积，输出反卷积结果，实现对 CNN 各层特征图的可视化。

反卷积的原理如图 5-6 所示。

图 5-6 所示的模型结构只有两层，每层都有一个卷积层和一个池化层。下面分别讨论反卷积是如何实现反池化、反激活、反卷积的。

反池化是池化的逆操作，由于池化本质是不可逆的过程，因此无法通过池化的结果还原出全部的原始数据。因为池化的过程就只保留了主要信息，舍去了部分信息，如果想从池化后的这些主要信息恢复出全部信息，则存在信息缺失。这时只能通过补位来实现最大程度的信息完整操作。

池化有两种：平均池化和最大池化。

平均反池化是指将池化结果中的每个值都填入其对应原始数据区域中的相应位置。

最大反池化是指在进行池化时记录最大激活值的坐标位置，然后在反池化的时候只需把池化过程中最大激活值所在的坐标位置的值恢复赋值即可，其他位置的像素值赋值为 0，如图 5-7 所示。

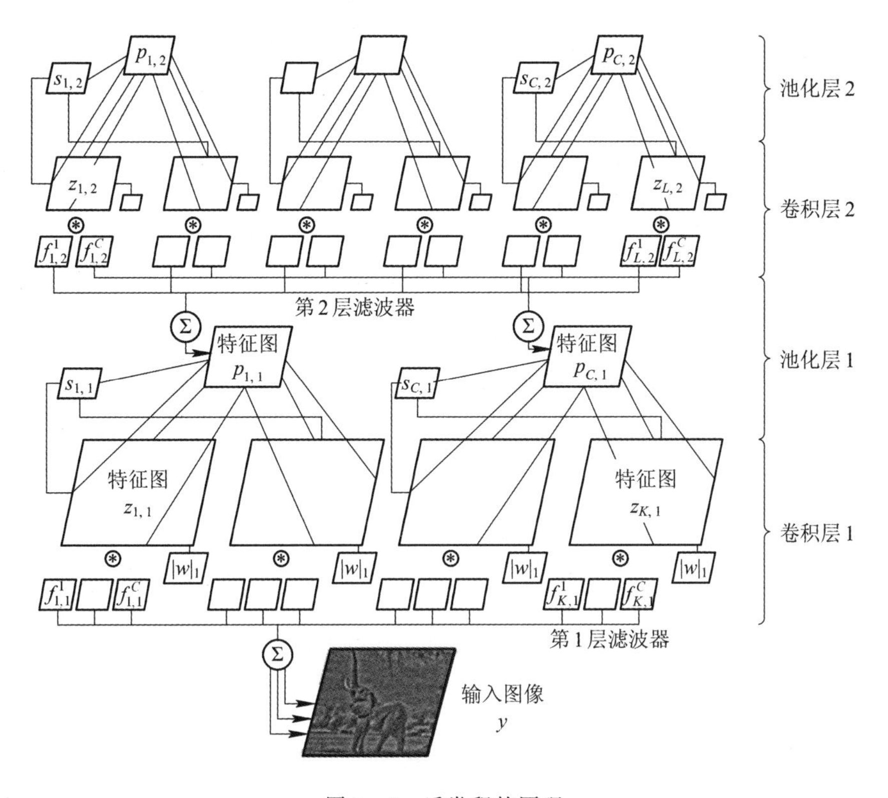

图 5 - 6　反卷积的原理

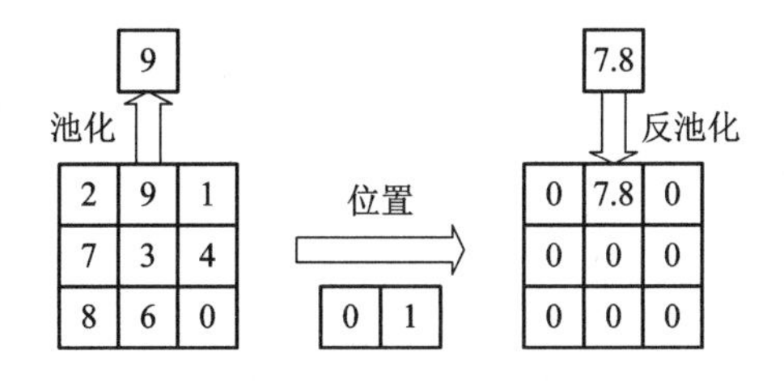

图 5 - 7　反池化示意图

反激活过程和激活过程可以不做区别，将反卷积的特征再次输入激活即可。

反卷积计算利用了卷积矩阵计算的性质，如图 5 - 8 所示(考虑最简单的无填充、步幅为 1 的情况)。

反卷积计算采用如图 5 - 9 所示的矩阵计算。

需要注意的是，卷积与反卷积这两个操作并不是真正可逆的，即使使用与卷积过程相同的卷积核，经过转置卷积操作后也并不能恢复到原始的数值，只是保留了原始的形状。为了方便理解反卷积操作的过程，可将反卷积以类似卷积的方式实现。

反卷积操作示意如图 5 - 10 所示。

上述反卷积即为通过使用单位步幅，在 2×2 的输入上，采用卷积 3×3 的核反卷积得到 4×4 的输出，可以从图中看出该输入填充有 2×2 的零边界。同时，核和步幅的大小保持不变，但对反卷积的输入实施零值填充，这时反卷积相当于填充 0 后得到一个更大尺寸的输入，然后再正向卷积。

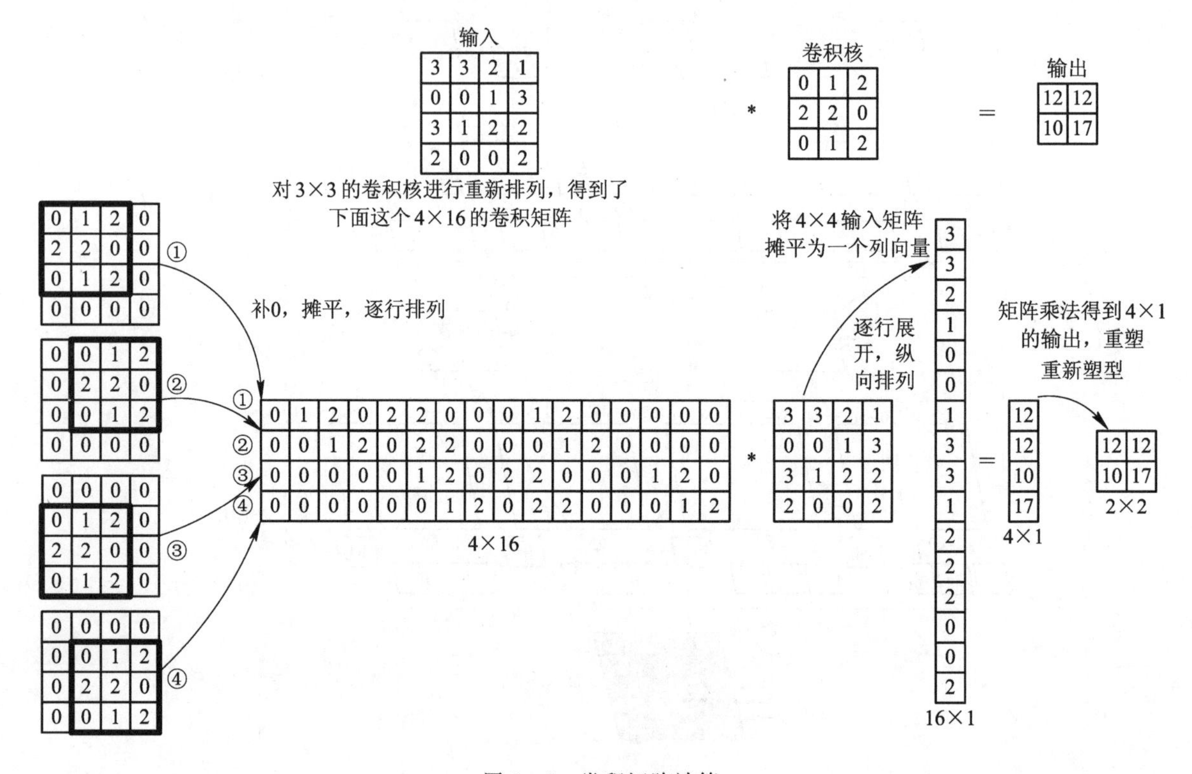

图 5-8　卷积矩阵计算

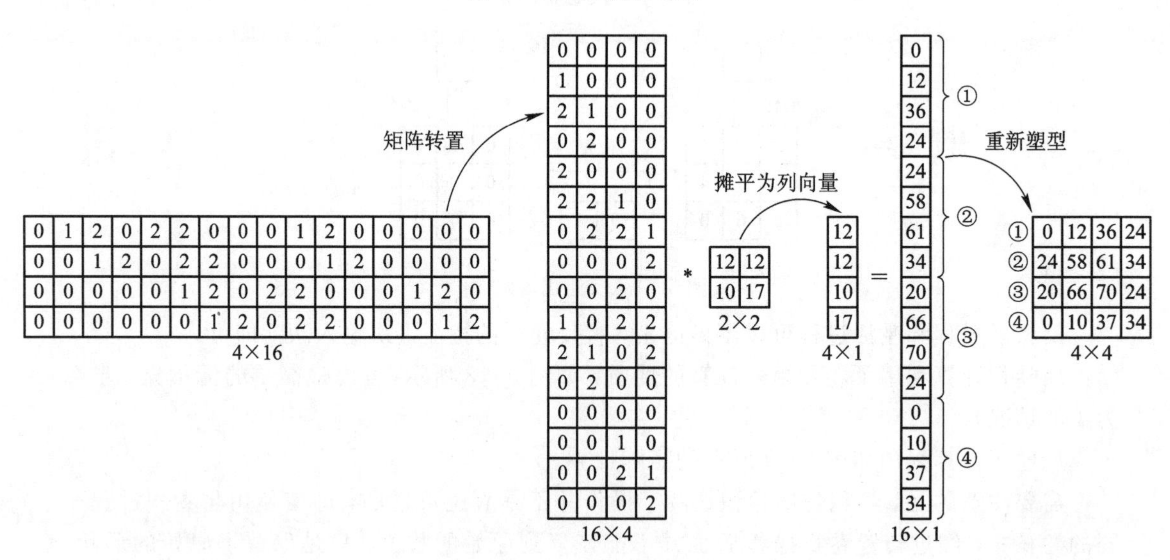

图 5-9　反卷积矩阵计算

反卷积的尺寸要与对应的卷积相配合，具体分为两种情况，此处约定以下参数表示(为简化起见，两个方向参数相等)：

(1) 当$(i+2p-c)\%s=0$ (整除)时，有

卷积关系：$o=\frac{i-c+2p}{s}+1$

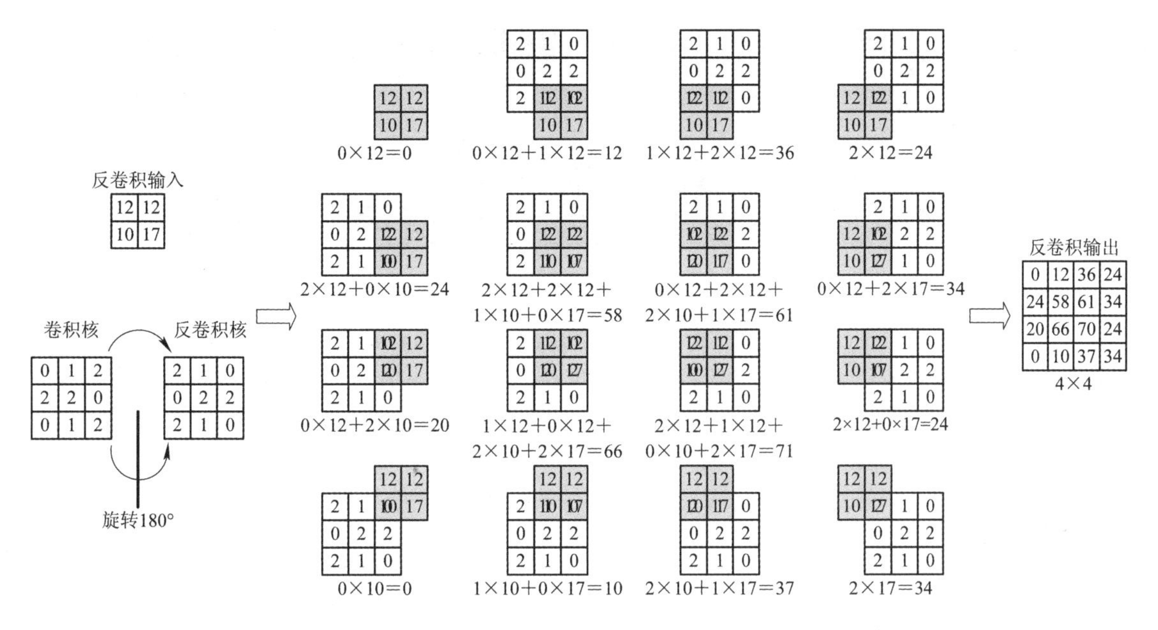

图 5-10　反卷积操作示意图

反卷积关系：$i=o+s(c-1)-2p$

注：%为求余数，$\%s=0$ 是指整除 s，$\%s\neq 0$ 是指不能整除 s。

(2) 当$(i+2p-c)\%s\neq 0$（不整除)时，有

卷积关系：$o=\dfrac{i-c+2p}{s}+1$

反卷积关系：$i=s(o-1)+c-2+(i+2p-c)\%s$

其中：i 表示卷积输入(反卷积输出)尺寸，o 表示输出(反卷积输入)尺寸，s 表示卷积核尺寸，s 表示步长，填充 $p=0$。

进行反卷积的过程中，当卷积步长大于 1 时，需要在其输入特征单元之间插入 $s-1$ 个 0 作为新的特征输入，这样进一步增大了输出的尺寸，进而抵消了由于步长大导致的尺寸缩减，如图 5-11 所示。

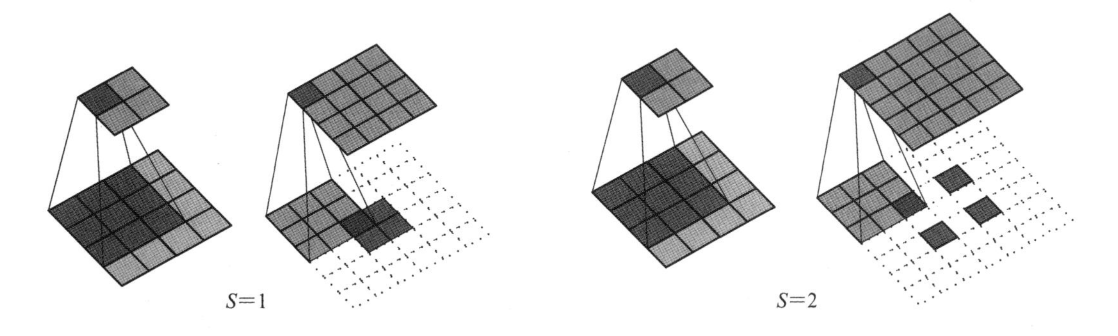

图 5-11　反卷积插值

反卷积实施过程中，当核大小(输出窗口大小)不能被步幅整除时，反卷积会不均匀地重叠，如图 5-12 所示。

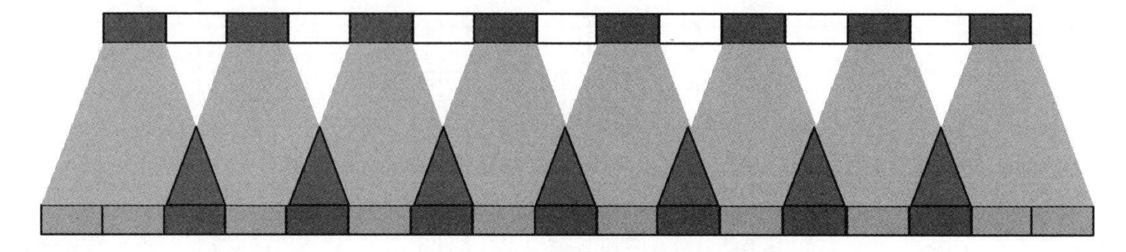

图 5-12　反卷积不均匀重叠示意图

尤其在神经网络使用多层反卷积创建图像时，从一系列较低分辨率的描述中迭代构建更大的图像，会产生伪影。消除伪影的方法有两种：一种方法是确保使用能够整除步幅的核大小，避免重叠问题，这相当于“亚像素卷积”①；另一种方法是通过插值得到更高分辨率，以从卷积中分离出计算特征。

2. 实现

PyTorch 提供反卷积的是 ConvTranspose2d 类，该类的构造函数参数含义如下：

```
torch.nn.ConvTranspose2d(in_channels,            # 反卷积输入特征图的通道数
                         out_channels,           # 反卷积输出特征图的通道数
                         kernel_size,            # 卷积核的大小
                         stride=1,               # 操作中的步长
                         padding=0,              # 零填充将添加到输入中每个维度的两侧
                         output_padding=0,       # 在输出形状的每个尺寸的一侧添加的附加大小
                         groups=1,               # 从输入通道到输出通道的阻塞连接数
                         bias=True,              # 偏置
                         dilation=1,             # 内核元素之间的距离，默认值取1时间距为0
                         padding_mode='zeros')   #卷积操作结束后对输出张量进行再次填充
```

读者可以对比 2.3.3 节中的 Conv2d()进行分析。

如下代码(Deconv_viz.py)实现了图片的上述反卷积可视化。

```
if __name__=='__main__':
    raw_img=cv2.imread("swan.jpg")
    raw_img=cv2.cvtColor(raw_img, cv2.COLOR_BGR2RGB)
    resized_img=cv2.resize(raw_img, (224, 224))

    transform=transforms.Compose([
        transforms.ToTensor(),
        transforms.Normalize(mean=[0.485, 0.456, 0.406], std=[0.229, 0.224, 0.225])
    ])

    input_img=transform(resized_img).unsqueeze_(0)
```

① 亚像素卷积的基本思想是，在像素级别上进行插值，通过对相邻像素进行加权平均来估计新像素的值。这种技术可以在不失真的情况下增加图像的分辨率，同时提高图像的质量和视觉效果。亚像素卷积在数字图像处理、计算机视觉、计算机图形学等领域都有广泛的应用。

```
model=models.vgg16(pretrained=True).eval()

conv_layer=model.features[0]                              # ❶
conv_result=conv_layer(input_img)

in_channels=conv_layer.out_channels                       # ❷
out_channels=input_img.shape[1]
kernel_size=conv_layer.kernel_size
stride=conv_layer.stride
padding=conv_layer.padding

deconv_layer=torch.nn.ConvTranspose2d(in_channels, out_channels, kernel_size, \
                                       stride, padding)   # ❸
deconv_layer.weight=conv_layer.weight                     # ❹
deconv_result=deconv_layer(conv_result)                   # ❺

npimg=deconv_result[0].data.numpy()                       # ❻
npimg=((npimg-npimg.min()) * 255 / (npimg.max()-npimg.min())).astype('uint8')
npimg=np.transpose(npimg, (1, 2, 0))
plt.imshow(npimg)
plt.show()
plt.imsave("./deconvolution_img.png", npimg)
```

上述代码实现了 VGG-16 模型的输入图片第一层卷积特征图的反卷积可视化。在导入模型和图片之后，代码❶用于获取第一层(features[0])卷积层的特征图；为了正确执行目标层卷积的反卷积操作，代码❷用于读取该层的相关参数，可以看出反卷积的输入通道参数就是卷积的输出通道参数，反卷积的输出通道参数就是图像的通道数，卷积核、步长、填充均一致；代码❸用于创建反卷积类对象；代码❹将该对象的反卷积核设置得与卷积核一致；代码❺用于执行反卷积操作以得到输出；代码❻用于对输出实施可视化操作。

执行效果如图 5-13 所示。

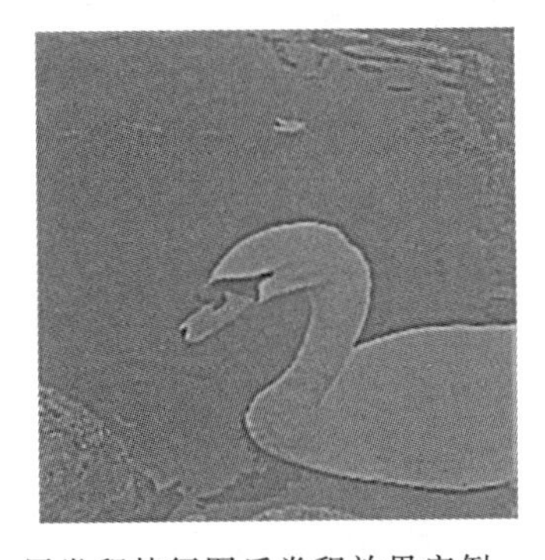

图 5-13　VGG-16 第一层卷积特征图反卷积效果实例

当需要完成更高层的反卷积时，还要依次进行反池化和反激活。

如前所述，反池化包括最大反池化和平均反池化，下面代码(Unpooling_viz.py)为最大反池化。

```
model=models.vgg16(pretrained=True).eval()
for i, layer in enumerate(model.features):
    if isinstance(layer, torch.nn.MaxPool2d):
        layer.return_indices=True

maxpooling_layer=model.features[4]
maxpooling_result, indices=maxpooling_layer(input_img)                    # ❶
visualize(maxpooling_result, "Maxpooling")

kernel_size=maxpooling_layer.kernel_size
stride=maxpooling_layer.stride
padding=maxpooling_layer.padding

unpooling_layer=torch.nn.MaxUnpool2d(kernel_size, stride, padding)          # ❷
unpooling_result=unpooling_layer(maxpooling_result, indices)
```

同样如前所述，反池化的关键在于记录最大激活值所在的坐标位置，并恢复之。上述代码对 VGG-16 模型的第五层卷积特征图进行反卷积，代码❶在池化时利用参数 indices 进行记录；代码❷在利用 PyTorch 反池化函数时将该参数传入。

执行效果如图 5-14 所示。

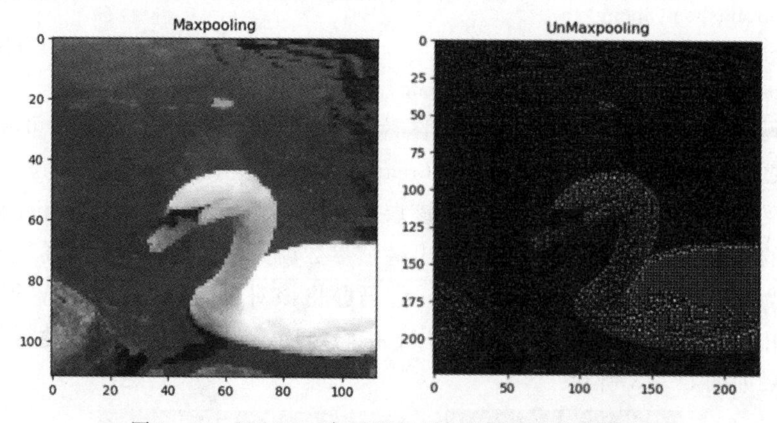

图 5-14 VGG-16 高层卷积特征图反卷积效果实例

函数 forward_img(Deconv_whole_viz.py)在进行前向传播时用于记录卷积与池化参数，具体代码如下：

```
def forward_img(model, x, layer_max_count):
    deconv_layers_list=[]
    unpool_layers_list=[]

    layer_count=0

    for layer in model.features:
        if isinstance(layer, torch.nn.Conv2d):
            B, C, H, W=x.shape
            x=layer(x)
```

```
            deconv_layer=nn.ConvTranspose2d(layer.out_channels, C, \
                                  layer.kernel_size, layer.stride, layer.padding)   #❶
            deconv_layer.weight=layer.weight
            deconv_layers_list.append(deconv_layer)

        if isinstance(layer, torch.nn.ReLU):
            x=layer(x)
            deconv_layers_list.append(layer)                                        #❷

        if isinstance(layer, torch.nn.MaxPool2d):
            x, index=layer(x)
            unpool_layers_list.append(index)
            unpool_layer=torch.nn.MaxUnpool2d(kernel_size=layer.kernel_size, stride=
                                  layer.stride, padding=layer.padding)    #❸
            deconv_layers_list.append(unpool_layer)

        layer_count+=1
        if layer_max_count==layer_count:
            break

    return x, deconv_layers_list, unpool_layers_list
```

对各层构建相应的反卷积层，同时各层记录参数。代码❶设置卷积层的通道数、卷积核尺寸、步幅、填充和卷积核参数；代码❷直接复用激活层；代码❸设置池化层的卷积核尺寸、步幅、填充并进行记录。

反卷积除了能进行CNN模型的可视化解释，还有很多重要的应用，包括图像语义分割、图像生成等。CNN提取特征后，输出的尺寸往往会变小，而图像的语义分割需要将图像恢复到原来的尺寸以便进行进一步的计算。这时就可以采用上采样扩大图像尺寸，实现图像由小分辨率到大分辨率的映射，因此采用反卷积。

反卷积也可以用于生成对抗网络(GAN)。GAN最早由GoodFellow在2014年提出，原理如图5-15所示，其包含了一个生成器(Generator)和一个判别器(Discriminator)。生成器的作用是生成以假乱真的图片，而判别器的作用是尽可能区分输入图片的真假。将CNN与GAN结合，就是深度卷积对抗生成网络(DCGAN)。DCGAN输入低维噪声，输出另外一幅图像，就是通过反卷积操作(不是压缩图像，而是获得更多的像素特征)实现的。

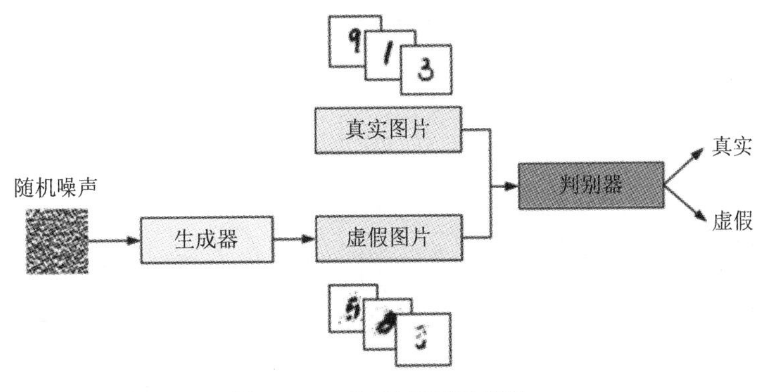

图5-15 GAN原理示意图

GAN已经成为CNN最具有吸引力的一种流行技术。

5.3.3 导向反传播

1. 原理

GBP相当于对普通的反向传播加了指导，限制了小于0的梯度的回传。这里梯度小于0的部分往往对应原图中削弱了可视化的特征部分。为了得到更好的可视化效果，需要将这些部分排除掉。

比较前向传播、显著图、反卷积、GBP的层间回传激活值（f_i^l 表示 l 层激活）/相关度（R_i^l 表示 l 层相关度）传播式如下：

前向传播（→）：$f_i^{l+1}=\text{relu}(f_i^l)=\max(f_i^l, 0)$

显著图（←）：$R_i^l=(f_i^l>0)\cdot R_i^{l+1}$，$R_i^{l+1}=\dfrac{\partial f^{\text{out}}}{\partial f_i^{l+1}}$

反卷积（←）：$R_i^l=(R_i^{l+1}>0)\cdot R_i^{l+1}$

GBP（←）：$R_i^l=(f_i^l>0)\cdot(R_i^{l+1}>0)\cdot R_i^{l+1}$

可见，显著图回传激活大于0的神经元相关值，反卷积仅回传大于0的神经元相关值，GBP则仅回传激活和梯度均大于0的相关值。因此GBP的热图噪声更少。将前向传播、反向传播、反卷积、导向反传播技术进行比较，如图5-16所示。

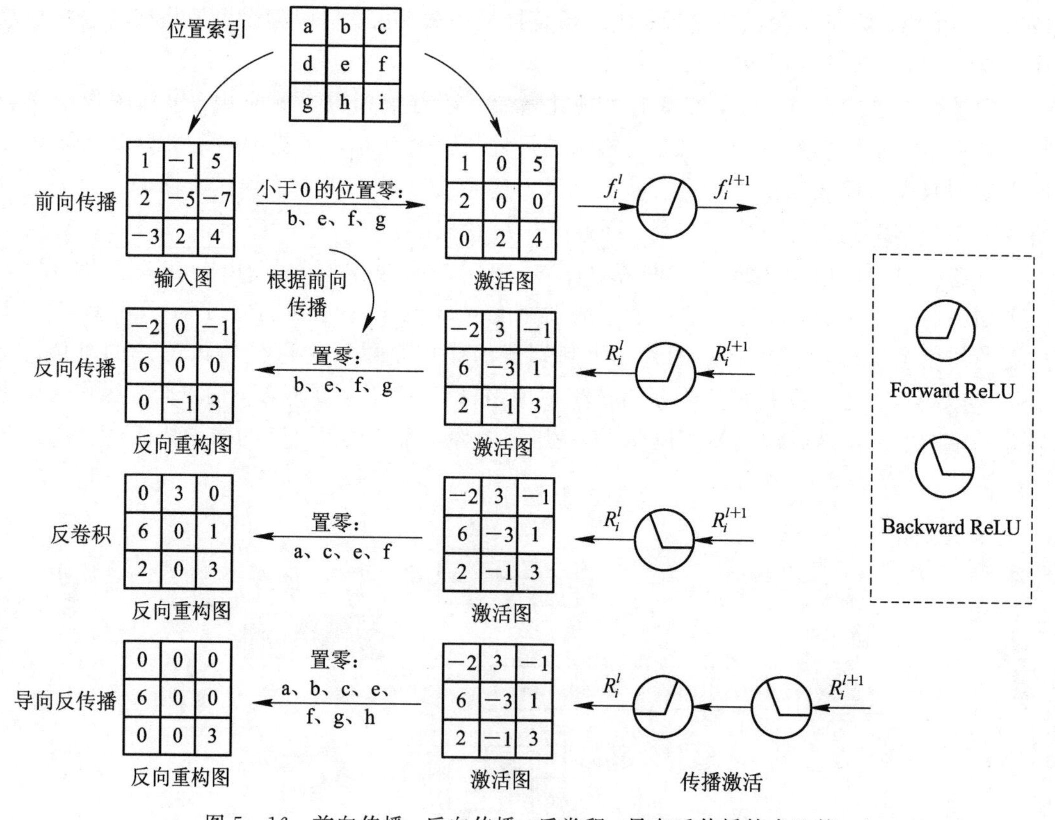

图5-16 前向传播、反向传播、反卷积、导向反传播技术比较

图 5 - 16 中四种传播方式采用的激活不尽相同，前向传播使用 forward ReLU 函数，因此小于 0 的位置（即 b、e、f、g 索引位置）被置零；反向传播继承了前向传播的激活方式，因此在传播时 b、e、f、g 索引位置也被置零，即使有些位置取值为负也被回传；反卷积在进行反向激活时将激活图传入 backward ReLU 函数，因此小于 0 的位置（即 a、c、e、f 索引位置）被置零；导向反传播同时采用了 forward ReLU 和 backward ReLU 函数，无论是正向传播还是反向传播，值小于 0 的位置（即 a、b、c、e、f、g、h 索引位置）均被置零，因此噪声被彻底抑制，表达更为清晰。概而言之，反向传播和反卷积最大的不同就是数值通过 ReLU 时计算方式不同，而导向反传播可视化方法是上述两者的结合。

2. 实现

为了方便调用，采用面向对象的方法实现 GBP，以下代码（详见 GBP.py 代码）实现了导向反传播类的定义。

```
class GBP(nn.Module):
    def __init__(self):
        super(GBP, self).__init__()
        self.bone=models.vgg11(pretrained=True)
        self.bone.eval()
        for param in self.bone.parameters():
            param.requires_grad=False

        self.set_backprop()

    def set_backprop(self):
        def relu_backward_hook(module, grad_out, grad_in):
            modified_grad_out=nn.functional.relu(grad_out[0])        # ❶
            return (modified_grad_out, )

        for idx, item in enumerate(self.bone.modules()):
            if isinstance(item, nn.ReLU):
                item.register_backward_hook(relu_backward_hook)  # ❷

    def forward(self, input, target):
        print(target)
        input.requires_grad=True
        model_output=self.bone(input)
        self.bone.zero_grad()

        init_grad=torch.zeros_like(model_output).float()          # ❸
        init_grad[0][target]=1                                    # ❹

        model_output.backward(gradient=init_grad)                 # ❺
        #loss=model_output.norm()
        #loss.backward()

        return input.grad
```

该类的关键部分在于，网络在反向传播的时候，为原来模型的 ReLU 层又增加了

Backward ReLU函数，以过滤掉回传的负梯度，具体实现如下：

代码❶用于声明relu_backward_hook处理函数，该函数将中间梯度回传量导入ReLU函数；代码❷为ReLU层安装反向传播Hook，该Hook调用上述relu_backward_hook函数；代码❸用torch.zeros_like函数构造一个与输出的1000个分类概率组成的张量同尺寸的全0张量；代码❹将所关心的分类对应元素置1，避免其他分类之间的干扰；代码❺实施反向传播，以获取GBP梯度。

在上述程序中，代码❺为backward反向函数导入一个参量gradient，这与前面代码有所不同。在BP神经网络算法中，如果反向传播求解的误差值是标量，在PyTorch中则无须为backward设置gradient，如果是矢量则必须设置gradient。

例如，对矢量求导时，$A=F(y_1, y_2, y_3)$，求$\left[\frac{\partial A}{\partial x_1}, \frac{\partial A}{\partial x_2}, \frac{\partial A}{\partial x_3}\right]$，有

$$\begin{cases} y_1 = f_1(x_1, x_2, x_3) \\ y_2 = f_2(x_1, x_2, x_3) \\ y_3 = f_3(x_1, x_2, x_3) \end{cases} \tag{5-10}$$

根据雅克比矩阵求导，有

$$\left[\frac{\partial A}{\partial x_1}, \frac{\partial A}{\partial x_2}, \frac{\partial A}{\partial x_3}\right] = \left[\frac{\partial A}{\partial y_1}, \frac{\partial A}{\partial y_2}, \frac{\partial A}{\partial y_3}\right] \begin{bmatrix} \frac{\partial y_1}{\partial x_1} & \frac{\partial y_1}{\partial x_2} & \frac{\partial y_1}{\partial x_3} \\ \frac{\partial y_2}{\partial x_1} & \frac{\partial y_2}{\partial x_2} & \frac{\partial y_2}{\partial x_3} \\ \frac{\partial y_3}{\partial x_1} & \frac{\partial y_3}{\partial x_2} & \frac{\partial y_3}{\partial x_3} \end{bmatrix} \tag{5-11}$$

gradient就是式中的$\left[\frac{\partial A}{\partial y_1}, \frac{\partial A}{\partial y_2}, \frac{\partial A}{\partial y_3}\right]$，可以由用户设置。

上述GBP类的使用非常简单，具体如下：

```
model=GBP()                              # 调用GBP的init函数
grad=model(img_tensor, class_idx)        # 调用GBP的forward函数
```

其中img_tensor为输入图片张量，class_idx为所关注的图像分类，执行的效果如图5-17所示。

图5-17　导向反传播实例

从图中可以看出导向反传播对于图片“Mastiff”分类的解释。与反卷积方法不同，导向反向传播几乎没有噪声，且目标特征较集中。但是 GBP 存在着对分类不够敏感的问题，可以与 CAM 结合解决该问题，详见 7.1.1 节 Guided Grad-CAM。

利用梯度进行深度模型的可视化解释为全面解决该问题开辟了一条新途径，但是由于梯度也存在一些弊端，人们又提出了许多改进方法，详见第 6 章讨论。

5.4 输入反演重绘可视化解释

本节介绍的输入反演重绘可视化解释的实现方法包括激活最大化图、DeepDream、特征反演、掩膜生成和对抗样本。

5.4.1 激活最大化图

1. AM 原理

AM 是由 Erhan 等在 2009 年提出的，该方法可以寻找一个最大化特定层神经元激活值的输入模式，即通过寻找使激活函数值最大的输入来对模型进行解释。根据诺贝尔生理学或医学奖 David Hubel 和 Torsten Wiesel 的实验发现，大脑存在一种被称为“方向选择性细胞”(Orientation Selective Cell)的神经元细胞，也就是某个“特定方向神经元细胞”只对这个特定方向的图像边缘存在激励或者兴奋。如果对神经元提取某一特征，则图像满足这个特征时，该神经元的输出就很强烈。CNN 具有类似的特性，表现为：与神经元模式相匹配的特征将使该神经元的输出激活。AM 是指通过计算使得第 j 个隐藏层的第 i 个神经元激活最大化时的输入样本，来了解这个神经元所关注的模式，其原理如图 5-18 所示。

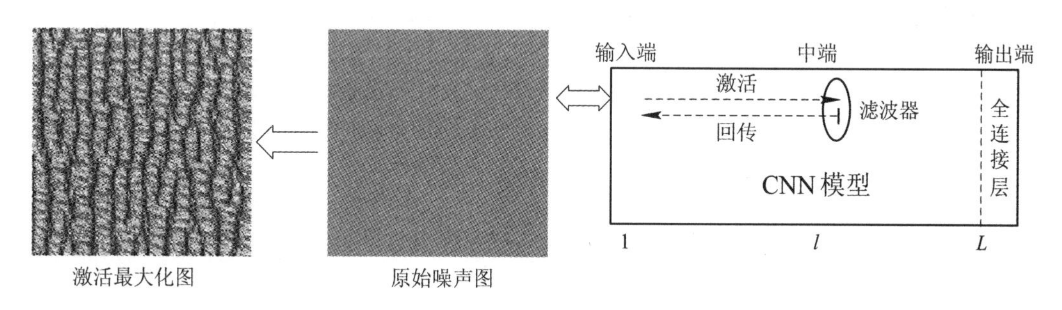

图 5-18 激活最大化原理

实际操作过程中，在模型参数固定的情况下，AM 通常输入一个所有像素点的 RGB 值均在[−1, 1)内的噪点图，训练的参数就是这张图所有像素点的 RGB 值，通过梯度上升方法不断修正该图的参数以使得对所观察的滤波器激活最大化，最终得到激活最大化图。

2. AM 实现

基于预先定义的 activation_max_vis_class 类，AM 的实现示例代码(AM.py)如下：

```
from torch import optim
from torchvision import models, transforms
```

```
import os
import numpy as np
from PIL import Image
from PIL import ImageFile
import matplotlib.pyplot as plt
from helper_functions import process_image, rebuild_image
from activation_max_vis_class import ActivationMaximizationVis

ImageFile.LOAD_TRUNCATED_IMAGES=True

cnn_layer=16                                              #❶
cnn_filter=28
epochs=51
model=models.vgg16(pretrained=True).features              # ❷

out_layer=ActivationMaximizationVis(model, epochs, cnn_layer, cnn_filter) # ❸
out_layer.vis_cnn_layer()
```

上述代码中，代码❶用于设置激活最大化的观察对象(通过神经元层数和滤波器指定)，以及进行训练的循环次数；代码❷用于导入模型；代码❸用于声明 AM 对象，然后进行训练可视化。

激活最大化训练的函数代码如下：

```
def vis_cnn_layer(self):
    self.hook_cnn_layer()
    noisy_img=np.random.randint(125, 190, (224, 224, 3), dtype='uint8')
    processed_image=process_image(noisy_img).unsqueeze_(0).requires_grad_()
    optimizer=optim.Adam([processed_image], lr=0.1, weight_decay=1e-6)
    for e in range(1, self.epochs):
        optimizer.zero_grad() # zero out gradients
        x=processed_image

        for idx, layer in enumerate(self.model):
            x=layer(x)
            if idx==self.cnn_layer:
                break
        loss=-torch.mean(self.conv_output)
        loss.backward() # calculate gradients
        optimizer.step() # update weights
        self.layer_img=rebuild_image(processed_image) # reconstruct image

        print('Epoch {}/{}-->Loss {:.3f}'.format(e+1, self.epochs, loss.data.numpy()))

        if e % 5==0:
```

```
    img_path='activ_max_imgs/am_vis_l'+str(self.cnn_layer)+\
        '_f'+str(self.cnn_filter)+'_iter'+str(e+1)+'.jpg'
    save_image(self.layer_img, img_path)
```

上述程序通过不断地优化输入，实现了激活最大化图的绘制，其可视化效果如图 5-19 所示。

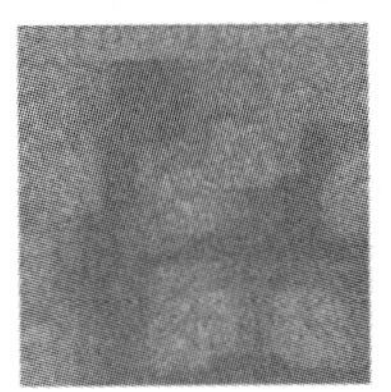 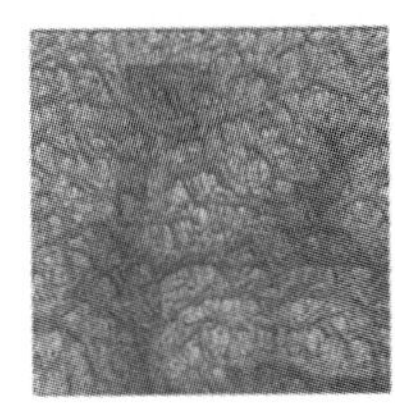 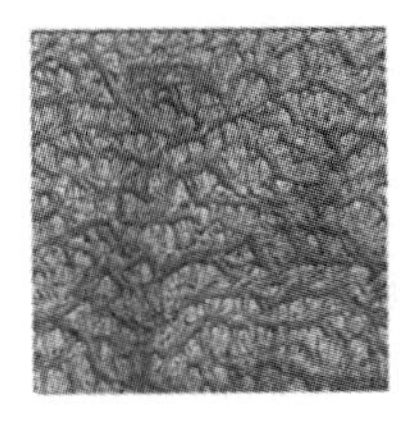 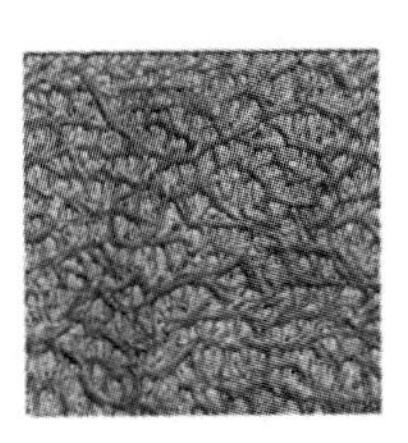 

图 5-19 激活最大化效果图

图 5-19 中，从左到右依次是 5、15、25、35、45 次循环训练后对 VGG-16 第 16 层第 28 个滤波器的激活最大化图。通过实验可以发现，越是高层，激活最大化图所展示的模式越复杂。

人们对 AM 进行了许多改进。为了使激活最大化图更容易理解，还可以使用约束正则化方法，例如 L_2 权重衰减、高斯模糊、小范数剪裁像素、小的贡献剪裁像素等手段。即便是这样，AM 有时还会生成一些激活很高但看起来很不真实的图片。针对这个问题，可以利用 GAN 来改善，亦即学者们提出的深度生成网络(Deep Generator Network based Activation Maximization，DGN-AM)。DGN-AM 的图像生成器 G 可以生成 AM 过程的先验图像，从而得到更加真实的 AM 图。

5.4.2 DeepDream

基于 AM 的思想，Google 在 2015 年公布了一个十分有趣的项目——DeepDream。DeepDream 在训练好的神经网络中选择指定的特征层，然后将一幅图像输入网络得到该层的激活图，以最大化该激活图为优化目标，实施反向传播不断更新这幅输入图像，最终得到输入图像的魔幻图，给人一种前所未有的科幻感。

1. DeepDream 原理

实际上，DeepDream 可以理解成一种与 AM 类似的 CNN 间接可视化解释。对于一个预训练好的、对特定分类任务具有良好效果的网络，用户无法知晓该网络模型到底学到了什么。如果采用第 4 章前向传播可视化解释方法直接对神经元提取特征加以解释，则不能保证可懂度(尤其是对于模型高层抽象特征的此种解释)。DeepDream 的思想是依托用户任意选择的图像，实施激活最大化，通过观察解释目标层对输入图所产生的影响来解释该层。具体方法是用户将一些与任务无关的图片(进行简化变形)输入模型，得到激活图，对于需要解释的模型目标层，实施该层的激活最大化操作，将得到的输出与原图混合，获得解释图。由于 DeepDream 是在一幅输入图像的基础上进行的优化，因此其解释始终是明了可懂的。

DeepDream 原理如图 5-20 所示。

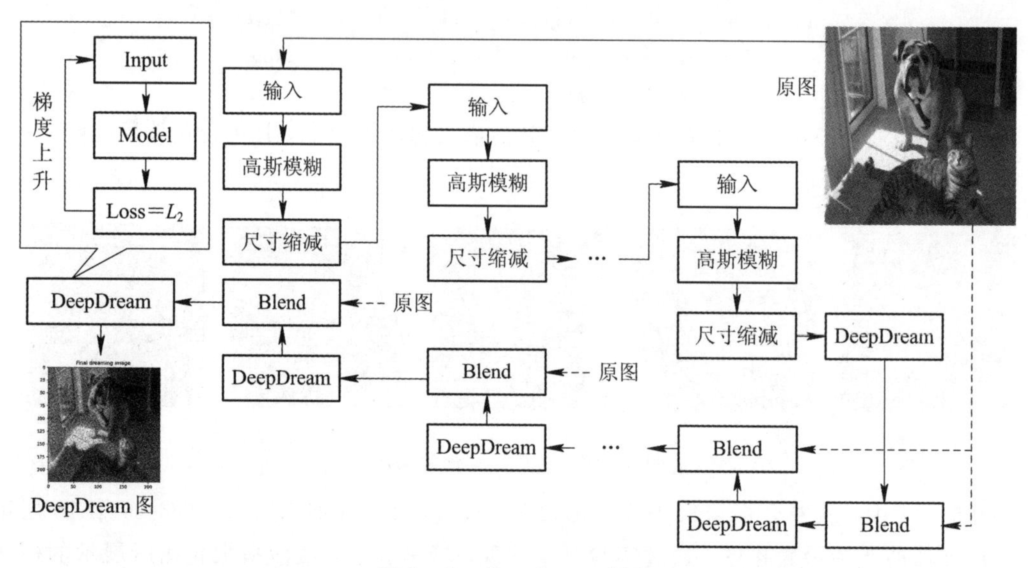

图 5-20 DeepDream 原理

2. DeepDream 实现

DeepDream 的实现类主要函数代码(Deep_dream. py)如下：

初始化函数__init__()实现 VGG-16 模型的导入和图像的初始化。

```
def__init__(self, image):
    self.image=image
    self.model=models.vgg16(pretrained=True)

    if CUDA_ENABLED:
        self.model=self.model.cuda()
    self.modules=list(self.model.features.modules())    #❶

    imgSize=224
    self.transformMean=[0.485, 0.456, 0.406]            #❷
    self.transformStd=[0.229, 0.224, 0.225]
    self.transformNormalise=transforms.Normalize(mean=self.transformMean,
                                                 std=self.transformStd)
    self.transformPreprocess=transforms.Compose([transforms.Resize((imgSize, imgSize)),
                                                 transforms.ToTensor(),
                                                 self.transformNormalise])

    self.tensorMean=torch.Tensor(self.transformMean)
    if CUDA_ENABLED:
        self.tensorMean=self.tensorMean.cuda()

    self.tensorStd=torch.Tensor(self.transformStd)
    if CUDA_ENABLED:
```

```
        self.tensorStd=self.tensorStd.cuda()
```

上述代码中，代码❶用于导入 VGG-16 预训练模型；代码❷用于设定图像参数，正则化 mean=[0.485, 0.456, 0.406] 与 std=[0.229, 0.224, 0.225]参数使用了 ImageNet 的均值和标准差。由于图像数据其实是一种平稳的分布，通过正则化方法减去数据对应维度的统计平均值，可以消除公共特征，从而凸显个体之间的差异。

通过成员函数 deepDreamRecursive 实现迭代的代码如下。

```
def deepDreamRecursive(self, image, layer, iterations, lr, num_downscales):
    if num_downscales > 0:
        print("It is {} deepDreamRecursive!".format(num_downscales))

            image_small=image.filter(ImageFilter.GaussianBlur(2))    #❶
        small_size=(int(image.size[0] / 2), int(image.size[1] / 2))
        if (small_size[0]==0 or small_size[1]==0):
            small_size=image.size
        image_small=image_small.resize(small_size, Image.ANTIALIAS)    #❷
        print('Num {} Downscales '.format(num_downscales))
        print('====Small Image=====')
        plt.imshow(image_small)
        plt.title('Num Downscales : {}'.format(num_downscales))
        plt.show()
        # run deepDreamRecursive on the scaled down image
        image_small=self.deepDreamRecursive(image_small, layer, iterations, lr, \
                                                    num_downscales-1)    #❸

        image_large=image_small.resize(image.size, Image.ANTIALIAS)    #❹
        image=ImageChops.blend(image, image_large, BLEND_ALPHA)    #❺
        print('====Blend Image=====')
        plt.title('Num {}  blend'.format(num_downscales))
        plt.imshow(image)
        plt.show()
    img_result=self.deepDreaming(image, layer, iterations, lr)    #❻
    print(img_result.size)
    img_result=img_result.resize(image.size)
    print(img_result.size)
    return img_result
```

上述代码中，代码❶用于对待处理的图像进行高斯模糊；代码❷用于重新设定大小(缩小为原来尺寸的一半)，这里设定 ANTIALIAS 参量是为了防止出现锯齿现象；代码❸循环调用 deepDreamRecursive，直至到达递归的最底层；代码❹在底层返回 image_small 后，将返回的图像恢复到原始输入尺寸；代码❺将返回的图像与原图作 Blend(融合)操作。

Blend 操作可实现两幅图片的融合，其代码如下(Blend.py)：

```
from PIL import Image
```

```
alpha=0.5
img1=Image.open("dog.jpg")
size=img1.size
img2=Image.open("cat.jpg")
img2=img2.resize(size)
img1=Image.blend(img1, img2, alpha)
img1.show()
```

图片融合的计算公式如下：

$$img1 = img1 \times (1-\alpha) + img2 \times \alpha \tag{5-12}$$

将 Blend 操作得到的图像导入 deepDreaming 进行类似 AM 的迭代绘制，该函数定义如下：

```
def deepDreaming(self, image, layer, iterations, lr):
    print("It is deepDreaming!")
    transformed=self.transformPreprocess(image).unsqueeze(0)          # ❶
    if CUDA_ENABLED:
        transformed=transformed.cuda()

    input=torch.autograd.Variable(transformed, requires_grad=True) # ❷
    self.model.zero_grad()
    optimizer=optim.Adam([input.requires_grad_()], lr=LR)
    for _ in range(iterations):
        optimizer.zero_grad()
        out=input
        for layerId in range(layer):
            out=self.modules[layerId+1](out)                           # ❸
        loss=-out.norm()                                               # ❹
        loss.backward()
        optimizer.step()                                               # ❺

    input=input.data.squeeze()
    input.transpose_(0, 1)
    input.transpose_(1, 2)
    input=input * self.tensorStd+self.tensorMean                       # ❻
    if CUDA_ENABLED:
        input=input.cpu()
    input=np.clip(input, 0, 1)                                         # ❼
    return Image.fromarray(np.uint8(input * 255))
```

上述代码中，代码❶对待处理的图片进行格式转换；代码❷对该输入图片设置梯度，清空梯度后设置优化器；代码❸将图片逐层透过网络输入到目标层(这里采用了 4.3.1 节的 feature_viz_3.py 方法获得激活图)；代码❹以目标层激活图的 L_2 范数的相反数作为损失函数的值(即最大化激活值)；代码❺通过 iterations(迭代次数，deepDreaming 函数的输入形式参量)次“训练”后；代码❻再次进行正则化；代码❼利用 clip 函数进行数值截取(截取数组中小于 1 或大于 0 的部分)，最后输出。

图 5－21 为图片“catdog. png”的 VGG-11 第 28 层迭代 20 次后得到的 DeepDream 图。

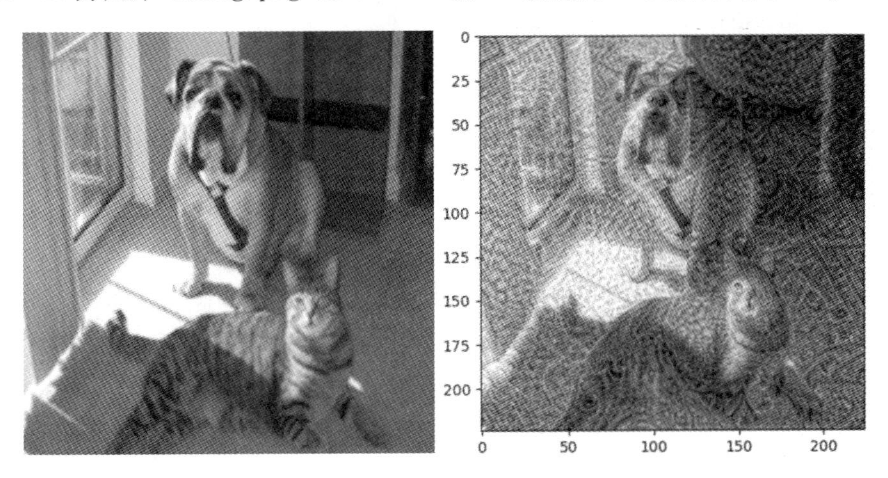

图 5－21　DeepDream 实例

Google 的 DeepMind 工程师 Aleksa Gordić 还提供了静图和动画多种效果，读者可以自行尝试。

5.4.3　特征反演

1. FI 原理

特征反演(Feature Inversion，FI)由 Aravindh Mahendran 和 Andrea Vedaldi 首次提出，其目的是查看不同层的特征向量能保留多少原始的图片信息。FI 与 AM 类似，只不过不是获得某个神经元的激活最大化输入，而是试图生成一张图片，使其尽量能够在观察对象层(目标层)产生相同的特征向量。

FI 仍通过梯度上升来实现，通过计算如下目标函数来得到目标图：

$$x^{*}=\underset{x\in\mathbb{R}^{H\times W\times C}}{\operatorname{argmax}}(\ell(\Phi(x),\Phi_0)+\lambda\mathcal{R}(x)) \tag{5-13}$$

该公式的定义：最小化生成图片的特征与给定特征的 L_2 距离ℓ，并且加入正则化项以保证生成平滑的图片。其中，$\ell(\Phi(x),\Phi_0)=\|(\Phi(x)-\Phi_0)\|^2$，$\Phi_0$ 为给定特征，$\Phi(x)$为生成图片的特征，$\mathcal{R}$为正则化项。

2. FI 实现

基于上述目标函数的 FI 实现代码(FI. py)很长，这里仅对其核心的 invert 函数进行展示：

```
def invert(image, network='alexnet', size=227, layer='features.4', alpha=6, beta=2,
                    alpha_lambda=1e-5, tv_lambda=1e-5, epochs=200, learning_rate=1e2,
                            momentum=0.9, decay_iter=100, decay_factor=1e-1, \
                                                    cuda=False):

    mu=[0.485, 0.456, 0.406]
    sigma=[0.229, 0.224, 0.225]
```

```
transform=transforms.Compose([
    transforms.Scale(size=size),
    transforms.CenterCrop(size=size),
    transforms.ToTensor(),
    transforms.Normalize(mu, sigma),
])

detransform=transforms.Compose([ Denormalize(mu, sigma),
                                 transforms.ToPILImage(), ])

model=models.__dict__[network](pretrained=True)                    # ❶
model.eval()
if cuda:
    model.cuda()

img_=transform(Image.open(image)).unsqueeze(0)                     # ❷
img_.size()
activations=[]

def hook_acts(module, input, output):
    activations.append(output)

def get_acts(model, input):
    del activations[:]
    _=model(input)
    assert (len(activations)==1)
    return activations[0]

modules=layer.split('.')
curr_m=model
for m in modules:
    curr_m=curr_m._modules.get(m)
curr_m.register_forward_hook(hook_acts)                            # ❸

input_var=Variable(img_.cuda() if cuda else img_)
ref_acts=get_acts(model, input_var).detach()

x_=Variable((1e-3 * torch.randn(*img_.size()).cuda() if cuda else
            1e-3 * torch.randn(*img_.size())), requires_grad=True)  # ❹

alpha_f=lambda x: alpha_prior(x, alpha=alpha)
```

```
    tv_f=lambda x: tv_norm(x, beta=beta)
    loss_f=lambda x: norm_loss(x, ref_acts)

    optimizer=torch.optim.SGD([x_], lr=learning_rate, momentum=momentum)

    for i in range(epochs):
        bar_length=1                           #进度条

        acts=get_acts(model, x_)

        alpha_term=alpha_f(x_)
        tv_term=tv_f(x_)
        loss_term=loss_f(acts)

        tot_loss=loss_term+alpha_lambda * alpha_term+tv_lambda * tv_term   #❺

        optimizer.zero_grad()
        tot_loss.backward()
        optimizer.step()

        if (i+1) % decay_iter==0:
            for param_group in optimizer.param_groups:
                param_group['lr'] *=decay_factor

        hashes='#' * int(i * bar_length * 0.5)
        spaces=' ' * (bar_length-len(hashes))
        sys.stdout.write("\repoch: [%s] %d/%d" % (hashes+spaces, i, epochs))
        sys.stdout.flush()

    img_=detransform(img_[0])
    x_=detransform(x_[0].data.cpu())
    return img_, x_
```

上述代码中，代码❶导入模型；代码❷导入原始图片；代码❸为目标网络层设置 Hook；代码❹生成一副与输入图片同尺寸的噪声图；代码❺采用梯度上升的方法生成与输入图指定网络层激活图一致的图像，代码❺即为公式(5-13)的实现。

运行效果如图 5-22 所示。

图 5-22(a)所示图像“baboon.jpg”输入到 VGG-11 后，从第 1 个卷积层(features.4)和最后一个卷积层(features.17)，以及第一个全连接层(classifier.2)通过特征反演恢复出的原图图像分别如图 5-22(b)～(d)所示，可以看出底层的激活区保留了较多的图像细节，高层激活区保留了更多的结构信息，而全连接层的这些信息则被破坏了。因此可以看出 FI 较好地解释了 CNN 激活图的含义。

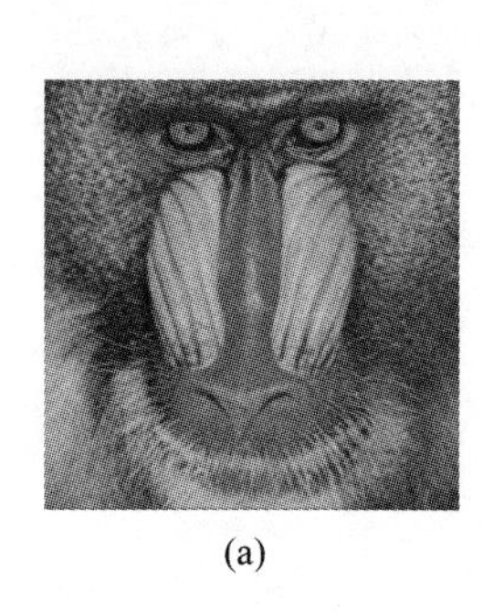

(a)

(b)

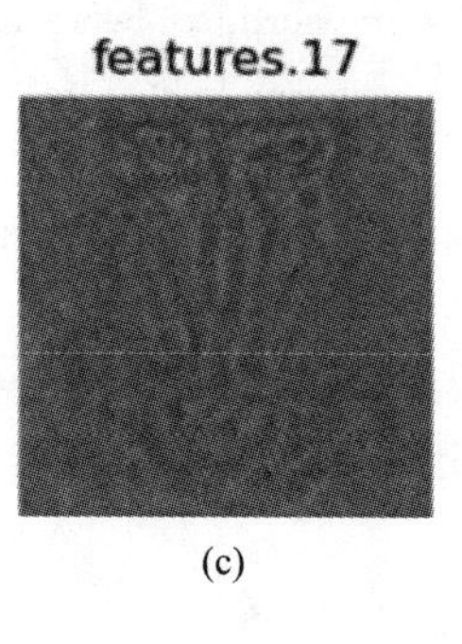

(c)

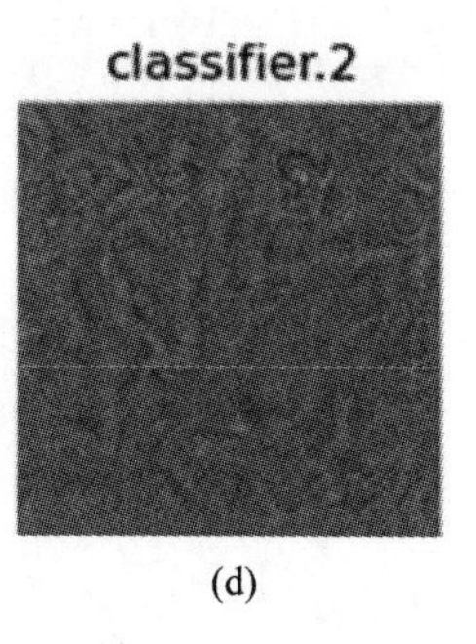

(d)

图 5 - 22 特征反演效果图

5.4.4 掩膜生成

1. 原理

5.4.1～5.4.3 节介绍的可视化解释方法，采用梯度反向传播对输入进行重绘，分别解释了模型的激活和特征向量。如果按照类似的思维，是否可以生成一张掩膜，通过该掩膜对输入的遮盖，最大程度上去影响分类结果，从而得到模型函数输入与输出的映射关系，进而实现解释呢？上述设计可以描述为下式：

$$\boldsymbol{m}^{*}=\underset{m\in[0,1]^{\Lambda}}{\operatorname{argmin}}\ \lambda\|1-\boldsymbol{m}\|_{1}+f_{C}(\Phi(\boldsymbol{x}_{0};\boldsymbol{m})) \tag{5-14}$$

其中，$\boldsymbol{m}^{*}$ 为最佳掩膜，$\boldsymbol{m}$ 是掩膜，λ 为奖励系数，f_C 是模型 f 关于分类 C 的预测值，Φ 是掩膜生成操作方式，x_0 是输入。公式的第一项使得掩膜 m 尽量小，第二项需使得在该 m 的扰动下分类输出也尽可能小，也就是 m 扰动损失掉尽量多的分类信息。

这种方法实现包括有意义扰动、极值扰动、GAN 掩膜生成等，下面分别进行介绍。

2. 有意义扰动

有意义(所谓"有意义"，是指意义明显的、易于理解的)扰动构建上述掩膜可以采用的操作方式 Φ 包括常数、噪声和模糊三种，如下式：

$$[\Phi(x_0;m)](u)=\begin{cases}\boldsymbol{m}(u)\boldsymbol{x}_0(u)+(1-\boldsymbol{m}(u))\mu_0, & \text{常数}\\ \boldsymbol{m}(u)\boldsymbol{x}_0(u)+(1-\boldsymbol{m}(u))\eta(u), & \text{噪声}\\ \int g_{\sigma_0 m(u)}(v-u)\boldsymbol{x}_0(v)\,\mathrm{d}v, & \text{模糊}\end{cases} \tag{5-15}$$

式中，μ_0 是颜色平均值，$\boldsymbol{m}(u)$是由多个 0 和 1 值构成且与 $\boldsymbol{x}_0$ 同尺寸的矩阵，$\eta(u)$是像素级高斯噪声采样，σ_0 是高斯模糊核函数 g 的标准差。

如果直接在输入上进行扰动，很有可能会产生伪影(Artifact)，为此可以采用两种方法进行处理。一种是进行规范化(可以采用全变差范数(Total Variation Norm))，另一种是进行随机化。

结合这两种方法，式(5-15)就变为

$$\boldsymbol{m}^{*}=\underset{m\in[0,1]^{\Lambda}}{\operatorname{argmin}}\ \lambda_1\|1-\boldsymbol{m}\|_{1}+\lambda_2\sum_{u\in\Lambda}\|\nabla\boldsymbol{m}(u)\|_{\beta}^{\beta}+E_{\tau}[f_{C}(\Phi(x_0(\cdot-\tau);\boldsymbol{m})) \tag{5-16}$$

上式第一项使得掩膜尽量小，第二项为惩罚伪影，第三项为分类的数学期望。该优化可以采用类似模型训练的方式，利用梯度下降的方法求解，最佳解就是目标掩膜。

下面程序(详见 Meaningful_Perturbation. py 代码)是有意义扰动的示例程序的主函数。

```
if __name__=='__main__':
    tv_beta=3
    learning_rate=0.1
    max_iterations=500                                                  # ❶
    l1_coeff=0.01
    tv_coeff=0.2

    model=load_model()                                                  # ❷
    original_img=cv2.imread("catdog.png")
    original_img=cv2.resize(original_img, (224, 224))
    img=np.float32(original_img) / 255
    blurred_img1=cv2.GaussianBlur(img, (11, 11), 5)                     # ❸
    blurred_img2=np.float32(cv2.medianBlur(original_img, 11)) / 255
    blurred_img_numpy=(blurred_img1+blurred_img2) / 2
    mask_init=np.ones((28, 28), dtype=np.float32)                       # ❹

    img=preprocess_image(img)
    blurred_img=preprocess_image(blurred_img2)
    mask=numpy_to_torch(mask_init)

    if use_cuda:
        upsample=torch.nn.UpsamplingBilinear2d(size=(224, 224)).cuda()
    else:
        upsample=torch.nn.UpsamplingBilinear2d(size=(224, 224))
    optimizer=torch.optim.Adam([mask], lr=learning_rate)                # ❺

    target=torch.nn.Softmax()(model(img))                               # ❻
    category=np.argmax(target.cpu().data.numpy())

    for i in tqdm(range(max_iterations)):
        upsampled_mask=upsample(mask)                                   # ❼
        upsampled_mask=upsampled_mask.expand(1, 3, upsampled_mask.size(2), \
                                             upsampled_mask.size(3))

        perturbated_input=img.mul(upsampled_mask)+blurred_img.mul(1-upsampled_
                    mask)                                               # ❽

        noise=np.zeros((224, 224, 3), dtype=np.float32)
        cv2.randn(noise, 0, 0.2)
        noise=numpy_to_torch(noise)
        perturbated_input=perturbated_input+noise                       # ❾
```

```
        outputs=torch.nn.Softmax()(model(perturbated_input))
        loss=l1_coeff * torch.mean(torch.abs(1-mask))+tv_coeff * tv_norm(mask,
            tv_beta)+outputs[0, category]    # ❿

        optimizer.zero_grad()
        loss.backward()
        optimizer.step()

        mask.data.clamp_(0, 1)

    upsampled_mask=upsample(mask)
    save(upsampled_mask, original_img, blurred_img_numpy)
```

由于要进行梯度下降求解，因此代码❶需设定训练次数。代码❷依次导入模型和待解释的样本图片。代码❸采用式(5-15)对输入图片进行高斯模糊操作。代码❹创建一个28×28全1的掩膜初始值(这里的掩膜与输入图片尺寸不同，这样可以大大减少训练的参数。由于与输入尺寸不一样，就需要通过上采样该掩膜到输入尺寸，才可以实现掩膜操作)。代码❺选取Adam优化器。代码❻获取模型最大的分类概率，随后开始进行训练(这里，须将模型隐层和输入的梯度全部关闭，只留下掩膜的梯度)。代码❼对掩膜进行上采样到输入图尺寸，然后依次进行模糊扰动(见代码❽)和加噪声(见代码❾)，将结果输入softmax函数。以优化公式(5-16)为损失函数❿，进行训练，最后得到最佳的掩膜，效果如图5-23所示。

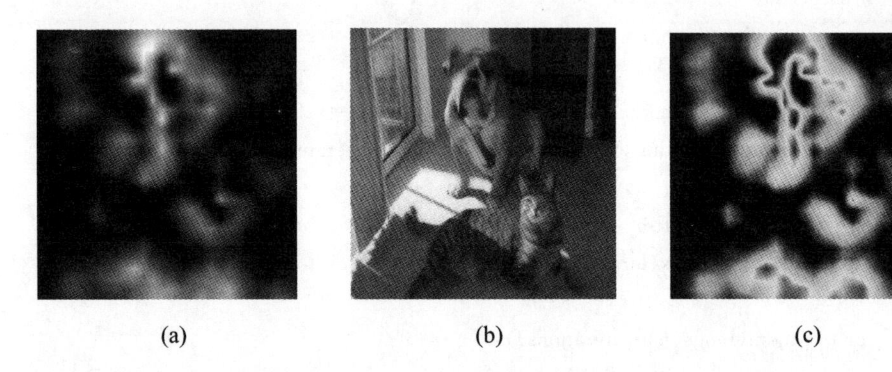

图5-23 有意义扰动可视化解释效果图

图5-23(a)为生成的掩膜，图5-23(b)为以公式(5-15)方式生成的扰动图，图5-23(c)为掩膜的伪彩色热力图(利用cv2.applyColorMap函数)。

由上述原理可知，有意义扰动是一种真正做到与模型无关的解释。

3. 极值扰动

在上述有意义扰动公式(5-15)中，参数λ_1与λ_2缺乏相称性，也就是说不同的λ_1与λ_2组合会带来不同的解释结果。同样是为了寻找最佳掩膜，同时为了消除有意义扰动的不平衡问题，一种称为极值扰动的方法重新设计了掩膜计算公式如下：

$$\boldsymbol{m}_a = \underset{\boldsymbol{m}:\ \|\boldsymbol{m}\|_1 = a|\Omega|,\ \boldsymbol{m}\in\mathcal{M}}{\operatorname{argmax}} \Phi(\boldsymbol{m}\otimes\boldsymbol{x}) \tag{5-17}$$

这里，极值扰动摒弃了有意义扰动较多的参数，只使用了一个超参数 a，该参数即为掩膜的面积。为了使获得的 $\boldsymbol{m}$ 更加光滑，$\boldsymbol{m}$ 的选取基于一个固定的光滑函数集合。通过这样的改进，上面的优化问题就变成了 a 一个参数的求解了。优化方程为

$$a^{*}=\min\{a: \Phi(\boldsymbol{m} \otimes \boldsymbol{x}) \geqslant \Phi_{0}\} \tag{5-18}$$

上式的目标就是找到最小的像素集合，同时保持尽量大的原图像输出值，式中的 Φ_0 为门限值。

其最优掩膜优化公式如下：

$$\boldsymbol{m}_{a^{*}}=\operatorname{argmax}[\boldsymbol{m} \in \mathcal{M}\, \Phi(\boldsymbol{m} \otimes \boldsymbol{x})-a\, \mathcal{R}_{a}(\boldsymbol{m})] \tag{5-19}$$

其中，$\boldsymbol{m}_{a^*}$ 为最优掩膜，$\mathcal{R}_a$ 为正则项。

通过安装第三方库 torchray(安装命令：pip install torchray)获得极值扰动的 extremal_perturbation 函数，该函数的调用示例代码如下：

```
fromtorchray.attribution.extremal_perturbation import extremal_perturbation, contrastive_reward
fromtorchray.benchmark import get_example_data, plot_example
fromtorchray.utils import get_device


model, x, category_id_1, category_id_2=get_example_data()
device=get_device()
model.to(device)
x=x.to(device)


masks_1, _=extremal_perturbation(model, x, category_id_1, reward_func=contrastive_reward, \
                                 debug=True, areas=[0.12], )


masks_2, _=extremal_perturbation(model, x, category_id_2, reward_func=contrastive_reward, \
                                 debug=True, areas=[0.05], )


plot_example(x, masks_1, 'extremal perturbation', category_id_1)
plot_example(x, masks_2, 'extremal perturbation', category_id_2)
```

上面的程序分别绘制了输入样本图像 $\boldsymbol{x}$ 的两个分类的最佳掩膜，从而实现了模型多分类的可视化解释。

4. GAN 掩膜生成

可以借助 GAN 网络去生成掩膜，过程如图 5－24 所示。

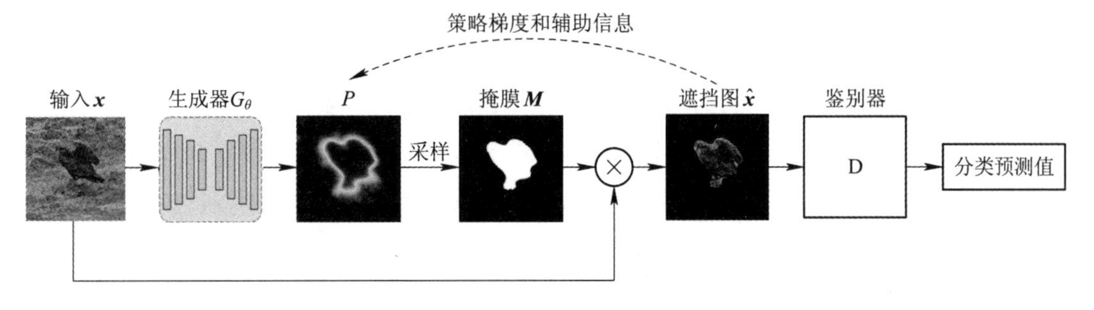

图 5－24　GAN 生成掩膜示意图

图5-24中，将预训练好的分类模型设定为GAN的鉴别器D，给生成网络G_θ设定初始参数θ。将需要解释的图$\boldsymbol{x}$输入G_θ产生积分图，用矩阵$\boldsymbol{P}$表示，$\boldsymbol{P}$的元素$p_{ij}\in[0, 1]$为连续变量，代表对应$\boldsymbol{x}$的像素对于分类的重要度大小概率。对积分图$\boldsymbol{P}$进行采样(大于阈值的设定为1，否则为0)就得到了掩膜$\boldsymbol{M}$。$\boldsymbol{M}$为伯努利随机分布掩码，其元素$m_{ij}\sim \mathrm{Bernoulli}(G_\theta(X)_{ij})$，即0或1。计算$\boldsymbol{P}\odot\boldsymbol{M}$得到遮挡后的图$\hat{\boldsymbol{x}}$，导入D得到分类值$\hat{y}$，将其与真实分类值进行比较，不断调节得到最优参数$\theta$使得图$\hat{\boldsymbol{x}}$分类结果更加接近于图$\boldsymbol{x}$。

该方法与真正的GAN的差别在于，鉴别器D的参数始终是固定，只是不断地调整生成器G_θ的参数，直到$\hat{\boldsymbol{x}}$的分类概率逼近$\boldsymbol{x}$。由于这个特殊的GAN不能通过梯度直接训练，且要使得掩码尽量小且连续，这些问题可以采用强化学习、策略梯度以及重新设计的奖励函数加以解决。

具体实现介绍略。

5.4.5 对抗样本

从前面章节的内容已知，对抗样本给深度模型解释甚至是安全都带来了极大的困扰。然而，从另一个角度来看，对抗样本恰恰也是一种模型缺陷解释，而对抗样本的生成也可以通过输入反演重绘方法实现。

1. 原理

读者可以尝试生成对抗样本进行解释。对抗样本的生成原理大致可以分为两类：

(1) 基于攻击者设置的对抗目标函数，利用梯度来优化原数据样本特征的值。其基本流程是：

① 攻击者获取要攻击的神经网络模型。

② 设置对抗目标函数。目标函数一般包含两部分，即预测误差和特征变动量化值。

进行对抗样本生成可以采用两种方式——“趋近”与“背离”。在力求样本特征值变动最小的前提下，前者通过让模型输出的误差最小来使生成的样本趋近于目标，后者通过让模型输出的误差最大来使生成的样本背离目标。

③ 使用梯度法搜寻目标函数最优解。

该类方法最早见于快速梯度法(Fast Gradient Method，FGM)。FGM使用了一阶泰勒展开来近似，相当于使用步长为ε的单步梯度下降法来寻找对抗样本。如果在梯度上加上符号函数，再乘以步长ε，则得到快速梯度符号法(FGSM)。

可以将FGSM描述为：

$$x' = \boldsymbol{x} + \varepsilon \cdot \mathrm{sign}(\nabla_x J(\boldsymbol{\theta}, \boldsymbol{x}, \boldsymbol{y})) \tag{5-20}$$

其中，x'为对抗样本，$\nabla_x J$是模型损失函数相对于原始输入像素向量$\boldsymbol{x}$的梯度，$\boldsymbol{y}$是$\boldsymbol{x}$的真实标签向量，而$\boldsymbol{\theta}$是模型参数向量。符号函数sign的作用是：如果像素强度的增加会增加损失(模型产生的误差)，梯度符号为正(+1)；如果像素强度的减少会增加损失，则符号为负(-1)。

(2) 基于模型输入和输出之间的雅可比矩阵来决定对输出影响最大的输入特征，进而改变这些特征来生成对抗样本。这一类最具代表性的是雅可比热图算法(Jacobian Saliency Map Algorithm，JSMA)，即基于输出与输入间的雅可比矩阵，构建热力图。

基于上述两类原理，一些新的对抗样本生成方法在不断被提出，主要区别在于失真度量(distortion metric)和损失函数的设计，这里不再进行详细介绍。

2. FGSM实现

基于FGSM原理的实现代码(Adversarial_Examples.py)关键部分的fgsm函数如下：

```
def fgsm(model, input_image, label, targeted=False, epsilon=0.02, iterations=1,
         reg=1e-2, clamp=((-2.118, -2.036, -1.804), (2.249, 2.429, 2.64)),
         use_cuda=False): #❶
    device=torch.device('cuda' if use_cuda else 'cpu')
    model.to(device)
    model.eval()
    crit=nn.CrossEntropyLoss().to(device)
    input_image=input_image.to(device)
    img_var=input_image.clone().requires_grad_(True).to(device)
    label_var=torch.LongTensor([label]).to(device)
    for _ in tqdm(range(iterations)):
        img_var.grad=None
        out=model(img_var)

        loss=crit(out, label_var)+reg * F.mse_loss(img_var, input_image)      #❷
        loss.backward()
        noise=epsilon * torch.sign(img_var.grad.data)
        if targeted:
            img_var.data=img_var.data-noise                                   #❸
        else:
            img_var.data=img_var.data+noise                                   #❹

        if clamp[0] is not None and clamp[1] is not None:                     #❺
            assert len(clamp[0])==len(clamp[1])
            for ch in range(len(clamp[0])):
                img_var.data[:, ch, :, :].clamp_(clamp[0][ch], clamp[1][ch])
    return img_var.cpu().detach()
```

这里的fgsm函数包含多个输入参数：model(模型)、input_image(输入)、label(分类)、targeted(目标)开关、epsilon(步长)、iterations(迭代步数)、reg(权值)、clamp(区间元组)以及use_cuda(CUDA开关)，见代码❶。代码❷在将输入图像导入模型得到原输入分类输出后，通过交叉熵和均方损失分别度量预测误差和特征变化值，合成误差函数。这里可以采用两种方式获得对抗样本：当目标开关为True时，采用靠近目标类的方法，使得对抗样本越来越逼近label，见代码❸；当目标开关为False时，采用远离目标类的方法，使得对抗样本越来越背离label，见代码❹。代码❺调用in-place类型方法clamp_进行值域限定。

对抗样本与反事实解释(4.2.1)概念类似，实际上对抗样本就是反事实的特例，其功能旨在欺骗模型，从而揭示模型的缺陷。二者的主要区别在于对抗样本的生成采用了反演重绘方法进行实现。图 5-23 给出了对抗样本的示例。

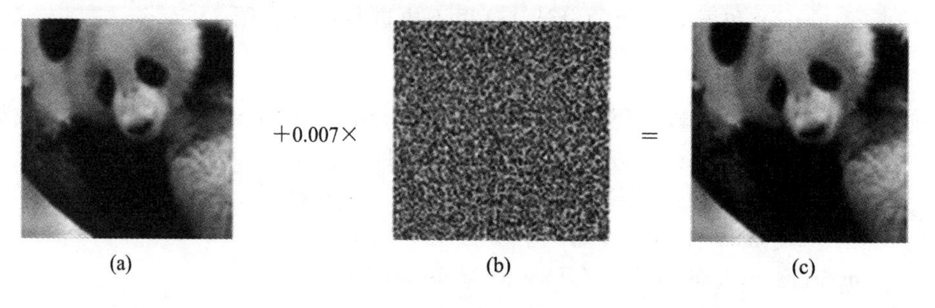

图 5-25　对抗样本示例

图 5-25(a)是原图，以 57.7%的置信度被模型识别为“熊猫”(Panda)，将该图与 0.007 权重的图 5-25(b)(利用 $\text{sign}(\nabla_x J(\theta, x, y))$ 计算得到)混合，生成对抗样本图 5-25(c)。图 5-25(c)以 99.3%的置信度被模型识别为“长臂猿”(Gibbon)，说明模型存在缺陷。

本章小结

反向传播可视化解释是对 CNN 的可视化解释沿梯度方向进行回溯，以探究模型做出的分类预测是由什么因素引起的；也可以按照这种方式去优化修改输入，从而解释模型所关注的分类依据。本章从模型传播方向由深及浅来看，将反向传播可视化解释分为三类，并对典型的可视化解释方法进行了介绍。反向传播的原理要比前向传播复杂得多，下一章还将继续介绍反向传播的一些梯度变式可视化解释方法。

第6章
梯度变式可视化解释

显著图的方法开辟了利用梯度进行CNN可视化解释的先河，然而通过学术界更加深入的研究发现，梯度存在很多影响可视化解释效果的问题。为此，基于显著图的梯度方法学者们又提出了一些梯度改进变式，包括：层级相关性传播(Layer-wise Relevance Propagation，LRP)、深度泰勒分解(Deep Taylor Decomposition，DTD)、光滑梯度(Smooth Gradient，Smooth Grad)、整流梯度(Rectified Gradient，RectGrad)、积分梯度(Integrated Gradient，IG)、XRAI(Better Attributions Through Regions，更好地通过区域归因方法)、深度学习重要特征(Deep Learning Important FeaTure，DeepLIFT)、全梯度(Full-Gradient，FullGrad)、模式网络(PatternNet)等，本章将一一进行介绍。

6.1 基本梯度方法缺陷分析

基于梯度方法进行模型的可视化解释时，主要存在敏感性盲区、敏感性局限、噪声以及根点(root)问题，这些都会使得解释图效果受到影响。

1. 敏感性盲区

敏感性公理指出：如果对于所有仅在一个特征上具有不同取值的输入(input)和基线(baseline)，模型应当为两者给出了不同的预测。若存在一个归因方法，可以对这两个不同取值的特征差异赋予一个非0归因值，则称该归因方法满足敏感性公理。用通俗的语言描述，就是“所有差异均需要被灵敏地感知”。

那么CNN的梯度能否处处做到这一点呢？答案是否定的。

举例来说，如图6-1所示的曲线表示了函数 $f(x)=1-\mathrm{ReLU}(1-x)$，并有 $f(x=0)=0$，$f(x=1)=1$，且梯度 f' 可以在 $(-\infty, 1]$ 区间灵敏地感知 x 的变化。通过曲线不难发现，当 $x=2$ 时，梯度 f' 进入饱和区后将不能感受 x 的变化。这是因为这时图6-1曲线的梯度 f' 是一条水平直线，在该直线区间里梯度已经不能归因 x 的任何变化了。

这个例子展示了梯度违反了敏感性公理，在实际的可解释图应用中，这一缺陷表现为梯度会关注一些完全不相关的特征(图6-2右图的梯度显著图就关注了许多无关但梯度显著的像素)，使得解释杂乱无章。

通过分析不难发现，前面介绍的反传播基本方法——显著图、反卷积和GBP均违反了敏感性公理。

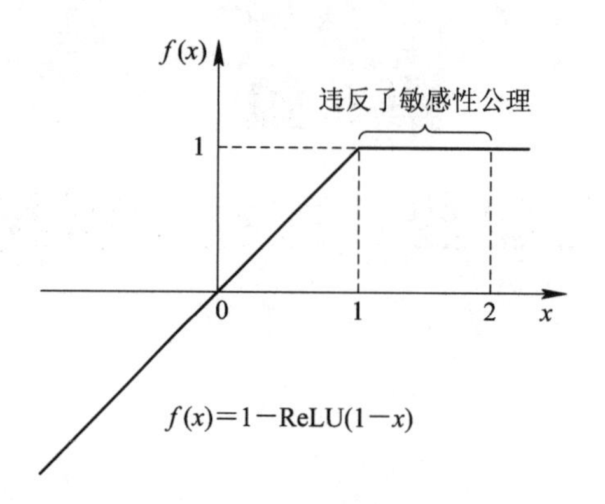

图 6-1 梯度敏感性盲区函数实例

图 6-2 梯度可解释图敏感性盲区带来的噪声

2. 敏感度分析的局限

除了存在盲区，基本梯度方法使用的敏感度分析技术也存在局部局限性。

在5.3.1节基于梯度的显著图方法虽然回答了“怎样更像‘coffee mug’”，但是并没有解决“为什么是‘coffee mug’”这个问题。对于后者，学者们认为，应该采用分解的方法进行解释。也就是将$f_C(\boldsymbol{x})$的决策结果进行分解后回传到与输入$\boldsymbol{x}$相关的像素上，而这种回传应该是基于合理的规则来指导实现的。

一般认为，解释“为什么”最好由分解技术来回答。分解的目的是将整个预测的输出重新分配到输入像素上。因此，分解技术试图从整体上解释预测，而不仅仅是测量差异效应。为了说明该问题，可以通过如图6-3的一个简单的二维例子(两个非线性函数的和，每个函数作用于输入空间的一个变量)展示敏感度分析和分解之间的差异。

图6-3中颜色的深浅代表函数输出值的大小，白色区域的函数值为零。根据函数$f(x)$的定义可知，从左下角向右上角函数值逐渐增大。这里向量场表示在输入空间的不同位置上分析的每个组件的大小。我们可以观察到，敏感性和分解有明显区别。敏感度分析在输入空间的象限之间不连续，两个任意闭合点可能具有明显不同的箭头方向(突出表现为两个即使紧邻的不同象限之间箭头方向明显不同)；对于输出值大的点和输出值小的点，甚至对于输出值无穷小的点，敏感度分析都给出了相同的解释。与之不同，分解在输入域中是连续的，输入空间中相邻的两个点总是有类似的解释(假设函数是连续的)；分解的大

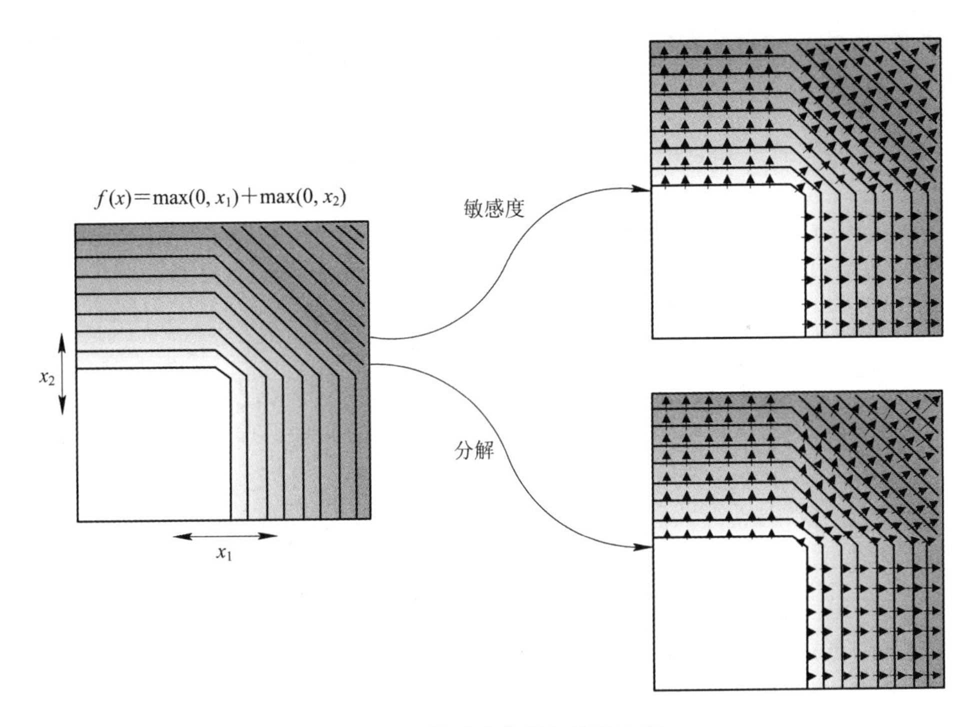

图 6-3　敏感度分析与分解比较

小(箭头的大小)与空间中给定点的函数值成正比。

可以得出结论，敏感度分析具有局部效应的局限，而分解具有全局效应，不存在此种局限。

3. 噪声消除

标准的 CNN 网络前向传播过程中倾向于完整保留输入图像特征，而不根据分类相关性对特征进行取舍的弊端，即使是无关信息也可以通过网络。通过遮挡的实验证实，即便是与分类任务毫不相关的噪声块，也可以在显著图中产生非零值“贡献”。因此如何进行解释图噪声消除也是梯度方法需要考虑的问题。

上述缺陷均成了梯度改进变式提出的动机。

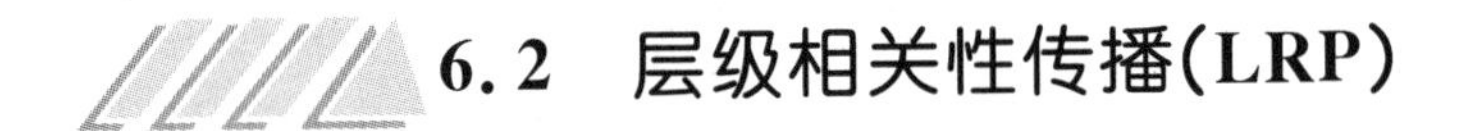

6.2　层级相关性传播(LRP)

6.2.1　LRP 原理

1. 相关守恒的提出

LRP 试图找出每个输入像素对特定预测的贡献，并基于规则来进行传播(借鉴 6.1 节分解的思想)。LRP 认为反向传播应是一种遵循相关再分配的过程(不像显著图那样对中间梯度的分配不加以指导)，其分配规则概括起来就是：“逐层”“总体守恒”“对上层贡献最大的神经元从中获得最大的相关”。

具体来说，对于解释计算机视觉模型中的分类问题，LRP方法设计者认为，导致产生最后分类结果的是相关，而相关是从各层依次传播的，并且这种相关在每一层总和是固定的("守恒")，即

$$f_C(\boldsymbol{x}) = \cdots = \sum_{d \in l+1} R_d^{(l+1)} = \sum_{d \in l} R_d^{(l)} = \cdots = \sum_{d} R_d^{(l)} \tag{6-1}$$

其中 $f_C(\boldsymbol{x})$ 是对输入图像 $\boldsymbol{x}$ 的分类预测函数。可以将 $f_C(\boldsymbol{x})$ 分解为多层计算，则第 l 层包含的各单元 d 的相关度分值 $R_d^{(l)}$ 累加起来恒等，如图6-4所示。

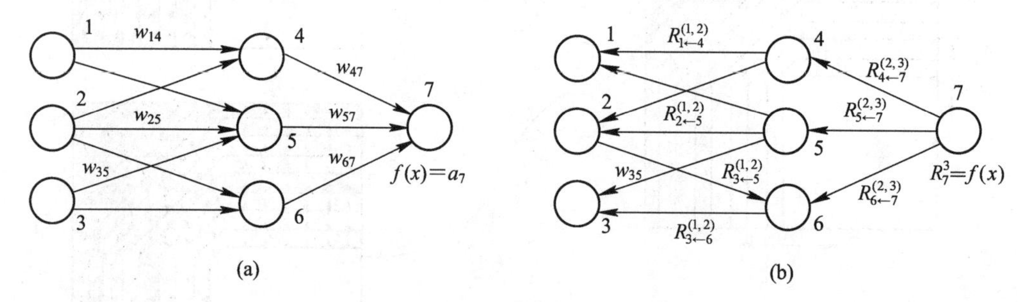

图6-4 LRP的原理

图6-4(a)是模型的预测过程，从原图中提取特征后，特征不断整合，最后形成预测；图6-4(b)则是LRP的相关从输出反向传播到输入端进行解释的过程。图中的网络有三层，节点编号1～7，箭头为连接关系和方向。w_{ij} 为权值，节点 i 的正向输入为 a_i，$R_{i\leftarrow j}^{(l,\ l+1)}$ 为相关，其中 $i\leftarrow j$ 表示节点 j 将相关导入节点 i，l 代表 i 所在层，$l+1$ 代表 j 所在层，i 与 j 二者处于相邻层。

对于图6-4(b)，有

$$\sum_i R_{i\leftarrow j}^{(l,\ l+1)} = R_j^{(l+1)} \tag{6-2}$$

例如：

$$R_{4\leftarrow 7}^{(2,\ 3)} + R_{5\leftarrow 7}^{(2,\ 3)} + R_{6\leftarrow 7}^{(2,\ 3)} = R_7^{(3)} \tag{6-3}$$

$$R_{1\leftarrow 4}^{(1,\ 2)} + R_{2\leftarrow 4}^{(1,\ 2)} = R_4^{(2)} \tag{6-4}$$

$$R_{1\leftarrow 5}^{(1,\ 2)} + R_{2\leftarrow 5}^{(1,\ 2)} + R_{3\leftarrow 5}^{(1,\ 2)} = R_5^{(2)} \tag{6-5}$$

$$R_{2\leftarrow 6}^{(1,\ 2)} + R_{3\leftarrow 6}^{(1,\ 2)} = R_6^{(2)} \tag{6-6}$$

此外，图6-4(b)还满足：

$$R_i^{(l)} = \sum_j R_{i\leftarrow j}^{(l,\ l+1)} \tag{6-7}$$

例如：

$$R_1^{(1)} = R_{1\leftarrow 4}^{(1,\ 2)} + R_{1\leftarrow 5}^{(1,\ 2)} \tag{6-8}$$

$$R_2^{(1)} = R_{2\leftarrow 4}^{(1,\ 2)} + R_{2\leftarrow 5}^{(1,\ 2)} + R_{2\leftarrow 6}^{(1,\ 2)} \tag{6-9}$$

$$R_3^{(1)} = R_{3\leftarrow 5}^{(1,\ 2)} + R_{3\leftarrow 6}^{(1,\ 2)} \tag{6-10}$$

总体保持守恒，即

$$R_7^{(3)} = R_4^{(2)} + R_5^{(2)} + R_6^{(2)} = R_1^{(1)} + R_2^{(1)} + R_3^{(1)} \tag{6-11}$$

因此，反向求解 l 层任意单元 i 的相关 $R_i^{(l)}$，即将上一层 $l+1$ 所有与 i 相连的单元(用 j 表示)的相关之和。通过反向相关传导，最终由输出层回溯求出分类器 $f_C(\boldsymbol{x})$ 对输入图像 $\boldsymbol{x}$ 中的每个像素 d 的相关，然后根据像素的相关绘出热图。

2. LRP 分解

LRP 认为，对上层贡献最大的神经元可获得最大的相关。因此结合前向传播的消息传递关系，则相关可以采用下式计算：

$$
\begin{aligned}
R_7^{(3)} &= R_{4\leftarrow 7}^{(2,3)} + R_{5\leftarrow 7}^{(2,3)} + R_{6\leftarrow 7}^{(2,3)} \\
&= R_7^{(3)} \frac{a_4 w_{47}}{\sum\limits_{i=4,5,6} a_i w_{i7}} + R_7^{(3)} \frac{a_5 w_{57}}{\sum\limits_{i=4,5,6} a_i w_{i7}} + R_7^{(3)} \frac{a_6 w_{67}}{\sum\limits_{i=4,5,6} a_i w_{i7}}
\end{aligned} \tag{6-12}
$$

归纳得到如下公式：

$$
R_{i\leftarrow j}^{(l,l+1)} = R_j^{(l+1)} \frac{a_i w_{ij}}{\sum\limits_k a_k w_{kj}} \tag{6-13}
$$

结合式(6 - 13)，对于 CNN 分类模型，最顶层的相关就是分类输出 $f_C(\boldsymbol{x})$，至此，CNN 的 LRP 计算条件就全部满足了。LRP 实现的关键是如何分解非线性的模型函数，泰勒公式是实现分解的一种选择。基于泰勒公式的 LPR 实现称为泰勒分解(Taylor-type decomposition)。下面进一步讨论泰勒分解实现 LRP 的合理性。

泰勒分解对于模型的解释采用的就是逐层相关传播，即 LRP 方法，即使目标模型是非线性的，泰勒分解也可以适用。这是因为非线性模型的局部可以视为线性的(这与 4.4.3 节的 LIME 一致)，而 LRP 实现了这种分解。此外，由 5.3.1 节可知，基于泰勒近似计算的显著图，为了将分类函数 $f_C(\boldsymbol{x})$在 $\boldsymbol{x}_0$ 处用泰勒公式近似展开，可以看出这实际上存在一个隐含前提条件，即找到参考(root)点 $\boldsymbol{x}_0$。这个点一方面需满足 $f_C(\boldsymbol{x}_0)=0$，才能使得 $f_C(\boldsymbol{x}) \approx f_C(\boldsymbol{x}_0)+f'_C(\boldsymbol{x}_0)(\boldsymbol{x}-\boldsymbol{x}_0)$；另一方面 $\boldsymbol{x}_0$ 需与待解释的点 $\boldsymbol{x}$ 具有足够近的欧几里得距离，使得泰勒公式的高阶残差尽可能小。如果点选取不好，获得的梯度将“南辕北辙”。通常，为连续的分类器选择满足上述要求的 root 点 $\boldsymbol{x}_0$ 是一件非常困难的事情，而 LRP 采用局部最优，因此巧妙地避开了该问题。因此，LRP 的泰勒分解不需要除输入之外的第二个参考点。

综上所述，泰勒分解只是满足 LRP 规则的方式之一，且较泰勒近似的条件要求更少，此外泰勒分解中的导数也可用反向传播很容易获得，因此这是基于梯度的反向传播的重要改进。

在进行相关反向传播时，LRP 还需遵循设定的规则，常见的有 LRP_0、LRP_ε、LRP_γ 等，这些规则构成 LRP 相关计算的关键，规则具体如下(此处约定，网络为带有 ReLU 的非线性网络，神经元 j 前向连接神经元 k)。

LRP_0 规则：

$$
R_j = \sum_k \frac{a_k w_{jk}}{\sum\limits_{0,j} a_k w_{jk}} R_k \tag{6-14}
$$

该规则是 LRP 最基本的规则((6 - 13)式采用的规则)，其效果相当于“梯度与输入的积”(Gradient×Input)。此外，由于神经网络中具有噪声，因此，为了消除噪声，一些更具有鲁棒性的规则也被提了出来。

LRP_ε 规则：

$$
R_j = \sum_k \frac{a_j w_{jk}}{\varepsilon + \sum\limits_{0,j} a_j w_{jk}} R_k \tag{6-15}
$$

LRP_ε 规则不同于 LRP_0 规则，计算中增加了一个较小的正值 ε，用于吸收干扰性的相关。通过该设计，LRP_ε 可以使得解释图中的特征更加稀疏、噪声更少。

LRP_γ 规则：

$$R_j = \sum_j \frac{a_j(w_{jk} + \gamma w_{jk}^+)}{\sum_{0,j} a_j(w_{jk} + \gamma w_{jk}^+)} R_k \tag{6-16}$$

LRP_γ 规则采用了鼓励正贡献(式中 w_{jk}^+)的方法。式中，参数 γ 用于控制正贡献的鼓励度，可以在反向传播的阶段进行动态调节。LRP_γ 规则可以使解释更加趋于稳定。与 LRP_γ 规则思想类似的还有 LRP_αβ 规则、z^β_rule 规则等，介绍从略。这些规则中，有很多也可以用于深度泰勒分解(DTD)(见后续介绍)。

在 CNN 中对于上述规则应用场合，超参数 ε、γ 的使用都非常灵活，如何选取目前还处于学者热烈讨论中。可以统一采用一种规则，也可以综合使用，相对来说后者效果更佳。综合使用时，一般将 LRP_0 规则用于 CNN 模型最右侧的顶层部分，LRP_ε 规则用于中部隐层，LRP_γ 规则用于隐层中的低层部分，规则应用层面关系如图 6-5 所示。

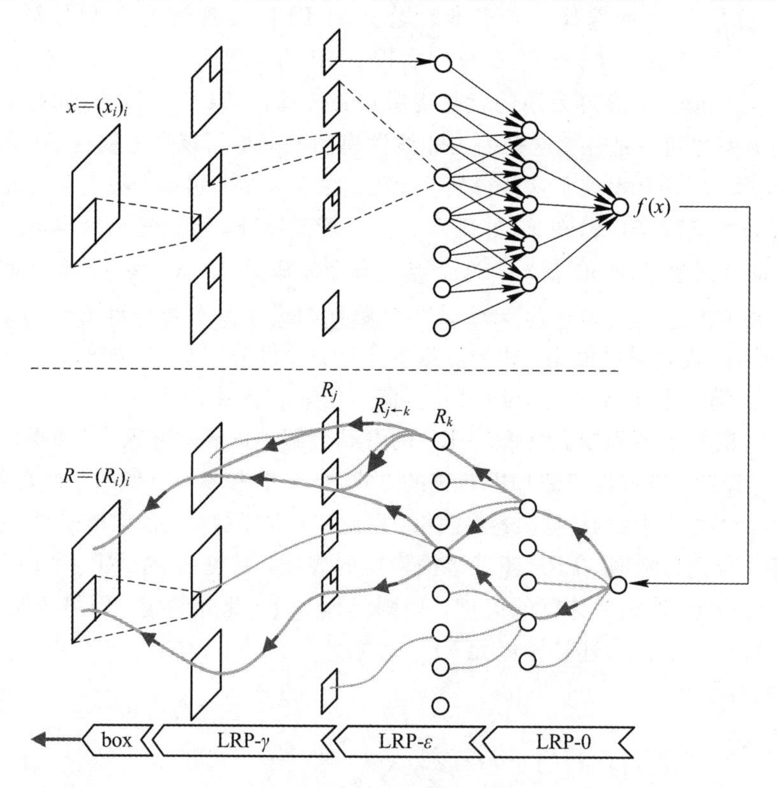

图 6-5 规则应用层面关系

6.2.2 LRP 实现

依据上述思想及参考 Gregoire 的改进，Layerwise_RelProp 类的实现代码(LRP. py)如下：

```
class Layerwise_RelProp ():
    def__init__(self, model):
```

```
        self.model=model
        self.model.eval()

    def __call__(self, input_image, target_class):
        layers_in_model=list(self.model._modules['features'])+\
                                    list(self.model._modules['classifier'])           #❶
        number_of_layers=len(layers_in_model)
        features_to_classifier_loc=len(self.model._modules['features'])

        forward_output=[input_image]                              #❷
        for conv_layer in list(self.model._modules['features']):
            forward_output.append(conv_layer.forward(forward_output[-1].detach()))

        feature_to_class_shape=forward_output[-1].shape
        forward_output[-1]=torch.flatten(forward_output[-1], 1)   #❸
        for index, classifier_layer in enumerate(list(self.model._modules['classifier'])):
            forward_output.append(classifier_layer.forward(forward_output[-1].detach()))

        # Target for backprop
        target_class_one_hot=torch.FloatTensor(1, 1000).zero_()                      #❹
        target_class_one_hot[0][target_class]=1

        LRP_per_layer=[None] * number_of_layers+[(forward_output[-1] * \
                                                        target_class_one_hot).data]     #❺

        for layer_index in range(1, number_of_layers)[::-1]:            #[::-1]倒序
            if layer_index==features_to_classifier_loc-1:               #❻
                LRP_per_layer[layer_index+1]=LRP_per_layer[layer_index+\
                                                        1].reshape(feature_to_class_shape)

            if isinstance(layers_in_model[layer_index], torch.nn.MaxPool2d):\
                        layers_in_model[layer_index]= torch.nn.AvgPool2d(2)          #❼
            if isinstance(layers_in_model[layer_index], (torch.nn.Linear, torch.nn.Conv2d, \
                                                                torch.nn.AvgPool2d)): #❽
                lrp_this_layer=self.relprop(forward_output[layer_index], \
                                            layers_in_model[layer_index], \
                                            LRP_per_layer[layer_index+1])
                LRP_per_layer[layer_index]=lrp_this_layer
            else:
                LRP_per_layer[layer_index]=LRP_per_layer[layer_index+1]      #❾
        return LRP_per_layer
```

```
    def relprop(self, a, layer, R):                                   # ⑩
        a=a.requires_grad_(True)
        epsilon=1e-9
        def rho(org_layer):
            dup_layer=copy.deepcopy(org_layer)
            gamma=lambda value: value+0.05 * copy.deepcopy(value.data.detach()).
                    clamp(min=0)
            try:
                dup_layer.weight=nn.Parameter(gamma(org_layer.weight))
            except AttributeError:
                pass
            try:
                dup_layer.bias=nn.Parameter(gamma(org_layer.bias))
            except AttributeError:
                pass
            return dup_layer

        #LRP 规则反向计算
        z=epsilon+rho(layer).forward(a)                           # step1
        s=R/(z+1e-9).data                                         # step2
        (z * s).sum().backward()                                  # step3
        c=a.grad
        R=(a * c).data                                            # step4

        return R
```

为了方便说明，上述 Layerwise_RelProp 类的实现代码对规则进行了通用化设计，对特征提取器的卷积层和分类器的全连接层处理不作区分，对激活层、首层、BN 层未予处理（这些层的相关直接回传上层），重点展示了 LRP 的主要思想，下面进行介绍。

Layerwise_RelProp 类完成初始化后，通过类对象调用类成员__call__函数主要完成三项工作：提取模型各层、获得各层对应的输出、反向计算各层 LRP 相关。

上述代码中，代码❶顺次枚举了模型诸层并存入 layers_in_model 列表，同时获取了模型总层数以及特征层与分类层之间的分界位置信息。

代码❷获取了各层的前向输出并存入 forward_output 列表。

代码❸中，由于特征层与分类层之间的尺度发生变化，需要调用 torch.flatten 将该张量扁平化（“抹平”），以方便分类层的输入。同时，应当记录抹平前该输出的形状尺寸参数 shape，以方便反向传输时进行恢复。

代码❹构造了关注类的分类矢量 target_class_one_hot（关注分类对应元素设定为 1，其余为 0）后，完成这些准备工作就可以开始计算 LRP 值了。

代码❺利用列表加法，创建一个与模型层数一致的 LRP 结果空列表（其中，None 为空元素，number_of_layers 为创建元素个数，. data 操作取出张量的数据剔除了梯度）。有了 LRP_per_layer，并为其赋予第一组值（该列表的第一个元素就是 target_class_one_hot 与模型输出激活的积，即可直接获得最高层的相关 $R_j = f_C(x)$），随后就可以逐层开始 LRP 的相关计算了。反向传播的后续计算由 relprop 函数实现，按照倒序填充 LRP_per_layer 列表。注意在特征层最后一层，由于前面前向传播时（代码❸）改变了张量的形状，此时反向传播时需要进行扁平化操作恢复到原来的特征层最后的 shape（见代码❻）。

反向传播时，最大池化直接替换为平均池化处理（见代码❼）。

代码❽对全连接、卷积、最大池化层进行相同规则处理，不作区分；对于其他层，直接复用上一层 LRP 内容（见代码❾）。relprop 函数计算分为四步，最终利用语句"(z * s. data). sum(). backward()[①]"完成了公式(6－14)的计算❿。

代码实验效果图本章末将统一给出，后面小节同。

该 Layerwise_RelProp 类可以选择 CNN 的模型指定层（通过 vis_layer 参数设定）进行可视化解释。

实践证明 LRP 对于 LSTM 解释同样也是有效的。

此外，基于 LRP 的 BiLRP 方法被提出，这种方法可以对输入模型的不同样本的特征之间的相似度进行分解，可视化输出两张图像中最匹配的部分映射关系，原理如图 6－6 所示。

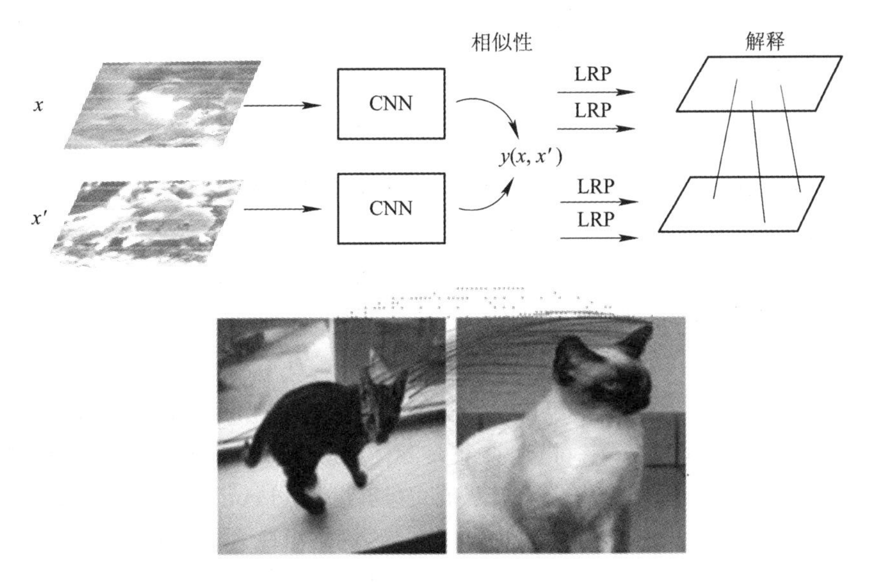

图 6－6　BiLRP 原理

两幅不同的图片，分别被输入到 CNN 中得到其特征，特征之间的相似度被 LRP 方法分解，最终将相似点投影到图片上得到对应关系，从而实现了方法设计追求的"建立与解释深度相似性模型"目的。BiLRP 不同于 SIFT（Scale Invariant Feature Transform）等算法需要寻找最匹配关键点，而是将深度相似性模型的相似得分分布于图像各个像素点之间，并

---

① 注意，在未做特殊要求的情况下，该处理对于卷积层和全连接层均可适用。

建立明晰的匹配度，为可视化解释开辟了新的思路。

6.3 深度泰勒分解(DTD)

沿着 LRP 的思路，Montavon 等人进一步提出了深度泰勒分解(DTD)。

6.3.1 DTD 原理

DTD 的提出基于三个属性：“保守”(Conservative)、“阳性”(Positive)、“一致性”(Consistent)。

“保守”是指相关满足条件：

$$\forall \boldsymbol{x}: f(\boldsymbol{x})=\sum_p R_p(\boldsymbol{x}) \tag{6-17}$$

也就是分解的相关性应该是守恒的，其中 p 为像素神经元。

“阳性”是指相关满足条件：

$$\forall \boldsymbol{x},\ p: R_p(\boldsymbol{x}) \geqslant 0 \tag{6-18}$$

也就是各相关应均为大于等于 0 的值。

上述两个属性构成了“一致性”；基于根点$\tilde{\boldsymbol{x}}$($\tilde{\boldsymbol{x}}$ 满足 $f_C(\tilde{\boldsymbol{x}})=0$)对 f_C 进行泰勒分解，得到 $\boldsymbol{x}$ 的像素 i 的分类相关如下：

$$R_C(x_i)\mid_{x_i\in\boldsymbol{x}}=\sum_i \left.\frac{\partial f}{\partial x}\right|_{\boldsymbol{x}=\tilde{\boldsymbol{x}}} \cdot (x_i-\tilde{x}_i)+\varepsilon \tag{6-19}$$

在图像分类问题中，$\tilde{\boldsymbol{x}}$ 可以视为从 $\boldsymbol{x}$ 中去除对分类有贡献目标(Object)的剩余部分，$\tilde{\boldsymbol{x}}$ 是与输入图像 x 距离最近的点(使 ε 趋近于 0)。

LRP 中，回避了根点问题，但在 DTD 中，根点的寻找也被予以关注。DTD 认为，输入域 χ 内的根点$\tilde{\boldsymbol{x}}$ 可以通过求解以下优化公式中的 ξ 得到：

$$\min_{\xi}\|\boldsymbol{\xi}-\boldsymbol{x}\|^2 \quad \text{s. t.} \quad f(\boldsymbol{\xi})=0,\ \boldsymbol{\xi}\in\chi \tag{6-20}$$

这需要大量计算，在很多场合是不经济的。实际上，没有必要显式地定义这个根点。DTD 的理论推导(略)就表明可以隐式地描述神经元激活的根点，给出规则指出搜索方向即可。在此基础上，进一步受到深度网络分而治之范式(Divide-and-conquer Paradigm①)思想的启发，DTD 不是将整个网络视为一个函数 f_C，而是将网络中任意一个神经元 x_i 都视为一个函数，整个网络表示为$\{x_i\}$。DTD 对这些函数分别进行泰勒分解，则任一神经元 R_i 的相关由 j 层分解操作得到(j 所在 $l+1$ 层，i 在层 l)，公式如下：

---

① 在计算机科学与工程，信息技术以及所有这些领域的相关分支中，术语“分而治之”是一种基于递归原理(多分支)的算法设计范例。在这种算法方法中，根据问题的复杂性，设计的算法通过将手头的问题分解为两个或更多子问题或部分来递归工作。此子问题或部分也称为原子或分数。将此原子或分数递归分解为越来越多的原子或分数，直到将其分解为可以求解的形式为止。在解决了这些分数或原子之后，它们再次被递归地遍历，但是这次不是分解问题，而是将问题与它们的递归破坏的对等体合并回去，然后生成该特定问题所需的解决方案。

$$R_i = \sum_j \frac{\partial R_j}{\partial x_i}\bigg|_{\{\tilde{x}_i\}^{(j)}} \cdot (x_i - \tilde{x}_i^{(j)}) \tag{6-21}$$

式中，$\{\tilde{x}_i\}^{(j)}$ 的上标表示该根点属于 R_j，也就是各神经元的根点不同。

最终，DTD 将上述理论设计为相关回传的限制规则，并给出了不同层的规则实现，其中最常用的就是 z^+-Rule 和 z^β-Rule。

z^+-Rule 的算法如下：

输入：

权重矩阵 $\boldsymbol{W}=\{w_{ij}\}$

输入激活值 $\boldsymbol{X}=\{x_i\}$

上层相关矢量 $\boldsymbol{R}=\{R_j\}$

过程：

1. $\boldsymbol{V} \leftarrow \boldsymbol{W}^+$
2. $\boldsymbol{Z} \leftarrow \boldsymbol{V}^{\mathrm{T}}\boldsymbol{X}$
3. 返回 $\boldsymbol{X} \odot (\boldsymbol{V} \cdot (\boldsymbol{R} \oslash \boldsymbol{Z}))$

其中⊙表示矩阵对应诸元素乘；⊘表示矩阵对应诸元素除；$(\cdot)^+$ 表示保留正元素，其余取 0；$\boldsymbol{V}$、$\boldsymbol{Z}$ 为中间变量。z^β-Rule 的算法如下：

输入：

权重矩阵 $\boldsymbol{W}=\{w_{ij}\}$

输入激活值 $\boldsymbol{X}=\{x_i\}$

上层相关矢量 $\boldsymbol{R}=\{R_j\}$

低边界 $\boldsymbol{L}=\{l_i\}$

高边界 $\boldsymbol{H}=\{h_i\}$

过程：

1. $\boldsymbol{U} \leftarrow \boldsymbol{W}^-$
2. $\boldsymbol{V} \leftarrow \boldsymbol{W}^+$
3. $\boldsymbol{N} \leftarrow \boldsymbol{R} \oslash (\boldsymbol{W}^{\mathrm{T}}\boldsymbol{X} - \boldsymbol{V}^{\mathrm{T}}\boldsymbol{L} - \boldsymbol{U}^{\mathrm{T}}\boldsymbol{H})$
4. 返回 $\boldsymbol{X} \odot (\boldsymbol{W} \cdot \boldsymbol{N}) - \boldsymbol{L} \odot (\boldsymbol{V} \cdot \boldsymbol{N}) - \boldsymbol{H} \odot (\boldsymbol{U} \cdot \boldsymbol{N})$

其中，$(\cdot)^-$ 表示保留负元素，$\boldsymbol{U}$、$\boldsymbol{V}$、$\boldsymbol{N}$ 为中间变量。

6.3.2 DTD 实现

CNN 不同的层采用的规则各不相同。DTD 类的实现代码(DTD.py)关键部分如下：

```
class DTD(nn.Module):
    def __init__(self, lowest=0., highest=1.):
        super(DTD, self).__init__()
        self.lowest = lowest
        self.highest = highest
```

```
def forward(self, module_stack, x, class_num, index=None):        # ❶
    activation=x
    for m in module_stack:                                        # ❷
        m.activation = activation
        activation = m(activation)
        if isinstance(m, nn.AdaptiveAvgPool2d):
            activation =activation.view(activation.size(0), -1)
    y = activation

    if index==None:
        R =torch.eye(class_num)[torch.max(y, 1)[1]]
    else:
        R =torch.eye(class_num)[index, :]

    for i in range(len(module_stack)):
        module =module_stack.pop()                                # ❸
        if len(module_stack) == 0:
            if isinstance(module, nn.Linear):
                activation =module.activation
                R =self.backprop_dense_input(activation, module, R)
        elif isinstance(module, nn.Conv2d):
                activation =module.activation
                R =self.backprop_conv_input(activation, module, R)
            else:
                raiseRuntimeError(f'{type(module)} layer is invalid initial layer type')
        else:
            if isinstance(module, nn.AdaptiveAvgPool2d):
                R =R.view(R.size(0), -1, 7, 7)
                continue
            activation =module.activation
            R =self.R_calculate(activation, module, R)
    return R

def R_calculate(self, activation, module, R):                     # ❹
    if isinstance(module, nn.Linear):
        R =self.backprop_dense(activation, module, R)
        return R
    elif isinstance(module, nn.Conv2d):
        R =self.backprop_conv(activation, module, R)
        return R
    elif isinstance(module, nn.BatchNorm2d):
        R =self.backprop_bn(R)
        return R
```

```
        elif isinstance(module, nn.ReLU):
            R = self.backprop_relu(activation, R)
            return R
        elif isinstance(module, nn.MaxPool2d):
            R = self.backprop_max_pool(activation, module, R)
            return R
        elif isinstance(module, nn.AdaptiveAvgPool2d):
            R = self.backprop_adap_avg_pool(activation, R)
            return R
        elif isinstance(module, nn.Dropout):
            R = self.backprop_dropout(R)
            return R
        else:
            raise RuntimeError(f"{type(module)} can not handled currently")

    def backprop_conv(self, activation, module, R):                  # ❺Z+_rule
        stride, padding, kernel = module.stride, module.padding, module.kernel_size
        output_padding = activation.size(2) - ((R.size(2) - 1) * stride[0] - 2 * \
                                              padding[0] + kernel[0])
        W = torch.clamp(module.weight, min=0)
        Z = F.conv2d(activation, W, stride=stride, padding=padding) + 1e-9
        S = R / Z
        C = F.conv_transpose2d(S, W, stride=stride, padding=padding, \
                               output_padding=output_padding)
        R = activation * C
        return R

    def backprop_conv_input(self, activation, module, R):            # ❻ZB_rule
        stride, padding, kernel = module.stride, module.padding, module.kernel_size
        output_padding = activation.size(2) - ((R.size(2) - 1) * stride[0]-2 *\
                                              padding[0] + kernel[0])

        W_L = torch.clamp(module.weight, min=0)
        W_H = torch.clamp(module.weight, max=0)

        L = torch.ones_like(activation, dtype=activation.dtype) * self.lowest
        H = torch.ones_like(activation, dtype=activation.dtype) * self.highest

        Z_O = F.conv2d(activation, module.weight, stride=stride, padding=padding)
        Z_L = F.conv2d(L, W_L, stride=stride, padding=padding)
        Z_H = F.conv2d(H, W_H, stride=stride, padding=padding)

        Z = Z_O - Z_L - Z_H + 1e-9
```

```
        S = R / Z

        C_O = F.conv_transpose2d(S, module.weight, stride=stride, \
                padding=padding, output_padding=output_padding)
        C_L = F.conv_transpose2d(S, W_L, stride=stride, \
                padding=padding, output_padding=output_padding)
        C_H = F.conv_transpose2d(S, W_H, stride=stride, \
                padding=padding, output_padding=output_padding)

        R = activation * C_O - L * C_L - H * C_H
        return R
```

代码❶中 DTD 类的前向函数输入包括模型栈、输入图片、分类总数、关注分类索引四个参量；代码❷实现了模型输入的逐层前向传播；代码❸通过列表的 pop 方法，逐个弹出模型栈列表中最上面一个值(层)，先取出该层的激活值，然后针对不同的层进行不同规则的 DTD 相关反向传播计算，该计算是由函数 backprop_dense_input、backprop_conv_input、R_calculate 分别实现；代码❹部分给出了 R_calculate 函数不同层的相关反向传播处理函数；代码❺以卷积层为例，展示了 z^+-Rule 规则的实现；代码❻同样以卷积层为例，展示了 z^β-Rule 规则的实现。

从代码中可以看出，DTD 各层处理规则不一样，其中最首层外的全连接层或卷积层遵循 z^+-Rule，最首层卷积层或全连接层遵循 z^β-Rule，BN、Dropout、ReLU 层直接跳过。

6.4 光滑梯度(SmoothGrad)

6.4.1 SmoothGrad 原理

SmoothGrad 采用利用噪声消除噪声的方法取得了良好的解释图效果。

通过显著图方法获得的热图存在很多噪声点，不利于人类理解。噪声点是由毫无意义的局部偏导数变化造成的，再加上 ReLU 等激活函数带来的不连续可微加剧了这一问题。为此，一些学者提出可以“利用(向输入图片添加)噪声来消除(显著图)噪声”来进行解决，其数学定义如下：

$$\hat{M}_C(\boldsymbol{x}) = \frac{1}{n}\sum_{1}^{n} M_C(\boldsymbol{x} + N(0, \sigma^2)) \tag{6-22}$$

其中，$\hat{M}_C(\boldsymbol{x})$是平滑后的显著图；$N(0, \sigma^2)$是均值为 0、标准差为 σ 的高斯噪声，将该噪声加入 $\boldsymbol{x}$ 就得到 $\boldsymbol{x}$ 邻域内的一个随机取样，通过这种方法获得 n 个随机取样，并计算 $M_C(\boldsymbol{x})$均值，就达到上述“引入噪声”来“消除噪声”的效果。

实验表明，噪声系数在 20%左右时候效果是最好(系数计算公式：$\sigma/(x_{\max} - x_{\min})$，其中 $x_{\max}$ 为样本的元素最大值，$x_{\min}$ 为样本的元素最小值)。

6.4.2 SmoothGrad 实现

SmoothGrad 类实现代码(SmoothGrad.py)如下：

```
class SmoothGrad():
    def__init__(self, cuda=False, delta=0.15, n_samples=25, magnitude=True): # ❶
        self.pretrained_model=models.vgg11(pretrained=True) # resnet18(pretrained=True)
        self.features=self.pretrained_model.features
        self.cuda=cuda
        # self.pretrained_model.eval()
        self.stdev_spread=delta
        self.n_samples=n_samples
        self.magnitutde=magnitude

    def__call__(self, x, index=None):
        x=x.data.cpu().numpy()
        stdev=self.stdev_spread/(np.max(x)-np.min(x)) #
        total_gradients=np.zeros_like(x)

        bar_length=self.n_samples
        for i in range(self.n_samples):
            noise=np.random.normal(0, self.stdev_spread, x.shape).astype(np.float32)    # ❷
            x_plus_noise=x+noise
            if self.cuda:
                x_plus_noise=Variable(torch.from_numpy(x_plus_noise).cuda(), requires_
                            grad=True)
            else:
                x_plus_noise=Variable(torch.from_numpy(x_plus_noise), requires_grad=True)
            output=self.pretrained_model(x_plus_noise)

            if index is None:
                index=np.argmax(output.data.cpu().numpy())

            one_hot=np.zeros((1, output.size()[-1]), dtype=np.float32)
                                                            #(1, 1000)的 numpy 数组
            one_hot[0][index]=1                                             # ❸
            if self.cuda:
                one_hot=Variable(torch.from_numpy(one_hot).cuda(), requires_grad=True)
            else:
                one_hot=Variable(torch.from_numpy(one_hot), requires_grad=True)
            one_hot=torch.sum(one_hot * output)                             # ❹

            if x_plus_noise.grad is not None:
                x_plus_noise.grad.data.zero_()
            one_hot.backward(retain_graph=True)                             # ❺

            grad=x_plus_noise.grad.data.cpu().numpy()
```

```
            if self.magnitutde:
                total_gradients+=(grad * grad)
            else:
                total_gradients+=grad

            hashes='#' * int(i)
            spaces='' * (bar_length-len(hashes))
            sys.stdout.write("\rPercent:[%s] %d/%d" % (hashes+spaces, i, bar_length))
            sys.stdout.flush()

        avg_gradients=total_gradients[0, :, :, :]/self.n_samples          #❻

        return avg_gradients, stdev       #stdev=self.stdev_spread/(np.max(x)-np.min(x)),
                                          噪声系数
```

在 SmoothGrad 类对象的参数中，代码❶指定正态分布的标准差 delta，针对随机噪声，需进行多个样本的测试然后求均值，样本数为 n_samples；代码❷产生一个均值为 0、标准差为 delta、与输入同尺寸的噪声图，该噪声图被叠加到输入图上；代码❸为了指定分类，需要创建一个尺寸为(1, 1000)的 Numpy 数组，只有对应指定分类索引的元素被置 1，其他分类索引元素置 0；代码❹提取该分类的分类概率；代码❺经过反向传播求导，获得梯度值；当所有样本测试完毕后，代码❻将梯度的均值输出，即为 SmoothGrad 输出。

6.5 整流梯度(RectGrad)

6.5.1 RectGrad 原理

为了抑制反向传播可视化解释图中的噪声，RectGrad 在显著图生成过程中会对相关特征进行选择(整流)，也就是说只有重要度分数超过阈值的梯度才可传播通过神经元单元。

对于显著图的反向传播解释遵循的公式为：$R_i^{(l)}=f(a_i^{(l)}>0)\cdot R_i^{(l+1)}$，而 RectGrad 将其修改为下式：

$$\text{PR1}: R_i^{(l)}=f(a_i^{(l)}\cdot R_i^{(l+1)}>\tau)\cdot R_i^{(l+1)} \tag{6-23}$$

其中，$R_i^{(l)}$ 是第 l 层特征 i 的相关度，$f(\cdot)$为模型指示函数，$a_i^{(l)}$ 是激活值，τ 是整流阈值。

基于同样的思想，还可以提出以下其他整流方案：

$$\text{PR2}: R_i^{(l)}=f(|a_i^{(l)}\cdot R_i^{(l+1)}|>\tau)\cdot R_i^{(l+1)} \tag{6-24}$$

$$\text{PR3}: R_i^{(l)}=f(a_i^{(l)}>\tau)\cdot R_i^{(l+1)} \tag{6-25}$$

$$\text{PR4}: R_i^{(l)}=f(R_i^{(l+1)}>\tau)\cdot R_i^{(l+1)} \tag{6-26}$$

但是，对于 CNN 只有 PR1 是合理的，其他几种方案均不能确保保留重要信息。

6.5.2 RecGrad 实现

在 RectGrad 实现过程中，各层的超参数 τ 并不是常数。RectGrad 将其设定为各层重要性分数的百分位数(Percentile)记为 q^{th}，简写为 q，$0 \leqslant q < 100$，以此来防止反向传播梯度消失。$q > 80$ 时，RectGrad 效果比较明显。

对于百分位数，可以通过 numpy 实现，示例代码如下：

```
import numpy as np
import torch


z=torch.randn((3, 244, 244))
y=np.percentile(z, 99)
print(y)
```

其中，99 即为 q 值。

RectGrad 实现代码可以借助 LRP 实现(RG.py)，对 Layerwise_RelProp 类进行继承，具体如下。

```
class RectGrad(Layerwise_RelProp):
    def relprop(self, a, layer, R):
        a=a.requires_grad_(True)
        epsilon=1e-9
        def rho(org_layer):
            dup_layer=copy.deepcopy(org_layer)
            gamma=lambda value: value+\
                    0.05 * copy.deepcopy(value.data.detach()).clamp(min=0)
            try:
                dup_layer.weight=nn.Parameter(gamma(org_layer.weight))
            except AttributeError:
                pass
            try:
                dup_layer.bias=nn.Parameter(gamma(org_layer.bias))
            except AttributeError:
                pass
            return dup_layer

        #LRP 规则反向计算计算
        z=epsilon+rho(layer).forward(a)                    #step1
        s=R/(z+1e-9).data                                  #step2
        (z * s).sum().backward()                           #step3
        c=a.grad
        R=(a * c).data                                     #step4
        the=self.threshold((a * c).data, 65)               #step5❶
        R=R.clamp(min=the)
```

```
        return R

    def threshold(self, x, q):                                   # ❷
        thresh=np.percentile(x, q)
        return thresh
```

上述代码对 Layerwise_RelProp 类的成员 relprop 进行了重定义，增加了第五步(见代码❶)，也就是对相关值按照式(6－23)进行过滤。该过滤所使用的阈值是通过新增的 threshold 函数计算获得的(见代码❷)，这里百分位数 $q=65$，读者也可以自行调节成0～99之间的任何值进行尝试。

6.6 积分梯度(IG)

IG 的设计者从归因方法的敏感性(Sensitivity)和实现不变性(Implementation Invariance)公理重新探讨了梯度方法存在的问题，而深度学习模型采用的大多数归因方法并不满足这两条定理。

6.6.1 IG 原理

为了解决 6.1 节梯度存在的敏感性盲区问题，需要引入基线(Baseline)或参考点(Reference)。这是因为受到人类归因启发，当人类将某些责任归因到一个原因上，隐含地会将缺失该原因的情况作为比较的基线。例如：这个人为什么高，是因为他比标准身高高；这个重物为什么重，是因为它超出了自己的承重能力，这里标准身高和承重能力就是基线。用输入与基准做差，就可以克服梯度的敏感性问题。

实现不变性是指：一个归因方法对于两个功能等价的网络，进行归因总是一致的。也就是一个函数的两种网络的实现(如 VGG 与 ResNet)，其归因解释也应是一致的，但并不是所有方法都可以保证，解释如下。对于函数梯度的链式法则$\partial f/\partial g=(\partial f/\partial h)\cdot(\partial h/\partial g)$，本质上是满足该公理的。但是对于 LRP 等方法，通过引入中间参考点 $\boldsymbol{x}_0$ 来解决敏感性问题，则其中间层导数的计算采用如下公式：

$$\frac{f(\boldsymbol{x}_1)-f(\boldsymbol{x}_0)}{g(\boldsymbol{x}_1)-g(\boldsymbol{x}_0)}\neq\frac{f(\boldsymbol{x}_1)-f(\boldsymbol{x}_0)}{h(\boldsymbol{x}_1)-h(\boldsymbol{x}_0)}\cdot\frac{h(\boldsymbol{x}_1)-h(\boldsymbol{x}_0)}{g(\boldsymbol{x}_1)-g(\boldsymbol{x}_0)} \tag{6-27}$$

这种离散梯度显然违反了实现不变性公理。如果 LRP 不能保证实现不变性，则对于两个上述功能等价的网络，归因方法就会给出两个不同的值，这显然是错误的。

为了解决上述问题，IG 提出在解决上式问题时，梯度应取从输入 $\boldsymbol{x}$ 移动到基线 $\boldsymbol{x}'$(参考基线的选取后续介绍)的所有梯度之和(积分)。可以假设存在一条曲线 $\boldsymbol{\gamma}(\boldsymbol{\alpha})$，$\boldsymbol{\alpha}\in[0, 1]$，沿着该曲线可以使得 $\boldsymbol{x}$ 移动到$\boldsymbol{x}'$，并满足 $\boldsymbol{\gamma}(1)=\boldsymbol{x}$，$\boldsymbol{\gamma}(0)=\boldsymbol{x}'$。

若将曲线 $\boldsymbol{\gamma}(\boldsymbol{\alpha})$考虑成最特殊的直线情况，即：$\boldsymbol{\gamma}(\boldsymbol{\alpha})=\boldsymbol{x}'+\boldsymbol{\alpha}\times(\boldsymbol{x}-\boldsymbol{x}')$。

那么，$\boldsymbol{x}$ 的第 i 个分量的归因问题，就可以看作是基线 $\boldsymbol{x}'$到输入 $\boldsymbol{x}$ 的直线路径上所有梯度的累计计算。即分量 i 的归因是 $\boldsymbol{x}$ 到 $\boldsymbol{x}'$直线上的梯度路径积分，则原梯度归因计算就变成如下积分计算：

$$\text{Integrated\_Gradients}_i(x) ::= (x_i - x_i') \times \int_{\alpha=0}^{1} \frac{\partial F(x' + \alpha \times (x - x'))}{\partial x_i} d\alpha \tag{6-28}$$

经证明，IG 满足唯一性，也是各种路径方法中的最优选择(证明略)。

IG 的计算应注意以下两个方面：(1) 选择一个好的基线。基线在模型中的得分尽量接近 0，这样有助于对归因结果的解释；基线必须代表一个完全没有信息的样本，这样才能区别出原因是来自输入还是基线，在图像任务中可以选择全黑图像，或者由噪声组成的图像；在文本任务中，使用全 0 的 embedding(词嵌入)向量。(2) 是采用求和的方式来高效地做近似计算，只需将基线 $\boldsymbol{x}'$ 移动到 $\boldsymbol{x}$，在所经过的直线上取足够多个间隔点，利用这些间隔点上的梯度和近似整条直线上的梯度积分即可，计算公式如下：

$$\text{Integrated\_Gradients}_i^{\text{approx}}(\boldsymbol{x}) ::= (x_i - x_i') \times \sum_{k=1}^{m} \frac{\partial F\left(\boldsymbol{x}' + \frac{k}{m} \times (\boldsymbol{x} - \boldsymbol{x}')\right)}{\partial \boldsymbol{x}_i} \times \frac{1}{m} \tag{6-29}$$

其中，m 是近似的阶数(泰勒展开的阶数)，m 越大则式(6-29)求和计算越近似于式(6-28)的积分计算，但计算量也越大，在实践中 m 在 20～300 之间即可，appro$x$ 表示计算是一种近似。

6.6.2 IG 实现

Integrated_Gradients 类实现代码(IG.py)如下：

```
classIntegrated_Gradients ():
    def__init__(self, model):
        self.model=model
        self.model.eval()
        for param in self.model.parameters():
            param.requires_grad=False

    def__call__(self, batch_x, batch_blank, target, n=100):          # ❶
        mean_grad=0
        for i in tqdm(range(1, n+1)):
            x=batch_blank+i / n * (batch_x-batch_blank)               # ❷
            x.requires_grad=True
            y=self.model(x)[0, target]
            #(grad, )=torch.autograd.grad(y, x)
            y.backward()
            grad=x.grad.data.cpu().numpy()
            mean_grad+=grad / n
        integrated_gradients=(batch_x-batch_blank) * mean_grad        # ❸

        return integrated_gradients
```

Integrated_Gradients类的call函数中，代码❶导入的参数依次包括输入图像、空图像、目标分类和阶数(缺省为100，也就是将空图像移动到输入图像分步的次数为100)；代码❷实施微量移动，将移动后的图像输入模型求导数；代码❸用梯度的平均值乘以图像与基线的差，得到该积分梯度。

6.7 XRAI

6.7.1 XRAI原理

通过进一步探究，又有学者发现，IG的单个像素的积分梯度归因具有不稳定性，但是覆盖兴趣点的区域却具有较好的稳定性，因此提出基于积分梯度的XRAI方法即所谓的“更好地通过区域归因方法”。XRAI结合了积分梯度计算和掩码扰动，采用“黑”和“白”两个基准，并且掩码是通过生长的方法逐步形成的，这些都是较IG明显的改进。

XRAI会首先对待解释图像进行分段形成区域，然后迭代测试每个区域的重要性，根据归因(这里采用的是Integrated_Gradients)得分将较小区域合并为较大的分段。实验表明，XRAI能够产生高质量的、紧凑的显著性区域，要优于许多显著性技术。并且，XRAI可以与任何基于深度学习的模型一起使用。

XRAI的分割使用了skimage的segmentation。skimage即scikit-Image，这是一个图像处理和计算机视觉算法的工具集合。这里使用了segmentation的Felzenszwalb(菲尔森茨瓦布)算法，该方法可以在图像网格上使用基于最小生成树的快速聚类生成多通道(即RGB)图像的过分割。Felzenszwalb算法的具体实现是将图像分割成片段的问题转化为在构建的图中找到一个连接的组件，遵循同一组件中两个顶点之间边的权重应相对较低、不同组件中顶点之间边的权重应较高规则。算法的运行时间与图形边的数量呈近似线性关系，在实践中速度很快。该算法保留了低变异性图像区域的细节，忽略了高变异性图像区域的细节，而且具有一个影响分割片段大小的单尺度参数。

6.7.2 XRAI实现

如下示例程序实现了Felzenszwalb图像分割。

```
img=cv2.imread('catdog.png')                                  #原始图像
segments=felzenszwalb(img, scale=3.0, sigma=0.95, min_size=5)
print(segments) #.shape)
result=mark_boundaries(img, segments)                         #标记边界
cv2.imshow("result", result)
cv2.waitKey()
cv2.destroyAllWindows()
```

Felzenszwalb函数定义为

skimage.segmentation.felzenszwalb(image, scale=1, sigma=0.8, min_size=20, multichannel=True，*，channel_axis=-1)

参数的定义如下：

image(宽度，高度，3)或(宽度，高度)为输入图像；

scale为自由参数，数值越大意味着集群越大；

sigma为预处理中使用的高斯核的宽度(标准偏差)；

min_size为最小组件尺寸；

multichannel设定图像的最后一个轴是否被解释为多个通道；

channel_axis为可选参数，如果为None，则假定图像是灰度(单通道)图像，否则此参数指示数组的哪个轴对应于通道。

Felzenszwalb函数返回为segment_mask，即指示段标签的整数掩码。下列XRAI代码，scale参数将分别采用尺度50、100、150、250、500、1200。

在图像分割的基础上，XRAI进行解释图生成，其XRAI类实现代码(xrai.py)如下：

```
class XRAI:
    def__init__(self, model):
        self.model=model
        self.model.eval()

    def__call__(self, attr, segs, area_perc_th=1.0, min_pixel_diff=50, integer_segments=True):
        output_attr=-np.inf * np.ones(shape=attr.shape, dtype=np.float)        #❶
        current_area_perc=0.0
        current_mask=np.zeros(attr.shape, dtype=bool)
        masks_trace=[]
        remaining_masks={ind: mask for ind, mask in enumerate(segs)}

        added_masks_cnt=1
        while current_area_perc <=area_perc_th:
            best_gain=-np.inf
            best_key=None
            remove_key_queue=[]
            for mask_key in remaining_masks:                                   #❷
                mask=remaining_masks[mask_key]

                mask_pixel_diff=self._get_diff_cnt(mask, current_mask)         #❸
                if mask_pixel_diff < min_pixel_diff:
                    remove_key_queue.append(mask_key)
                    continue
                gain=self._gain_density(mask, attr, mask2=current_mask)#❹
                if gain > best_gain:
                    best_gain=gain
                    best_key=mask_key
            for key in remove_key_queue:
```

```
                del remaining_masks[key]
            if len(remaining_masks)==0:
                break
            added_mask=remaining_masks[best_key]
            mask_diff=self._get_diff_mask(added_mask, current_mask)
            masks_trace.append((mask_diff, best_gain))                    #❺

            current_mask=np.logical_or(current_mask, added_mask)
            current_area_perc=np.mean(current_mask)
            output_attr[mask_diff]=best_gain
            del remaining_masks[best_key]  # delete used key
            added_masks_cnt+=1

        uncomputed_mask=output_attr==-np.inf

        output_attr[uncomputed_mask]=self._gain_density(uncomputed_mask, attr)  #❻
        masks_trace=[v[0] for v in sorted(masks_trace, key=lambda x: -x[1])]
        if np.any(uncomputed_mask):
            masks_trace.append(uncomputed_mask)
        if integer_segments:
            attr_ranks=np.zeros(shape=attr.shape, dtype=np.int)
            for i, mask in enumerate(masks_trace):
                attr_ranks[mask]=i+1
            return output_attr, attr_ranks
        else:
            return output_attr, masks_trace

    def _get_diff_mask(self, add_mask, base_mask):
        return np.logical_and(add_mask, np.logical_not(base_mask))

    def _get_diff_cnt(self, add_mask, base_mask):
        return np.sum(self._get_diff_mask(add_mask, base_mask))

    def _gain_density(self, mask1, attr, mask2=None):
        if mask2 is None:
            added_mask=mask1
        else:
            added_mask=self._get_diff_mask(mask1, mask2)
        if not np.any(added_mask):
            return-np.inf
        else:
            return attr[added_mask].mean()
```

XRAI 计算操作主要由该类的__call__函数完成，依据以下计算过程：

输入：

输入图像 I，模型 f，属性方法 g

过程：

1. 对 I 进行语义分割，得到 $s \in S$
2. 获得归因图 $A = g(f, I)$
3. 令热图掩膜 $M = 0$，$T = []$
4. while $S \neq \varnothing$ and $\text{area}(M) < \text{area}(I)$ do
5.   for $s \in S$ do
6.   计算：$g_s = \sum_{i \in s \setminus M} \frac{A_i}{\text{area}(s \setminus M)}$
7.   end for
8. $\hat{s} = \arg\max_s g_s$
9. $S = S \setminus \hat{s}$
10. $M = M \cup \hat{s}$
11.   添加 M 到列表 T
12. end while
13. 返回 T

代码❶首先进行参数准备，建立全负无穷(-np. inf)的输出归因图 output_attr、全 0 的当前掩码 current_mask 和空的 masks_trace 列表，并将原图所有分割超像素结果导入字典 remaining_masks 待用；其次，代码❷通过循环对 remaining_masks 中的元素进行检测，如果太小则代码❸将其忽略，筛选检测是通过代码❹的_gain_density 函数计算增益(gain)值实现的；然后，代码❺部分的函数将当前将最佳增益超像素选出，顺序放入 masks_trace 列表；最后，代码❻完成所有的筛选，输出 XRAI 归因图。

如前所述，XRAI 的独特设计就是，分别利用输入图的“黑”和“白”两个基准进行 IG 计算，然后综合获得最终的基准线再进行 XRAI 归因图计算，具体实现如下面的 main 函数。

```
if__name__ == '__main__':
    pretrained_model =  models. vgg16(pretrained=True)
    # print(pretrained_model)

    target_class=243
    original_image = Image. open("catdog. png"). convert('RGB')
    order = 10                                                    # 积分梯度阶数

    transforms =T. Compose([
        T. Resize((224, 224)),
        T. ToTensor(),
        T. Normalize(mean=[0. 485, 0. 456, 0. 406], std=[0. 229, 0. 224, 0. 225]),
    ])
    prep_img = transforms(original_image). unsqueeze_(0)
```

```
black_baseline = torch.ones_like(prep_img) * torch.min(prep_img).detach().cpu()
white_baseline = torch.ones_like(prep_img) * torch.max(prep_img).detach().cpu()

ig = IG.Integrated_Gradients(pretrained_model)

bbl = ig(prep_img, black_baseline, target_class, order)          #❶
wbl = ig(prep_img, white_baseline, target_class, order)          #❷
print(bbl.numpy().shape)
bbl = bbl[0].detach().cpu().permute(1, 2, 0).numpy()
wbl = wbl[0].detach().cpu().permute(1, 2, 0).numpy()
mean_bl = np.mean([bbl, wbl], axis=0)
baseline =np.max(mean_bl, axis=-1)

image =np.moveaxis(prep_img.detach().cpu().numpy()[0], 0, -1)
segments = _get_segments_felzenszwalb(image)
print(len(segments))

xrai=XRAI(pretrained_model)
img, _=xrai(baseline, segments)
```

代码❶为“黑(图像)”IG基准，代码❷为“白(图像)”IG基准。

6.8 深度学习重要特征(DeepLIFT)

DeepLIFT同样采用反向传播的方法，针对梯度饱和(输入值进入激活函数的饱和区，导致梯度为0)和梯度不连续(会导致伪影)的问题，提出用“参考间差异”替代梯度的解决思想。

6.8.1 DeepLIFT原理

DeepLIFT通过比较激活值参考间差异来确定输入特征的重要性。与传统的梯度法相比，它能更精确地评估非线性层中的输入影响。这里所谓“参考间差异”是指输入流经神经元对输出贡献的量化，也就是输入特征对模型预测结果的贡献度。

对于该贡献度的理解包括两层含义：其一，若用 x_i 表示单层神经元或多层神经元的集合，则输入特征经过 x_i 将会产生输出 t，t 中蕴含了输入的贡献 Δt；其二，正如前面积分梯度敏感性中讨论的那样，在进行归因计算时应当选取参考点。因此，DeepLIFT也引入“参考点”，只不过是人为选择的中性的输入作为该参考点。在不同的任务中，DeepLIFT参考点的选取也不尽相同，例如：对于MNIST任务，使用全黑图片作为“参考”；对于CIFAR10任务，使用原始图像的模糊版本能突出目标输入的轮廓，在全黑图片作为参考时产生了一些难以解释的像素；对于DNA序列分类任务，以ATGC(四种碱基，即腺嘌呤、胸腺嘧啶、鸟嘌呤、胞嘧啶)的期望频率作为“参考”，等等。

综合上述两点，给出 DeepLIFT 贡献值计算式：

$$\Delta t = t - t^0 \tag{6-30}$$

即为参考间差异的定义，其中 t^0 是 t 的参考点激活值。

DeepLIFT 还认为参考间差异是输入的贡献分数累加和，记为 $\sum_i^n C_{\Delta x_i \Delta t} = \Delta t$，$C_{\Delta x_i \Delta t}$ 就是与输出 t 的神经元相连的输入诸神经元 x_i，所导入输入的贡献分数之和。

$C_{\Delta x_i \Delta t}$ 的优势是：即使 $\partial t/\partial x_i$ 为 0，它也不为 0，方便了相关计算；克服了“梯度”及“梯度与输入积”两种方式带来的曲线不连续的问题，如图 6-7 所示。

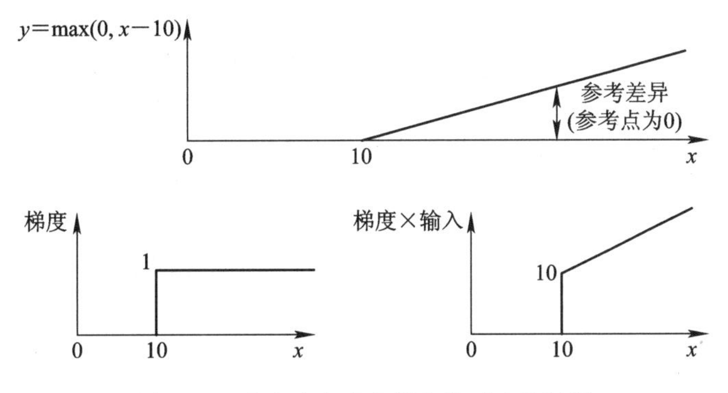

图 6-7　参考点方法克服曲线不连续问题

对于函数 $y = \max(0, x-10)$，在 $x = 10$ 处都是不连续的，但是如果用参考点“0”的参考差异来计算贡献值，则曲线是连续的。

在计算时，DeepLIFT 给出了“乘数”(Multiplier)和与导数类似的“链式法则”。

乘数：

$$m_{\Delta x_i \Delta t} = \frac{C_{\Delta x_i \Delta t}}{\Delta x_i} \tag{6-31}$$

这里乘数与偏导数类似：偏导数 $\partial t/\partial x_i$ 是 x_i 产生无穷小变化时 t 的变化率；而乘数是 x_i 产生一定量的变化后 t 的变化率。

对于一个神经网络，输入神经元是 x_0，…，x_n，隐层神经元是 y_0，…，y_n，如用 $m_{\Delta x_i \Delta y_j}$ 和 $m_{\Delta y_i \Delta t}$ 分别表示两层神经元的参考差异，则总的参考差异可以采用链式法则计算如下：

$$m_{\Delta x_i \Delta t} = \sum_j m_{\Delta x_i \Delta y_j} m_{\Delta y_j \Delta t} \tag{6-32}$$

利用该式，就可以通过反向传播计算神经网络中任意神经元的参考差异了。

进一步讨论，认为参考差异存在“+”和“−”，对于神经元 y 有

$$\Delta y = \Delta y^+ + \Delta y^- \tag{6-33}$$

$$C_{\Delta y \Delta t} = C_{\Delta y^+ \Delta t} + C_{\Delta y^- \Delta t} \tag{6-34}$$

基于上述定义，DeepLIFT 给出了分配神经元贡献的几种具体规则，包括线性规则(Linear Rule)、缩放规则(Rescale Rule)、重取消规则(Revealcancel Rule)。其中，线性规则适合全连接层和卷积层的计算；缩放规则适合非线性层(如激活层 ReLU 等)的计算；重取消规则是缩放规则的进一步改进。

6.8.2 DeepLIFT实现

DeepLIFT规则可形成6种组合(包括不使用任何规则，即为原始梯度计算)，用enum类来定义，具体如下：

```
class DeepLIFTRules(enum):
    NoRule=0                    # 原始梯度反向传播
    Rescale=1                   # ReLU单元尺度缩放规则
    RevealCancel=2              # ReLU单元正负贡献分而治之规则
    Linear=3                    # 线性单元线性规则
    LinearRescale=4             # 线性与尺度缩放规则兼有
    LinearRevealCancel=5        # 线性与分而治之规则兼有
```

DeepLIFT的类(DeepLift.py)实现如下：

```
class DeepLIFT:
    def__init__(self, model, rule: DeepLIFTRules):
        self.device=torch.device("cuda" if torch.cuda.is_available() else "cpu")

        self.model=model
        self.rule=rule
        self.hooks=[]

        self._last_prediction=-1

    def __call__(self, x, index=None):
        try:
            self._prepare_layers()                          #❶

            self._replace_forward_method()                  #❷
            self._register_backward_hook()                  #❸
            self._generate_baseline(x)                      #❹

            x=x.to(self.device)
            x.requires_grad=True

            output=self.model(x).to(self.device)
            self.model.zero_grad()

            if index==None:
                self._last_prediction=output.argmax().item()
            else:
                self._last_prediction=class_idx
            grad_out=torch.zeros(output.shape).to(self.device)
            grad_out[0][self._last_prediction]=1.0
```

```
            output.backward(grad_out)                      #❺

            self.cleanup()

            return x.grad.data.to(self.device).detach().cpu()
        finally:
            self.cleanup()

    def _prepare_layers(self):
        def _init_layers(layer):
            layer.inputs=[]
            layer.outputs=[]

        self.model.apply(_init_layers)

    def _replace_forward_method(self):
        device=self.device

        def add_forward_hook(layer):
            def forward_hook(self, input, output):
                self.inputs.append(input[0].data.clone().to(device))
                self.outputs.append(output[0].data.clone().to(device))

            if self.rule ! =DeepLIFTRules.NoRule:
                self.hooks.append(layer.register_forward_hook(forward_hook))

        self.model.apply(add_forward_hook)

    def _register_backward_hook(self):
        device=self.device
        def register_hook(layer):
            def rescale_hook(self, input, grad_out):
                pass

            def reveal_cancel_hook(self, input, grad_out):
                pass

            def linear_hook(self, input, grad_out):
                pass

            def linear_conv_hook(self, input, grad_out):
                pass
```

```
            if self.rule != DeepLIFTRules.NoRule:
                if isinstance(layer, torch.nn.ReLU) and self.rule != DeepLIFTRules.Linear: # ❻
                    if self.rule == DeepLIFTRules.LinearRescale or self.rule == \
                                                        DeepLIFTRules.Rescale:
                        self.hooks.append(layer.register_backward_hook(rescale_hook))
                    else:
                        self.hooks.append(layer.register_backward_hook(reveal_cancel_hook))
                elif isinstance(layer, torch.nn.Linear) and
                        (self.rule == DeepLIFTRules.LinearRescale or self.rule == \
                         DeepLIFTRules.LinearRevealCancel or self.rule == DeepLIFTRules.Linear):
                        self.hooks.append(layer.register_backward_hook(linear_hook))
                elif isinstance(layer, torch.nn.Conv2d) and \
                            (self.rule == DeepLIFTRules.LinearRescale or self.rule == \
                                    DeepLIFTRules.LinearRevealCancel or self.rule == \
                                                        DeepLIFTRules.Linear):
                        self.hooks.append(layer.register_backward_hook(linear_conv_hook))

        self.model.apply(register_hook)                                    # ❼

    def _generate_baseline(self, x):
        self.model(torch.zeros(x.shape).to(self.device)).to(self.device)

    def cleanup(self):
        for hook in self.hooks:
            hook.remove()

        self.hooks = []
```

上述代码定义的DeepLIFT类初始化函数，将导入的参数赋值给本地变量。DeepLIFT的功能主要是由__call__函数完成的，顺序调用_prepare_layers(见代码❶)、_replace_forward_method(见代码❷)、_register_backward_hook(见代码❸)、_generate_baseline函数(见代码❹)，进行一次反向传播获得目标梯度后返回(见代码❺)。

_prepare_layers函数进行参数存储变量准备，声明两个空列表分别用于输入与输出的存储。replace_forward_method函数为前向传播安装钩子。_register_backward_hook函数为反向传播安装钩子，其中DeepLIFT不同规则的实现就是由反向钩子处理实现的，这些处理分别是rescale_hook、reveal_cancel_hook、linear_hook、linear_conv_hook。_register_backward_hook会根据规则和层类型的不同安装不同的钩子，以实现不同规则(见代码❻)的计算。_generate_baseline函数生成一个全零的基准线。

在上述成员函数的定义中，代码❼使用了PyTorch的apply(func)函数，该函数可以在每个子模组递归地执行fanc操作，是上述代码各层操作实现的关键。下面的代码(model_apply_ins.py)展示了apply(func)函数的应用示例。

```
class Net(nn.Module):
    def__init__(self, in_dim=1, n_hidden_1=1, n_hidden_2=1, out_dim=1):
```

```
        super().__init__()

        self.layer=nn.Sequential(
            nn.Linear(in_dim, n_hidden_1),
            nn.ReLU(True),
            nn.Linear(n_hidden_1, n_hidden_2),
            nn.ReLU(True),
            nn.Linear(n_hidden_2, out_dim)
        )

    def forward(self, x):
        x=self.layer1(x)
        x=self.layer2(x)
        x=self.layer3(x)
        return x

def layer_visitt(m):
    print(m)

model=Net()
model.apply(layer_visit)
```

上述代码通过 model.apply(layer_visit)访问模型的各层。

6.9 全梯度(FullGrad)

6.9.1 FullGrad 原理

对于 CNN 可视化解释，如果解释图仅仅是评价单个输入像素的重要度，而忽视对多个像素构成的结构进行评价，则解释图是不合理的。例如：对于即使丢失了部分像素的“自行车”照片，其内容依然是可以被识别的，但是如果“车轮”或“链条”等多个像素构成的结构要素丢失了则图片就难以识别了。因此，合理的解释图应当既考虑单个像素重要度，也要去捕捉多个像素形成结构(由特征检测器或神经元识别)的重要度。

基于上述考虑，将带有偏置的 ReLU 神经网络等效函数 f 定义如下：

$$f(\boldsymbol{x};\boldsymbol{b})=\nabla_x f(\boldsymbol{x};\boldsymbol{b})^{\mathrm{T}}x+\nabla_b f(\boldsymbol{x};\boldsymbol{b})^{\mathrm{T}}b \tag{6-35}$$

上式由两部分构成，即$\nabla_x f(\boldsymbol{x};\boldsymbol{b})^{\mathrm{T}}$、$\nabla_b f(\boldsymbol{x};\boldsymbol{b})^{\mathrm{T}}$，前者称为输入梯度(input-gradient)，后者称为偏置梯度(bias-gradient)，合称全梯度(full-gradient)。

全梯度在 CNN 上的实现就是 FullGrad。在具体 CNN 的 FullGrad 计算时，输入梯度已经在前述的多种反向传播方法中都已经实现了，可以复用；而对于偏置梯度，FullGrad 认为可以通过下式计算：

$$f^b(\boldsymbol{x})=\nabla_b f(\boldsymbol{x})\odot \boldsymbol{b} \tag{6-36}$$

f^b 就是偏置梯度，其中 $\boldsymbol{b}$ 就是CNN的偏置值。

利用该式就可以绘制关于偏置梯度的CNN每一个神经元 c 和每层的可视化空间图，前者对应每一个滤波器，后者通过将同层的滤波器可视化图进行累计得到，具体如下式：

$$\sum_{c\in C_L} f^b(\boldsymbol{x})_c \tag{6-37}$$

式中，$f^b(\boldsymbol{x})_c$ 表示神经元 c 的偏置梯度，C_L 为 L 层所有神经元的集合。

为了使可视化图具有更好的对比度，FullGrad对于输入需要进行后处理(post-processing)步骤，该后处理可以描述为函数 $\psi(\cdot)$，并有

$$\psi(\cdot)=\text{bilinearUpsample}(\text{rescale}(\text{abs}(\cdot))) \tag{6-38}$$

该函数自内到外分别是取绝对值(abs)、尺度变换rescale和双线性插值bilinearUpsample上采样，其中尺度变换使得取值在(0，1)区间，双线性插值上采样使得可视化图与原图尺寸一致。$\psi(\cdot)$的选取与具体的任务数据有很大关系，应当具体问题具体分析。后续代码所实施的后处理是，为了适合图像可视化而做出的一种选择。

结合该 $\psi(\cdot)$函数，式(6－37)变形为下式：

$$S_f(\boldsymbol{x})=\psi(\nabla_x f(\boldsymbol{x})\odot \boldsymbol{x})+\sum_{l\in L}\sum_{c\in c_L}\psi(f^b(\boldsymbol{x})_c) \tag{6-39}$$

式中，$f(\boldsymbol{x})$为 $f(\boldsymbol{x};\boldsymbol{b})$的简写，$f^b(\boldsymbol{x})$即为$\nabla_b f(\boldsymbol{x};\boldsymbol{b})^{\mathrm{T}}\odot \boldsymbol{b}$ 的简写，l 为模型的层。

6.9.2 FullGrad实现

FullGrad操作需要提取模型的梯度和偏置(可以与输入无关)，下面FG_Extractor(FullGradExtractor.py)实现了该提取。

```
class FG_Extractor:
    def__init__(self, model, im_size=(3, 224, 224)):
        self.model=model
        self.im_size=im_size

        self.biases=[]
        self.feature_grads=[]
        self.grad_handles=[]

        for m in self.model.modules():
            if isinstance(m, nn.Conv2d) or isinstance(m, nn.Linear) or isinstance(m, nn.
                                                                    BatchNorm2d): #❶
                handle_g=m.register_backward_hook(self._extract_layer_grads)  #❷
                self.grad_handles.append(handle_g)

                b=self._extract_layer_bias(m)
                if (b is not None): self.biases.append(b)

    def _extract_layer_grads(self, module, in_grad, out_grad):
```

```
            if not module.bias is None:
                self.feature_grads.append(out_grad[0])                     #❸

    def _extract_layer_bias(self, module):
        if isinstance(module, nn.BatchNorm2d):
            b=-(module.running_mean * module.weight
                    / torch.sqrt(module.running_var+module.eps))+module.bias #❹
            return b.data
        elif module.bias is None:
            return None
        else:
            return module.bias.data

    def getFeatureGrads(self, x, output_scalar):                           #❺
        self.feature_grads=[]
        self.model.zero_grad()
        # Gradients w.r.t. input
        input_gradients=torch.autograd.grad(outputs=output_scalar, inputs=x)[0]

        return input_gradients, self.feature_grads

    def getBiases(self):                                                   #❻
        return self.biases
```

上述代码中，代码❶FG_Extractor 类初始化函数首先对模型的卷积层、全连接层和 BN 层进行筛选❶；如果属于上述层，则代码❷安装反向传播钩子；代码❸中该钩子将梯度记入 feature_grads 列表(结构为梯度张量构成的列表)；接着通过 extract_layer_bias 函数提取偏置，如果该层为 BN 层则偏置要重新计算(见代码❹)。FG_Extractor 类还提供了成员函数 getFeatureGrads(见代码❺)和 getBiases(见代码❻)，可以访问上述提取的模型梯度和偏置。

按照前述 FullGrad 方法，下面代码(FullGrad.py)实现了对输入的可视化解释。

```
class FullGrad():
    def__init__(self, model, im_size=(3, 224, 224)):
        self.model=model
        self.im_size=(1, )+im_size
        self.model_ext=FG_Extractor(model, im_size)
        self.biases=self.model_ext.getBiases()
        self.checkCompleteness()

    def checkCompleteness(self):                        #❶
        cuda=torch.cuda.is_available()
        device=torch.device("cuda" if cuda else "cpu")
```

```
        input=torch.randn(self.im_size).to(device)                  # ❷
        self.model.eval()
        raw_output=self.model(input)
        input_grad, bias_grad=self.fullGradientDecompose(input, target_class=None)
                                                                    # 进行全梯度分解

        fullgradient_sum=(input_grad * input).sum()
        for i in range(len(bias_grad)):
            fullgradient_sum+=bias_grad[i].sum()

        err_message="\nThis is due to incorrect computation of bias-gradients."
        err_string="Completeness test failed! Raw output="+str(
            raw_output.max().item())+" Full-gradient sum="+str(fullgradient_sum.item())

        assert isclose(raw_output.max().item(), fullgradient_sum.item(), rel_tol=1e-4), \
                                                      err_string+err_message # ❸
        print('Completeness test passed for FullGrad.')

    def fullGradientDecompose(self, image, target_class=None):           # ❹
        self.model.eval()

        image=image.requires_grad_()
        out=self.model(image)

        if target_class is None:
            target_class=out.data.max(1, keepdim=True)[1]

        output_scalar=-1. * F.nll_loss(out, target_class.flatten(), reduction='sum')

        input_gradient, feature_gradients=self.model_ext.getFeatureGrads(image, output_scalar)

        bias_times_gradients=[]
        L=len(self.biases)

        for i in range(L):
            g=feature_gradients[L-1-i]

            bias_size=[1] * len(g.size())
            bias_size[1]=self.biases[i].size(0)
            b=self.biases[i].view(tuple(bias_size))

            bias_times_gradients.append(g * b.expand_as(g))
```

```
        return input_gradient, bias_times_gradients

    def _postProcess(self, input, eps=1e-6):                                    # ❺
        input=abs(input)

        flatin=input.view((input.size(0), -1))
        temp, _=flatin.min(1, keepdim=True)
        input=input-temp.unsqueeze(1).unsqueeze(1)

        flatin=input.view((input.size(0), -1))
        temp, _=flatin.max(1, keepdim=True)
        input=input / (temp.unsqueeze(1).unsqueeze(1)+eps)
        return input

    def__call__(self, image, target_class=None):
        self.model.eval()

        input_grad, bias_grad=self.fullGradientDecompose(image, target_class=target_class)

        grd=input_grad * image
        gradient=self._postProcess(grd).sum(1, keepdim=True)
        cam=gradient

        im_size=image.size()

        for i in range(len(bias_grad)):
            if len(bias_grad[i].size())==len(im_size):                   # 只选择卷积层
                temp=self._postProcess(bias_grad[i])
                gradient=F.interpolate(temp, size=(im_size[2], im_size[3]), \
                                        mode='bilinear', align_corners=True)
                cam+=gradient.sum(1, keepdim=True)                       # ❻
        return cam
```

上述代码中，代码❶中的 checkCompleteness 函数会进行完成性检查，如果不通过则意味着一些偏置梯度不可计算；代码❷将随机生成的输入导入待解释的模型得到原始输出，作为后续比较参照(可见对网络的测试与输入无关)，之后进行全体梯度分解，按照公式(6-39)计算全梯度；代码❸是整个测试的核心，其操作就是利用 math.isclose()方法对上面获得的原始输出(output)最大值与全梯度(fullgradient_sum)进行比较，用于检查两个值是否彼此接近，接近 assert(断言)返回 True，否则触发异常；代码❹中的 fullGradientDecompose 函数实施全梯度分解，获得输入梯度和偏置梯度(借助了前述代码中的 FG_Extractor 类对象记录结果)。代码❺中的_postProcess 函数实现了(6-40)中的后处理。两部分的梯度在__call__函数中代码❻处进行最终整合，得到解释图。

6.10 模式网络(PatternNet)

梯度本身存在很多问题，最为突出的莫过于梯度的饱和性和不稳定性，这些问题都给模型的解释带来很大的困扰。为此，人们又开始尝试从信号分析的角度去思考可解释问题。

6.10.1 PatternNet 原理

从信号分析的角度看待分类模型，其实质就是进行滤波分析。

我们可以将模型的输入数据 $\boldsymbol{x}$ 视为由分类信号 $\boldsymbol{s}$ 和噪声 $\boldsymbol{d}$ 两部分构成的复合信号，即 $\boldsymbol{x}=\boldsymbol{s}+\boldsymbol{d}$，其中 $\boldsymbol{s}=y\boldsymbol{a}_s$，$\boldsymbol{d}=\varepsilon\boldsymbol{a}_d$，$\boldsymbol{a}_s$ 和 $\boldsymbol{a}_d$ 为方向矢量，y 为预期的模型分类，$\varepsilon\sim \boldsymbol{N}(\mu, \sigma^2)$。从预期的分类效果不难看出，只有信号 $\boldsymbol{s}$ 本身对于分类结果 y 有贡献。经过预训练的模型，可以进行正确分类，是因为模型可以过滤掉 $\boldsymbol{d}$ 的影响。以线性回归模型为例，模型权重矢量 $\boldsymbol{w}$ 从输入 $\boldsymbol{x}$ 中分离出信号 $\boldsymbol{s}$，并输出 y，即 $y=\boldsymbol{w}^{\mathrm{T}}\boldsymbol{x}$。为了达到该效果，模型需要“过滤”$\boldsymbol{d}$ 的影响，因此 $\boldsymbol{w}$ 尽可能地与 $\boldsymbol{d}$ 正交，即 $\boldsymbol{w}^{\mathrm{T}}\boldsymbol{d}=0$，这就是 $\boldsymbol{w}$ 之所以被称为“过滤器”的原因。换句话说，从信号矢量的方向来看，$\boldsymbol{w}$ 的方向首先应与 $\boldsymbol{d}$ 正交，并不保证与 $\boldsymbol{s}$ 一致。

上述的滤波器信号过滤示意如图 6-8 所示。

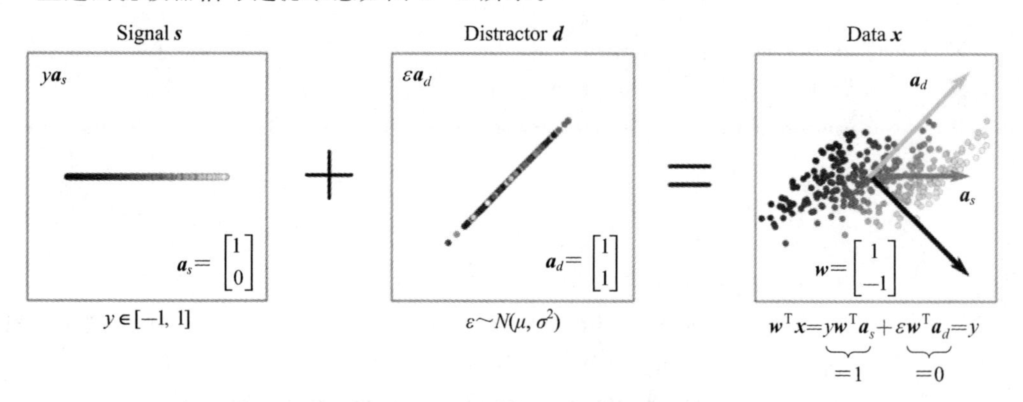

图 6-8　滤波器信号过滤示意

图中，$\boldsymbol{a}_d$ 为噪声矢量方向、$\boldsymbol{a}_s$ 为信号矢量方向(称为 Pattern，模式)，这两个方向复合成输入 $\boldsymbol{x}$，而模型的权重矢量 $\boldsymbol{w}$ 与 $\boldsymbol{a}_d$ 方向正交。进而可以得出结论：在有噪声的情况下，过滤器权重方向与信号方向是不一致的。进而可知，如果不对 $\boldsymbol{w}$ 进行修正，直接将其用于反向传播解释，则得到的解释并不保证与信号 $\boldsymbol{s}$ 一致。

下面重新探讨前面已经介绍过的基于梯度的反向传播可视化解释方法，探讨它们是否都符合这种思想。

显著图估计了输入空间中沿特定方向的影响 y(也就是进行灵敏度分析)，其中获得的解释图方向，是由原来模型反向传播梯度计算得到的。显然，该解释会受到 $\boldsymbol{d}$ 的影响，因此不能表示信号 $\boldsymbol{s}$。

反卷积和导向反传播尝试可视化解释深度神经网络，这同样依赖于原模型的权重梯度，该梯度也不是 $\boldsymbol{a}_s$ 和信号 $\boldsymbol{s}$ 的方向。因此，这两种方法不能保证为模型生成信号解释。

LRP 通过逐层评估信号大小对输出的贡献，进行可视化解释。对于线性模型，可以通过将信号与权重向量逐个元素相乘来获得最佳贡献的估算。在 LRP 的基础上，DTD 进一步根据输入的贡献来分解神经元的激活，并利用根节点$\tilde{x}$的一阶泰勒展开实现。如果根节点对应于$\tilde{x}=\boldsymbol{d}$，从而 DTD 可以获得$\hat{s}=\boldsymbol{x}-\tilde{x}$，进而消除了 $\boldsymbol{d}$ 的影响，这样就满足了上述信号分析的要求。但是，DTD 并没有明确地提出对 $\boldsymbol{a}_s$ 的求解。

由上面的分析可知，要想获得对信号 $\boldsymbol{s}$ 的解释，获得 $\boldsymbol{a}_s$ 是关键。也就是进行可视化解释，应该是获得与 $\boldsymbol{s}$ 方向一致的模式 $\boldsymbol{a}_s$，并计算 $y\boldsymbol{a}_s$ 得到输入信号 $\boldsymbol{s}$，而不是利用原来模型的 $\boldsymbol{w}$ 进行反向传播来求取 $\boldsymbol{s}$。对于一个满足条件 $y=\boldsymbol{w}^{\mathrm{T}}\boldsymbol{x}$，$y=\boldsymbol{w}^{\mathrm{T}}\boldsymbol{s}$，$0=\boldsymbol{w}^{\mathrm{T}}\boldsymbol{d}$ 训练完成的网络，进行前向传播可以利用 $\boldsymbol{w}$ 滤除 $\boldsymbol{d}$ 的影响，但是直接利用权重为 $\boldsymbol{w}$ 的网络进行反向传播则不能消除 $\boldsymbol{d}$ 的影响。解决方法是寻找一个使得残差 $\boldsymbol{x}-\hat{s}$ 包含 y 最少有关信息的信号估计器(Signal Estimator)：$\boldsymbol{S}(x)=\hat{s}$。依据优化器评估质量标准计算(推导略)，给出 CNN 的信号 $\boldsymbol{S}_a$ 的估计器表达式：

$$\boldsymbol{S}_a(\boldsymbol{x})=\boldsymbol{a}\boldsymbol{w}^{\mathrm{T}}\boldsymbol{x} \tag{6-40}$$

其中，

$$\boldsymbol{a}=\frac{\mathrm{cov}[\boldsymbol{x},\ y]}{\sigma_y^2} \tag{6-41}$$

式中，cov 为协方差，σ 为标注差，$\boldsymbol{x}$ 为样本。

由于在前向传播过程中，CNN 的 ReLU 激活会消除信号的负影响，但是在进行信号恢复的时候不应该将负影响视而不见，仍需计算以近似信号，依次提出如下区分积极和消极状态的双分量估计器(Two-component Estimator)：

$$\boldsymbol{S}_{a+-}(\boldsymbol{x})=\begin{cases}\boldsymbol{a}_+\ \boldsymbol{w}^{\mathrm{T}}\boldsymbol{x}, & \boldsymbol{w}^{\mathrm{T}}\boldsymbol{x}>0\\ \boldsymbol{a}_-\ \boldsymbol{w}^{\mathrm{T}}\boldsymbol{x}, & \text{其他}\end{cases} \tag{6-42}$$

该估计器按照 ReLU 整流器将模型分为 $\boldsymbol{a}_+$ 和 $\boldsymbol{a}_-$ 两个分量。

利用上式中的 $\boldsymbol{S}_{a+-}$，就可以得到模式网络(Pattern Net)与模式归因(Pattern Attribution)两种输入信号 $\boldsymbol{s}$ 的估计方法。前者通过反向传播 $\boldsymbol{a}_+$ 改进了反卷积和导向反传播，而后者利用反向传播 $\boldsymbol{r}=\boldsymbol{w}\odot\boldsymbol{a}_+$ 改进了 LRP(可以视作一种带根点估计的 DTD 扩展)。

6.10.2　PatternNet 实现

如下代码(PatternNet_attr. py)通过对类(PatternNet)调用 main 函数，实现了模式网络与模式归因。

```
device=torch.device('cuda' if torch.cuda.is_available() else 'cpu')

pretrained_model=models.vgg16(pretrained=True).to(device)   # 导入模型
#print(pretrained_model)
pretrained_model.eval()

PN=PatternNet(pretrained_model)
PN_modules=None
PN_modules=PN.convert_model(pretrained_model, PN_modules)          #❶
```

```
img=Image.open("catdog.png")

transforms=T.Compose([
    T.Resize((224, 224)),
    T.ToTensor(),
    T.Normalize(mean=[0.485, 0.456, 0.406], std=[0.229, 0.224, 0.225]),
])
img_tensor=transforms(img).unsqueeze_(0)
img_tensor.requires_grad_(True)

# 比较两个模型的预测
y=pretrained_model(img_tensor)
PN_y=PN_modules(img_tensor)
assert torch.allclose(y, PN_y, atol=1e-4, rtol=1e-4), "\n\n%s\n%s\n%s" % \
                    (str(y.view(-1)[:10]), str(PN_y.view(-1)[:10]), \
                                        str((torch.abs(y-PN_y)).max()))      # ❷
print("Done testing")

# 导入数据
_mean=torch.tensor([0.485, 0.456, 0.406], device=device).view((1, 3, 1, 1))
_std=torch.tensor([0.229, 0.224, 0.225], device=device).view((1, 3, 1, 1))

transform=T.Compose([ T.Resize(256), T.CenterCrop(224), T.ToTensor (), \
                T.Normalize(mean=_mean.flatten(), std=_std.flatten()), ])

trainset=datasets.ImageFolder(root='./tiny-imagenet-200/train', transform=transforms)
train_loader=DataLoader(trainset, batch_size=12, shuffle=True)

patterns=PN._fit_pattern(PN_modules, train_loader, max_iter=None, device=device, \
                                        mask_fn=lambda y: y>=0)      # ❸
print("Done patterning")
print(len(patterns))

# Forward pass
Rule='patternattribution'    # "patternnet"
y_hat_lrp=PN_modules.forward(img_tensor, explain=True, rule=Rule, pattern=patterns) # ❹

# # Choose argmax
y_hat_lrp=y_hat_lrp[torch.arange(img_tensor.shape[0]), y_hat_lrp.max(1)[1]]
y_hat_lrp=y_hat_lrp.sum()

# Backward pass (compute explanation)
y_hat_lrp.backward()                                                  # ❺
```

```
attr=img_tensor.grad
```

在导入模型后，代码❶对模型进行改造，该改造对模型的各层前向函数(forward)分别进行实施，主要是增加用于记录样本输入模型后的统计值，以及进行反向传播波时的数据提取；为了测试改造后的模型是否偏离了原模型，代码❷对改造后的模型导入数据后与原模型进行张量的 torch.allclose 比较；通过比较测试后，代码❸就可以导入数据提取模型的模式，这里假设进行模式提取的数据就是模型训练的数据，且有足够的算力支持该模式的提取；代码❹将提取后的模式导入改造模型，调用 forward 函数对输入图像进行解释；这里解释是通过与 LRP 类似的逐层反向传播的代码❺实现。

本 章 小 结

除了本章介绍的方法之外，梯度的变式方法还有 Blur IG、GradientShap 等，以及新涌现的方法，此处不再一一介绍。

不难看出，这些方法总体依然按照反向传播的思路实现，但是更加关注传播过程中梯度相关的控制规则设计，同时考虑到参考点、噪声的消除、层间处理的差异，以及对于梯度的进一步细分等问题。由于梯度本身具有饱和、消失/爆炸等先天性缺陷，因此其改进工作始终会围绕着这些问题不断展开。

本章实现的解释效果图如图 6-9 所示，读者可以进行直观比较。

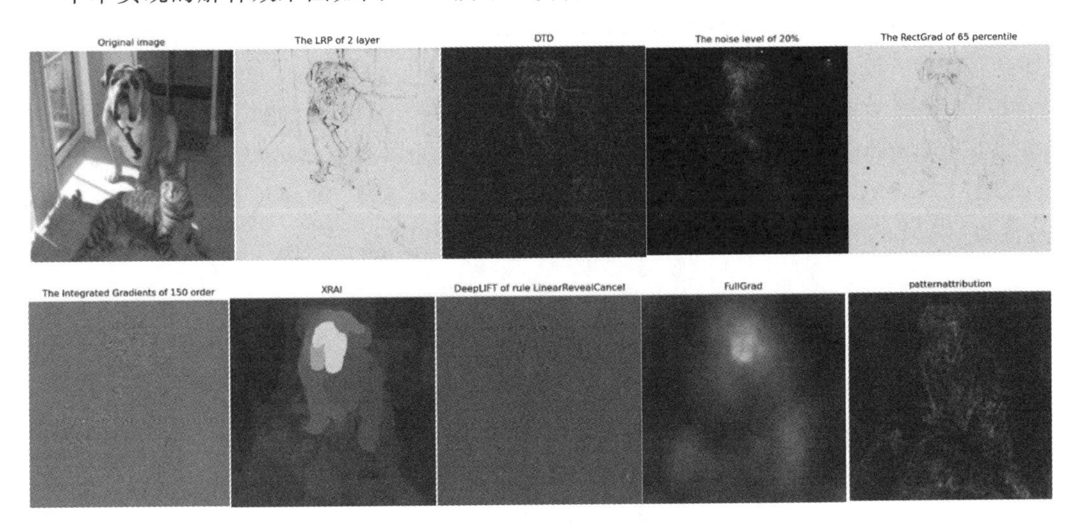

图 6-9　梯度变式可视化解释效果图

梯度可视化解释方法可以说是目前理论上相对完善的方法，但是也必须注意到基本梯度方法存在的缺陷。通过引入更多的修正方法，可以使得梯度方法在清晰度、可懂度方面得到显著改进。目前，如何进一步改进梯度方法，并将其用于更多的深度模型，依然是一个研究热点问题。

第7章 类激活改进可视化解释

CAM是一种非常直观有效的可解释方法，已得到广泛认可。考虑到基本CAM的一些局限，同时结合其他可解释技术，人们基于CAM的思想(见5.2.1节)又提出了许多改进方法。这些方法的区别主要在于如何获得公式(5-1)中的权值w_k^C。为了便于讨论区分，根据这些方法与梯度的依赖关系，将它们分为梯度依赖和梯度非依赖(也称为基于扰动)两种。

梯度依赖的类激活改进方法，主要是考虑到反向传播技术与CAM各有优缺点，因此尝试对二者进行结合，具体方法包括Grad-CAM、Grad-CAM++、Guided Grad-CAM、XGrad-CAM，以及引入注意力机制的L-CAM-Fm和L-CAM-Img等。

梯度依赖类CAM虽然提高了CAM的可视化质量，但是却离不开梯度的支持，因此增加了应用的条件限制。为了摆脱梯度依赖，人们又尝试寻找梯度以外的w_k^C表示方式，这就是梯度非依赖方法，其代表方法包括Score-CAM、Ablation-CAM、Eigen-CAM等。

由于CAM类的应用价值，已经有机构将其整合为PyTorch的第三方库供人们使用。本章将以pytorch-grad-cam库为例进行介绍。该库可以提供GradCAM、HiResCAM、ScoreCAM、GradCAMPlusPlus、AblationCAM、XGradCAM、EigenCAM、FullGrad等方法，使得CAM的实现变得非常轻松便捷。

7.1 梯度依赖CAM

基本CAM的特征图可视化要求修改原模型的结构并重新训练，这一点在很多场合下是不现实的。为此，可以使用卷积层梯度信息来得到w_k^C，这就是梯度依赖的CAM的主要思想，其方法包括Grad-CAM、Guided Grad-CAM、Grad-CAM++、XGrad-CAM、HiResCAM、LayerCAM、Group-CAM、Smooth Grad-CAM、SS-CAM、IS-CAM等。

7.1.1 Grad-CAM与Guided Grad-CAM

为了不修改网络就可以实现CAM，Selvaraju提出使用流入CNN最后一层卷积层的梯度信息来理解每个神经元对于目标决定的重要性，这就是Grad-CAM。Grad-CAM通过累加梯度得到类激活图，无须修改和重新训练网络就可以得到解释图，其原理如图7-1所示。

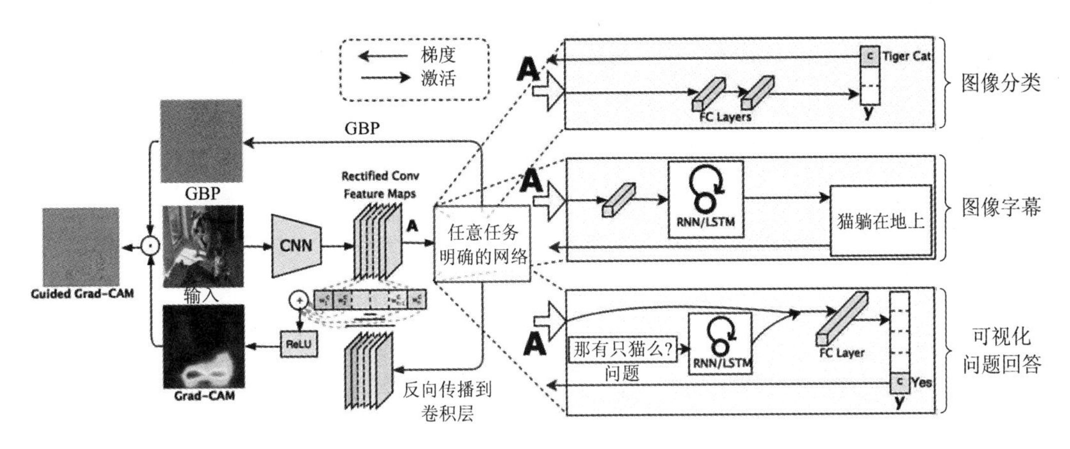

图 7-1　Grad-CAM 原理图

从图中可以看出，Grad-CAM 与 CAM 的思路基本一致，二者的主要区别在于利用导数求解 w_k^C，具体是：先将图片输入网络得到分类分数 y^C，再取出最后一层的 K 个特征图，分别用第 k 个特征图中的每个像素 A_{ij}^k 对 y^C 求偏导，然后再将求得的导数累加起来求均值，便得到了 w_k^C，公式如下：

$$w_k^C = \frac{1}{Z}\sum_i \sum_j \frac{\partial y^C}{\partial A_{ij}^k} \tag{7-1}$$

其中，Z 为一幅特征图的像素总个数。

通过式(7-1)获得的 K 个特征图的 w_k^C 乘以对应的特征图 $\boldsymbol{A}^K$，再将 K 个该结果求和并输入到 ReLU 函数中，输出即为与特征图尺寸相同的热力图，如下所示：

$$L_{\text{Grad-CAM}}^C = \text{ReLU}\left(\sum_K w_k^C \cdot \boldsymbol{A}_{ij}^k\right) \tag{7-2}$$

Grad-CAM 之所以对最终的特征图加权和增加了一个 ReLU，其原因在于可视化解释只关心对类别 C 有正影响的那些像素点，如果不加 ReLU 层则最终可能会引入一些属于其他类别的像素，从而影响解释的效果。有学者经过严格的数学推导，证明 Grad-CAM 与基本 CAM 计算出来的热力图权重是等价的。

从图 7-1 中可以很清楚地发现，Grad-CAM 还可以与 RNN/LSTM 自然语言处理网络互动，真正做到了对分类问题予以自然语言解释的功能。

Grad-CAM 可以利用第三方库 pytorch-grad-cam 库(详见 7.3 节介绍)实现，示例代码(Grad_CAM.py)如下：

```
from pytorch_grad_cam import GradCAM          # ❶
from pytorch_grad_cam.utils.model_targets import ClassifierOutputTarget
from pytorch_grad_cam.utils.image import show_cam_on_image
from torchvision.models import resnet50
from torchvision import transforms as T
from PIL import Image
from matplotlib import pyplot as plt
import numpy as np

model=resnet50(pretrained=True)               # ❷
```

```
target_layers=[model.layer4[-1]]                    # ❸

img=Image.open('./catdog.png')                      # ❹
rgb_img=np.float32(img)/255
plt.imshow(img)
transform=T.Compose([ T.ToTensor()])
input_tensor  =transform(img).unsqueeze(dim=0)

cam=GradCAM(model=model, target_layers=target_layers) #, use_cuda=args.use_cuda) # ❺
targets=[ClassifierOutputTarget(218)]                                    # ❻

grayscale_cam=cam(input_tensor=input_tensor, targets=targets)            # ❼

grayscale_cam=grayscale_cam[0, :]                                        # ❽
visualization=show_cam_on_image(rgb_img, grayscale_cam, use_rgb=True)
plt.imshow(visualization)
plt.axis("off")
plt.show()
```

上述代码的具体操作包括以下步骤：导入相关的包并加载模型(这里除了 Grad-CAM 还可以选择 pytorch-grad-cam 支持的其他类型 CAM，详见 7.3.1 节)，见代码❶；加载模型，一般是预训练好的模型，见代码❷；选择目标层(Target Layer)，指定计算 CAM 的目标层(目标层选择见 7.3.1 节介绍)，见代码❸。

代码❹构建输入图像的张量，使其能传送到 model 中计算。代码❺初始化 CAM 对象，参数包括模型、指定的目标层以及是否使用 cuda 等，此处选择的是 pytorch-grad-cam 的 GradCAM，在创建该 CAM 对象后，后续可以重复调用处理多幅图像。代码❻选定目标类别，如果不设置，则默认选择分数最高的那一类。代码❼计算 CAM。此处，为了减少 CAM 中的噪声，pytorch-grad-cam 支持两种平滑方法：aug_smooth=True 或 eigen_smooth=True(支持分别设置，也支持同时设置)。代码❽展示热力图并保存(这里需要原图配合，将热力图附着到原图上实现)。

对图 7-1 中的 Grad-CAM 进行少量改进就可以获得 Guided Grad-CAM。之所以进行改进，是因为 Grad-CAM 具有类别区分和定位相关图像区域的能力，但它缺乏像像素空间梯度可视化方法(如 GBP、反卷积)那样突出细粒度细节的能力。为此，Selvaraju 进一步又提出了 Grad-CAM 与 GBP 的结合——Guided Grad-CAM。具体是通过元素的乘积(element-wise)将 GBP 和 Grad-CAM(用双线性插值向上采样到输入图像分辨率，从而与 GPB 图尺寸一致)融合在一起。

研究表明，用反卷积代替 GBP 可以得到类似的结果，但是可视化有伪影，相比之下 GBP 的噪声更小。

实现代码(Guided_Grad_CAM.py)功能的部分代码如下：

```
grads=GBP_grad(img_tensor, class_idx)               # ❶
activations=Grad_cam(img_tensor, class_idx)         # ❷
```

```
elementwise_activations=np.maximum(grads * activations, 0)        #❸
```

上面的程序借助于5.3.3节GBP.py定义的GBP类与pytorch-grad-cam库中Grad_cam函数实现了Guided Grad-CAM。在该段代码中，代码❶用于获取GBP图；代码❷用于获取Grad-CAM图；代码❸用于将获得的GBP图与Grad-CAM图进行元素乘法，即得到Guided Grad-CAM解释图。

注意，与前面Grad-CAM图混合时，GBP图需从3维张量转换成2维，以便与Grad_CAM尺寸一致。

现基于VGG11对猫狗图片中的“Mastiff”(ImageNet第243项)进行解释，效果如图7-2所示。图7-2从左至右依次是原图、Grad-CAM、Guided Grad-CAM图。可以看出，Guided Grad-CAM既可以进行准确的类区域发现，又可以对分类关键像素进行清晰的解释，效果很好。

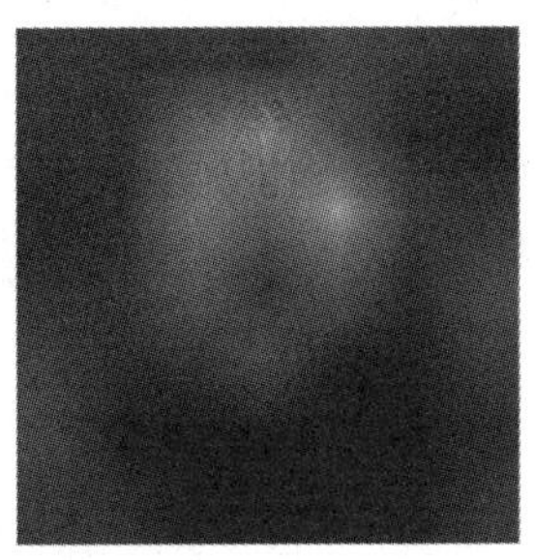

图7-2 Grad-CAM与Guided Grad-CAM比较图

7.1.2 Grad-CAM++

Grad-CAM++和Grad-CAM原理相同，只是Grad-CAM++进一步采用三阶导数计算w_k^C。这里，GradCAM++和Grad-CAM都基于如下假设：

$$y^C=\sum_k w_k^C \cdot \sum_i \sum_j A_{ij}^k \tag{7-3}$$

Grad-CAM++热力图通过下式计算得到：

$$L_{\text{Grad-CAM++}}^C=\sum_K w_k^C \cdot A_{ij}^k \tag{7-4}$$

不同之处在于，Grad-CAM++的w_k^C计算更为复杂，涉及三阶导数，如下式：

$$w_k^C=\sum_i \sum_j \alpha_{ij}^{kc} \cdot \mathrm{ReLU}\left(\frac{\partial y^C}{\partial A_{ij}^k}\right) \tag{7-5}$$

其中，α_{ij}^{kc}是分类C和卷积特征图A^k的像素梯度的加权系数：

$$\alpha_{ij}^{kC}=\frac{\dfrac{\partial^2 y^C}{(\partial A_{ij}^k)^2}}{2\dfrac{\partial^2 y^C}{(\partial A_{ij}^k)^2}+\sum_a \sum_b A_{ab}^k\left\{\dfrac{\partial^3 y^C}{(\partial A_{ij}^k)^3}\right\}} \tag{7-6}$$

如果$\forall i, j$，使$\alpha_{ij}^{kC}=\dfrac{1}{Z}$，则Grad-CAM++等价为Grad-CAM。因此，可以认为Grad-CAM++是Grad-CAM的广义形式。Grad-CAM++的可解释性较CAM和Grad-CAM进一步有所提高。

同样借助于 pytorch-grad-cam 库，Grad-CAM++可以采用以下代码很方便地实现：

```
cam=GradCAMPlusPlus (model=model, target_layers=target_layers)
targets=[ClassifierOutputTarget(class_idx)]
activations=cam(img_tensor, targets=targets)
```

代码中的 GradCAMPlusPlus 即为 Grad-CAM++类，target_layers 是目标层，activations 是获得的 Grad-CAM++解释图。

7.1.3 XGrad-CAM

在前面介绍的 Grad-CAM 中，w_K^C 的计算是通过特征图每个像素 A_{ij}^k 对 y^C 求偏导然后累加起来求均值得到的。此处的均值计算缺乏合理理由，为了解释为何梯度平均值能代表各个特征映射对分类结果的重要性，XGrad-CAM(Axiom basedGrad CAM)在引入了敏感性和保护性两个公理的基础上，提出使用了梯度的加权平均值作为特征映射权值的方法。

下面首先介绍敏感性与一致性(Conservation)的概念。

敏感性：General CAM 满足敏感性，则对于任意一个特征映射，有

$$y_C(\boldsymbol{A}^l)-y_C(\boldsymbol{A}^l\backslash\boldsymbol{A}^{lk})=\sum_{i,j}w_k^C\boldsymbol{A}^{lk}(i,j) \tag{7-7}$$

其中，$\boldsymbol{A}^l$ 是网络的第 l 层响应，$y_C(\boldsymbol{A}^l)$是 CNN 预测的 C 类得分，$y_C(A^l\backslash A^{lk})$是将第 k 个特征映射置为 0 后，CNN 预测到的 C 类得分。上述敏感性的定义与 6.1 节的定义非常类似，可以理解为是另一种方式的描述。满足敏感性意味着特征映射的重要性应等于移除该特征映射前后的类别得分之差。

一致性：General CAM 满足一致性，则

$$y_C(\boldsymbol{A}^l)=\sum_{i,j}\sum_{k=1}^{K}(w_k^C\boldsymbol{A}^{lk}(i,j)) \tag{7-8}$$

一致性要求 CAM 方法所得的结果图响应总和等于感兴趣类别的得分。

对于提出上述两个公理的理由，XGrad-CAM 给出的解释为：如果 CAM 把某一特征映射置零，那么得分下降得越明显则该特征映射的重要性越高。敏感性正是基于这种直觉建立的。一致性的引入则是为了确保类别得分主要受特征映射支配，而不是由其他一些不可控的因素主导。

按照两个公理，XGrad-CAM 通过求解下式的最小化来实现：

$$\varphi(w_k^C)=\underbrace{\sum_{k=1}^{K}\left|y_C(\boldsymbol{A}^l)-y_C(\boldsymbol{A}^l\backslash\boldsymbol{A}^{lk})-\sum_{i,j}w_k^C\boldsymbol{A}^{lk}(i,j)\right|}_{\text{敏感性}}+\underbrace{\left|y_C(\boldsymbol{A}^l)-\sum_{i,j}\sum_{k=1}^{K}(w_k^C\boldsymbol{A}^{lk}(i,j))\right|}_{\text{一致性}} \tag{7-9}$$

经过求解，得到

$$\alpha_k^C=\sum_{i,j}\left(\frac{\boldsymbol{A}^{lk}(i,j)}{\sum_{i,j}\boldsymbol{A}^{lk}(i,j)}\frac{\partial y_C(\boldsymbol{A}^l)}{\partial\boldsymbol{A}^{lk}(i,j)}\right) \tag{7-10}$$

则 XGrad-CAM 热力图通过下式计算得到：

$$L_{\text{XGrad-CAM}}^C=\sum_K\alpha_k^C\cdot\boldsymbol{A}^{lk}(i,j) \tag{7-11}$$

XGrad-CAM 的原理如图 7－3 所示，可以看出 XGrad-CAM 的获取和其他 CAM 方法基本一致，但在得到 XGrad-CAM 之后，还需要做两步后处理。因为 XGrad-CAM 只关注那些对分类结果起积极作用的区域，所以需要对 XGrad-CAM 做 ReLU 校正。此外，由于高层的特征映射长宽通常小于输入图像的长宽，因此还需要将 ReLU 后的 XGrad-CAM 上采样至输入图像的大小。如此，图像中对应感兴趣类别 C 的区域就能被准确地确定出来。相比 Grad-CAM 以梯度的平均值作为特征映射的权值，XGrad-CAM 使用了梯度的加权平均值，这是二者的显著区别。

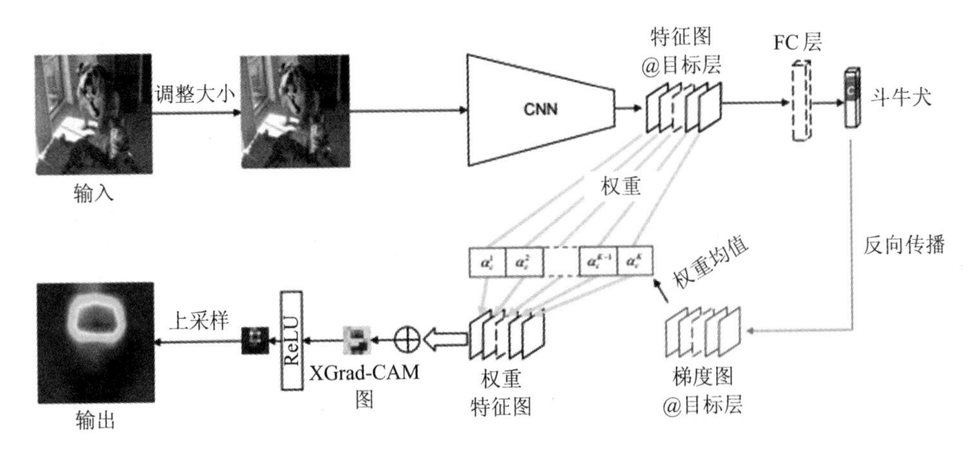

图 7－3　XGrad-CAM 原理图

模仿 Grad-CAM 与 Guided Grad-CAM 的关系，通过将 XGrad-CAM 和 GBP 相乘就可以得到 Guided XGrad-CAM。Guided XGrad-CAM 同样可以获得感兴趣目标更多的细节。

借助于 pytorch-grad-cam 库，XGradCAM 可以采用以下语句实现：

```
cam=XGradCAM (model=model, target_layers=target_layers)
targets=[ClassifierOutputTarget(class_idx)]
activations=cam(img_tensor, targets=targets)
```

上面的代码中，XGradCAM 是 XGrad-CAM 类，target_layers 是目标层，activations 是获得的 XGradCAM 解释图。

7.1.4　HiResCAM

Grad-CAM 存在分辨率低等缺陷，可通过高分辨率类激活映射(HiResCAM)对其进行如下改进：

$$L_{\text{HiResCAM}}^{C}=\sum_{K} w_{k}^{C} \odot \boldsymbol{A}_{ij}^{k} \tag{7-12}$$

HiResCAM 对于激活图的生成不但注意到了通道的维度，而且还注意到了特征图的空间维度。它并不像 Grad-CAM 那样，对每一个特征图的梯度取平均，而是让获得的特征图梯度与对应特征图进行元素乘法。经过这样的改进，HiResCAM 可以适用于 2 维、3 维甚至是 n 维的 CNN 可视化解释。

同样借助于 pytorch-grad-cam 库，HiResCAM 可以采用以下语句实现：

```
cam=HiResCAM (model=model, target_layers=target_layers)
targets=[ClassifierOutputTarget(class_idx)]
```

```
activations=cam(img_tensor, targets=targets)
```

上面的代码中，HiResCAM是HiResCAM类，target_layers是目标层，activations是获得的HiResCAM解释图。

7.1.5 LayerCAM

LayerCAM是一种层次化类别激活图的生成方法。LayerCAM的提出是考虑到Grad-CAM和Grad-CAM++在生成类别激活图时为每一个特征图都分配了一个全局权重，这个全局权重被用于加权平均所有的特征图以得到最后的类别激活图，导致不能从CNN的浅层生成可靠的类别激活图。

究其根本，这是因为全局权重不能代表特征图中每一个空间位置对于最终类别激活图的贡献，所以会在浅层生成的类别激活图中带来很多噪声。

LayerCAM提出，在生成类别激活图时采用元素级别权重，该权重可以考虑特征图中每个空间位置的作用，从而可以应用于CNN的任何层的激活区域定位。LayerCAM的具体实现如下：

$$w_{ij}^{k_C}=\mathrm{ReLU}(g_{ij}^{k_C}) \tag{7-13}$$

其中，$w_{ij}^{k_C}$为关于分类C的第k个特征图上第i行j列的元素的权重，$g_{ij}^{k_C}$是其导数。这里，LayerCAM利用$w_{ij}^{k_C}$按元素位置计算特征图的激活值，具体如下式：

$$\hat{\boldsymbol{A}}_{ij}^{k}=w_{ij}^{k_C}\cdot\boldsymbol{A}_{ij}^{k} \tag{7-14}$$

然后，LayerCAM按照通道维度获得最后的激活图，计算如下：

$$L_{\mathrm{LayerCAM}}^{C}=\mathrm{ReLU}(\sum_{k}\hat{\boldsymbol{A}}^{k}) \tag{7-15}$$

LayerCAM可以实现浅层的卷积层得到细粒度类别激活图。

借助于pytorch-grad-cam库，LayerCAM可以采用以下代码实现：

```
cam=LayerCAM (model=model, target_layers=target_layers)
targets=[ClassifierOutputTarget(class_idx)]
activations=cam(img_tensor, targets=targets)
```

上面的代码中，HiResCAM是LayerCAM类，target_layers是目标层，activations是获得的LayerCAM解释图。

除了上述梯度依赖的CAM，还有一些新的方法被提出，如IS-CAM、SS-CAM、Random_CAM、Sobel_CAM、Group-CAM等，这里不做具体介绍。

7.2 梯度非依赖CAM

7.2.1 Score-CAM

如前所述，梯度存在的缺陷会影响到CAM的解释，因此一些非依赖的CAM被提了出来。

Score-CAM 既不依赖梯度也不需要重新训练模型。它通过计算每个激活映射在目标类上的正向传播得分来获得其权重，从而摆脱了对梯度的依赖。Score-CAM 是在分析错误置信(False Confidence)的基础上实现的，并通过两个阶段的处理得到类激活图(过程如图 7-4 所示)。

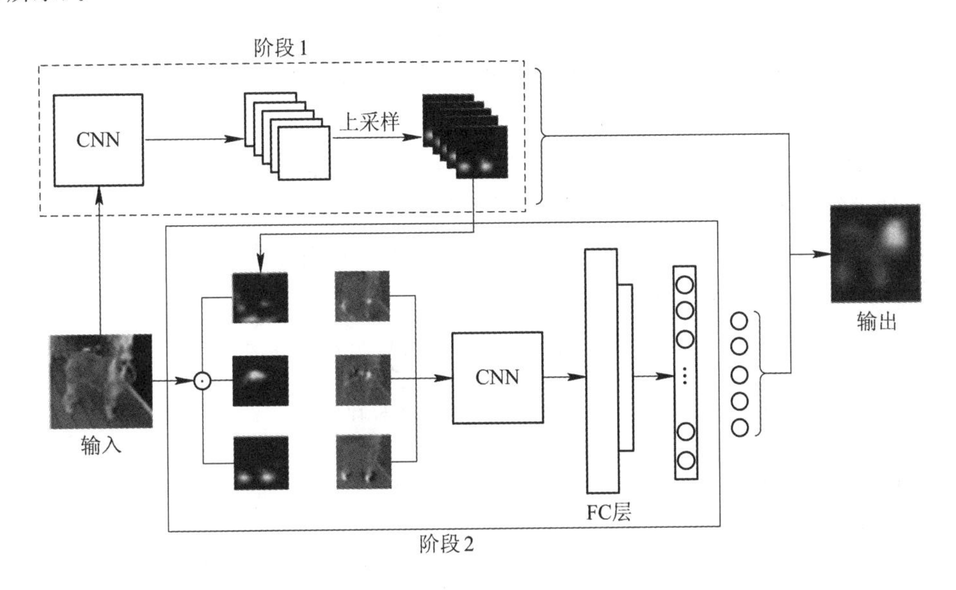

图 7-4　Score-CAM 原理图

在阶段 1 中，Score-CAM 先提取模型卷积最后一层的多个激活图 $\boldsymbol{A}_L^k$，k 为通道数，然后对每一个 $\boldsymbol{A}_L^k$ 均进行上采样，得到与输入原图尺寸大小一致的图并将其作为掩码。为了消除掩盖区与非掩盖区产生的尖锐边界，将该掩码图进行归一化处理，使得像素值介于[0，1]之间，即为平滑的掩膜 H_L^k，再利用下式可计算得到掩膜 H_L^k 的权重评分 α_k^C：

$$\alpha_k^C = S(X \odot H_L^k) - S(X_b) \tag{7-16}$$

阶段 2 重复上述操作 N 次，得到 N 个掩膜的权重评分；最后，将权重评分与激活映射 $\boldsymbol{A}_L^k$ 进行如下的线性加权组合，生成 Score-CAM 类激活图：

$$L_{\text{Score-CAM}}^C = \text{ReLU}\left(\sum_k \alpha_k^C \boldsymbol{A}_L^k\right) \tag{7-17}$$

Score-CAM 很特殊，它改进并综合了 RISE 和 CAM，其突出创新包括两点：其一是改进了掩码生成方法，不需要像 RISE 那样进行随机采样，而是直接将最后一层的激活图作为掩码直接输入；其二是利用前向掩膜遮挡测算出的权重评分，代替 CAM 的梯度计算，进而摆脱了对梯度的依赖(从这一点看 Score-CAM 更像是一种类似 RISE 改进的前向方法)。

7.2.2　Ablation-CAM

Ablation-CAM 基于消融的方法实现 CAM。其中，“Ablation”意为消融，这里是指消融分析，通常是指采用误差分析尝试去解释算法当前表现与完美表现的差别。一些学者利用消融的方法进行神经元的重要度分析已取得了良好的效果。那么，是否可以用消融的方法去分析得到式(5-1)中特征图 w_k^C 的重要度呢？Ablation-CAM 就是这样的尝试。

Ablation-CAM 的思想非常简单，即在确定一个特征图的重要性时，可以通过“移除”观察对分类的影响，来获得该图的重要度，也就是计算下式：

$$w_k^C = \frac{y^C - y_k^C}{y^C} \tag{7-18}$$

式中，y^C 是观察层所有特征图前向传播得到的关于分类 C 的分类分值；y_k^C 是去除观察层的通道 k 的特征图 $\boldsymbol{A}^k$ 后将剩下的特征图导入模型，再进行前向传播所得到的关于分类 C 的分类分值。y_k^C 反映了 $\boldsymbol{A}^k$ 的重要程度。

进一步分析可知，式(7-18)的取值有可能是负值。也就是说 $\boldsymbol{A}^k$ 为分类干扰项，去除之后反而会导致分类分值升高。这部分内容通常是 CAM 所不关心的，因此需要去除。为此，Ablation-CAM 也会将得到的 w_k^C 导入 ReLU 函数，来消除这种因素的影响。

最终，Ablation-CAM 的激活图公式如下：

$$L_{\text{Ablation-CAM}}^C = \text{ReLU}\left(\sum_k w_k^C \boldsymbol{A}_L^k\right) \tag{7-19}$$

Ablation-CAM 很好地避免了梯度计算所带来的不利影响。

7.2.3 Eigen-CAM

Eigen-CAM 采用的方法是使用奇异值分解(Singular Value Decomposition，SVD)来获得特征图的重要度。

奇异值分解是一种线性代数算法，用来对矩阵进行拆分。通过拆分，可以提取出关键信息，从而降低原数据的规模。SVD 广泛利用在各个领域当中，如信号处理、金融领域、统计领域，以及机器学习，如推荐系统、搜索引擎、数据压缩等。

根据 SVD 的定义，假设原始数据集矩阵 $\boldsymbol{D}$ 是一个的矩阵，那么利用 SVD 算法，可以将它分解成三个部分：

$$\boldsymbol{D}_{m\times n} = \boldsymbol{U}_{m\times m}\boldsymbol{\Sigma}_{m\times n}\boldsymbol{V}_{n\times n} \tag{7-20}$$

其中，$\boldsymbol{U}$ 和 $\boldsymbol{V}$ 分别是左右奇异矩阵，它们都是酉矩阵，即满足：乘自身的转置等于单位对角矩阵 $\boldsymbol{I}$；$\boldsymbol{\Sigma}$ 是一个对角矩阵，也就是除了对角元素其他元素全为 0，且对角元素为该矩阵的奇异值。经过 SVD 分解，原矩阵只需要筛选出其中很少的 k 个奇异值和对应的左右奇异向量就可以近似描述原矩阵了。可见，SVD 能够发现数据中的潜在模式。

Eigen-CAM 就是利用 SVD 对特征图进行分解的：

$$\boldsymbol{A}^l = \boldsymbol{U\Sigma V}^{\mathrm{T}} \tag{7-21}$$

只取右奇异矩阵的第一个特征向量 $\boldsymbol{V}_1$，则：

$$L_{\text{Eigen-CAM}} = \boldsymbol{A}^l\boldsymbol{V}_1 \tag{7-22}$$

关于 Score-CAM、Ablation-CAM、Eigen-CAM 的代码实现，将结合 7.3 节的 pytorch-grad-cam 库一并进行介绍。

目前，CAM 的改进依然是 CNN 可视化解释研究的一个热点。

7.3 CAM库

7.3.1 CAM库简介

1. 提出思想

CAM方法可以对CNN分类模型进行较好的解释，非常有助于理解和分析神经网络的工作原理及决策过程，进而帮助工程人员更好地选择或设计网络。例如对于分类网络，在要求预测准确率高的基础上可以利用CAM提取指定的特征进行分析，从而改进网络。可以说CAM系列是最接近实用的一种CNN可视化解释方法。为了更好地促进CAM的工程应用，Jacob Gildenblat基于PyTorch对常见的CAM方法进行了实现和集成，提供了开源工具pytorch-grad-cam（https://github.com/jacobgil/pytorch-grad-cam），这是公认比较优秀的CAM库。

pytorch-grad-cam包含了用于计算机视觉的可解释人工智能的最新CAM方法，可以用于诊断模型预测、辅助模型生产或开发，也可以作为研究新的可解释性方法的算法和指标的基准。

pytorch-grad-cam包括以下功能：

（1）综合集合了计算机视觉像素归因主要方法。

（2）在常见的CNN网络和视觉转换器上进行了测试。

（3）适用于分类、对象检测、语义分割、相似性嵌入等高级用例。

（4）使CAM看起来美观的平滑方法。

（5）实现所有方法中的批量图像处理支持。

（6）检测用户信任解释指标，并提供调整功能，以获得最佳性能。

pytorch-grad-cam目前支持的CAM方法包括GradCAM、HiResCAM、GradCAMElementWise、GradCAM++、XGradCAM、AblationCAM、ScoreCAM、EigenCAM、EigenGradCAM、LayerCAM、FullGrad、Deep Feature Factorizations等，用户可以根据应用需求进行设置和调用。

2. 调用规范

pytorch-grad-cam使用很简单，安装需执行命令：pip install grad-cam，安装之后就可以调用。

实施CAM时，需要指定目标层。通常CAM目标层一般是最后一个卷积层。对于不同CNN模型，目标层的选择规则如表7-1所示。

表 7-1 CAM 库目标层选择规则

CNN 模型类型	目标层选择规则
Faster R-CNN	model. backbone
ResNet-18，ResNet-50	model. layer4[-1]
VGG，DenseNet-161	model. features[-1]
mnasnet1_0	model. layers[-1]
ViT	model. blocks[-1]. norm1
SwinT	model. layers[-1]. blocks[-1]. norm1

如果用户在不明确哪个层效果更好的时候通过列表导入多个层，pytorch-grad-cam 会通过均值的方式整合各层。

pytorch-grad-cam 提供了非常规范的 CAM 的应用格式，读者可以方便地套用如下格式来实现个人应用：

```
from pytorch_grad_cam import GradCAM, HiResCAM, ScoreCAM, GradCAMPlusPlus,
from pytorch_grad_cam. utils. model_targets import ClassifierOutputTarget
from pytorch_grad_cam. utils. image import show_cam_on_image
from torchvision. models import resnet50

model=resnet50(pretrained=True)
target_layers=[model. layer4[-1]]
input_tensor= # Create an input tensor image for your model..                    #❶

cam=GradCAM(model=model, target_layers=target_layers, use_cuda=args. use_cuda)   #❷

... #代码略

targets=[ClassifierOutputTarget(281)]                                            #❸

grayscale_cam=cam(input_tensor=input_tensor, targets=targets)

grayscale_cam=grayscale_cam[0, :]
visualization=show_cam_on_image(rgb_img, grayscale_cam, use_rgb=True)            #❹
```

代码❶导入需要解释的图像张量，代码❷选择一种 CAM 方法，代码❸设定解释的目标分类，如果不指定则自动选择最大分类概率的类，代码❹将产生的激活图与原图进行混合。

图 7-5 所示是程序(Grad_CAM_all. py)采用几种主要 CAM 方法对 ResNet 模型的 CAM 解释效果图。

调用 pytorch-grad-cam 更简单的方法是直接调用脚本，方法如下：

python cam. py--image-path <path_to_image>--method <method> 或

python cam. py--image-path <path_to_image>--use-cuda

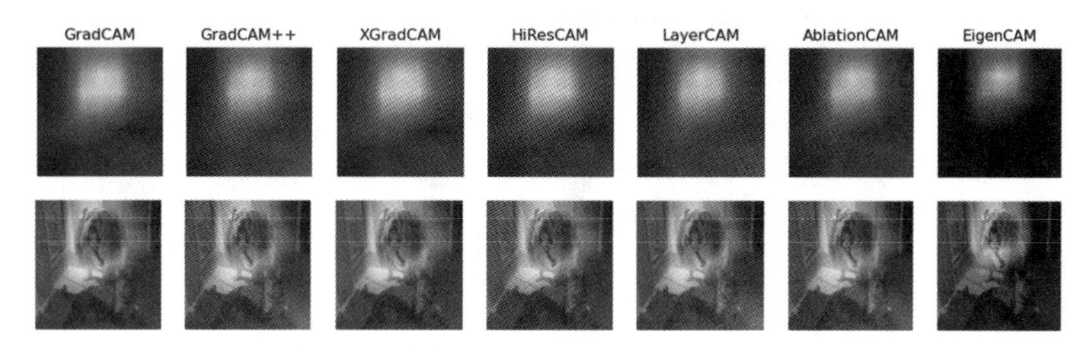

图 7-5　主要几种 CAM 方法对 ResNet 模型的解释图

其中，方法选项包括：GradCAM、HiResCAM、ScoreCAM、GradCAM++、AblationCAM、XGradCAM、LayerCAM、FullGrad 和 EigenCAM 等。

7.3.2　高级应用

基于 CAM 的基本方法可以实现很多高级应用，包括语义分割(Semantic Segmentation)、目标检测等高级应用，它们在 pytorch-grad-cam 中均可实现。

1. 语义分割

语义分割是计算机视觉中一个很重要的方向，它对图像中每个像素进行分类，从而将图像分割成几个含有不同类别信息的区域。进一步，在语义分割的基础上将同类物体中不同个体的像素区分开就是实例分割(Instance Segmentation)。语义分割和实例分割的结合就是全景分割(Panoptic Segmentation)。实例分割只对图像中的物体进行检测和分割，而全景分割则对图像中的所有物体(包括背景)都进行检测和分割。

语义分割实现的方法较多，大致可以分成两类，一类是传统的分割方法，一类是基于深度学习的分割方法。

传统的语义分割方法较多，主要有 Normalized-cut、结构化随机森林和 SVM 等。传统的语义分割方法有很明显的缺点：分割效果不够好，分割效率较低，分割一次耗时较长，因此很难应用于实时自动驾驶系统等。

基于深度学习的语义分割就是利用深度网络实现语义分割。该方法也存在两个问题：一个问题是关系不匹配，人类很容易根据环境状况分辨出模糊图像所属类别，但是深度学习却不能很好地分辨出来，为此一些方法(包括 SPP、ASPP、PSPNet 等)被提了出来；另一个问题是不寻常类别难以分辨，假若某个类别很少出现，并且物品和环境其他类别有着非常相似的形状或颜色，那么深度学习很难分辨出这种不寻常类别，解决这种问题的方法有 RedNet 和 RDFNet 等。

这里，我们采用 deeplabv3_resnet50 进行语义分割，采用 GradCAM 进行目标解释，实现代码(CAM_Semantic_Segmentation.py)如下：

```
from torchvision.models.segmentation import deeplabv3_resnet50
import torch
import numpy as np
from PIL import Image
```

```
from pytorch_grad_cam.utils.image import show_cam_on_image, preprocess_image
from pytorch_grad_cam import GradCAM

Image_file='ccc7518589_z.jpg'
image=np.array(Image.open(Image_file))
rgb_img=np.float32(image)/255
input_tensor=preprocess_image(rgb_img, mean=[0.485, 0.456, 0.406], std=[0.229, 0.224,
0.225])

model=deeplabv3_resnet50(pretrained=True, progress=False) #❶
model=model.eval()

if torch.cuda.is_available():
    model=model.cuda()
    input_tensor=input_tensor.cuda()

output=model(input_tensor)

class SegmentationModelOutputWrapper(torch.nn.Module):
    def __init__(self, model):
        super(SegmentationModelOutputWrapper, self).__init__()
        self.model=model

    def forward(self, x):
        return self.model(x)["out"]

model=SegmentationModelOutputWrapper(model)                #❷
output=model(input_tensor)

normalized_masks=torch.nn.functional.softmax(output, dim=1).cpu()
sem_classes=['__background__', 'aeroplane', 'bicycle', 'bird', 'boat', 'bottle', 'bus',
    'car', 'cat', 'chair', 'cow', 'diningtable', 'dog', 'horse', 'motorbike',
    'person', 'pottedplant', 'sheep', 'sofa', 'train', 'tvmonitor']
sem_class_to_idx={cls: idx for (idx, cls) in enumerate(sem_classes)}

car_category=sem_class_to_idx["car"]
car_mask=normalized_masks[0, :, :, :].argmax(axis=0).detach().cpu().numpy()
car_mask_uint8=255 * np.uint8(car_mask==car_category)
car_mask_float=np.float32(car_mask==car_category)          #❸

both_images=np.hstack((image, np.repeat(car_mask_uint8[:, :, None], 3, axis=-1)))
Image.fromarray(both_images)
```

```
class SemanticSegmentationTarget:
    def __init__(self, category, mask):
        self.category=category
        self.mask=torch.from_numpy(mask)
        if torch.cuda.is_available():
            self.mask=self.mask.cuda()

    def __call__(self, model_output):
        return (model_output[self.category, :, :] * self.mask).sum()

target_layers=[model.model.backbone.layer4]                                # ❹
targets=[SemanticSegmentationTarget(car_category, car_mask_float)]         # ❺
with GradCAM(model=model, target_layers=target_layers, use_cuda=\
                             torch.cuda.is_available()) as cam:
    grayscale_cam=cam(input_tensor=input_tensor, targets=targets)[0, :]
    cam_image=show_cam_on_image(rgb_img, grayscale_cam, use_rgb=True)  # ❻

Image.fromarray(cam_image).
```

上述代码的具体操作包括以下关键步骤：代码❶导入 deeplabv3_resnet50 预训练模型；代码❷利用该模型对图像进行语义分割(这里定义了一个名为“SegmentationModelOutputWrapper”的类来实现)，分割操作会返回带有关键字“out”和“aux”的字典，取出“out”部分；代码❸取出标注为“car”部分的掩膜；代码❹选取 deeplabv3_resnet50 模型的 backbone.layer4 为目标层；代码❺利用 SemanticSegmentationTarget 类获取掩膜部分的图像并将其作为目标；代码❻对目标部分进行 GradCAM 解释图绘制，效果如图 7－6 所示。

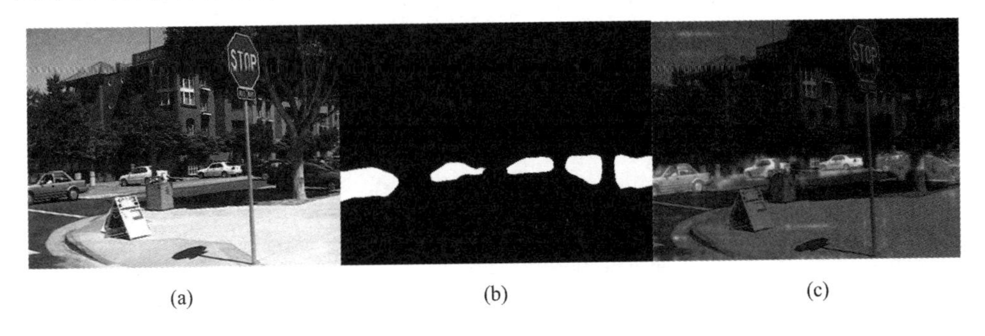

(a)　　(b)　　(c)

图 7－6　CAM 解释语义分割效果图

图 7－6(a)为输入图片，图 7－6(b)为语义分割掩膜，图 7－6(c)为语义分割解释图。

2. 目标检测

目标检测的任务是找出图像中所有感兴趣的目标(物体)，确定它们的类别和位置，这是计算机视觉领域的核心问题之一。由于各类物体有不同的外观、形状和姿态，加上成像时光照、遮挡等因素的干扰，目标检测一直是计算机视觉领域最具有挑战性的问题之一。

目标检测的核心问题包括：

(1) 分类问题，即图片(或某个区域)中的图像属于哪个类别。

(2) 定位问题，即标可能出现在图像的哪个位置。

(3) 大小问题，即目标所具有的大小。

(4) 形状问题，即目标可能的形状。

目前，深度学习目标检测分为两大系列——RCNN 系列和 YOLO 系列，RCNN 系列是基于区域检测的代表性算法，YOLO 系列是基于区域提取的代表性算法；另外还有著名的 SSD，它是基于前两个系列的改进。

这里，我们采用 YOLO v5 进行目标识别，采用 EigenCAM 进行目标解释，实现关键代码(CAM_Object_Detection.py)如下：

```
import torch, cv2
import numpy as np
import torchvision.transforms as transforms
from pytorch_grad_cam import EigenCAM
from pytorch_grad_cam.utils.image import show_cam_on_image, scale_cam_image
from PIL import Image

COLORS=np.random.uniform(0, 255, size=(80, 3))

Image_file='puppies.jpg'
img=cv2.imread(Image_file)
img=cv2.resize(img, (640, 640))
rgb_img=img.copy()
img=np.float32(img)/255
transform=transforms.ToTensor()
tensor=transform(img).unsqueeze(0)

model=torch.hub.load('ultralytics/yolov5', 'yolov5s', pretrained=True)      #❶
model.eval()
model.cpu()
results=model([rgb_img])                                                     #❷

boxes, colors, names=parse_detections(results)                               #❸
detections=draw_detections(boxes, colors, names, rgb_img.copy())             #❹
Image.fromarray(detections)

target_layers=[model.model.model.model[-2]]
cam=EigenCAM(model, target_layers, use_cuda=False)
grayscale_cam=cam(tensor)[0, :, :]                                           #❺
cam_image=show_cam_on_image(img, grayscale_cam, use_rgb=True)
Image.fromarray(cam_image)

renormalized_cam_image=renormalize_cam_in_bounding_boxes(boxes, colors, names, \
                                                          img, grayscale_cam)
```

```
Image.fromarray(np.hstack((rgb_img, cam_image, renormalized_cam_image))).show()
```

上述代码的具体操作包括以下关键步骤：代码❶导入 yolov5 预训练模型；代码❷加载模型对输入图像进行目标检测；代码❸通过定义的 parse_detections 函数进行目标检测结果的解析；代码❹通过 draw_detections 绘制边框；代码❺利用 EigenCAM 获得 CAM 解释图，最终得到目标检测区域的解释图及标注，如图 7-7 所示。

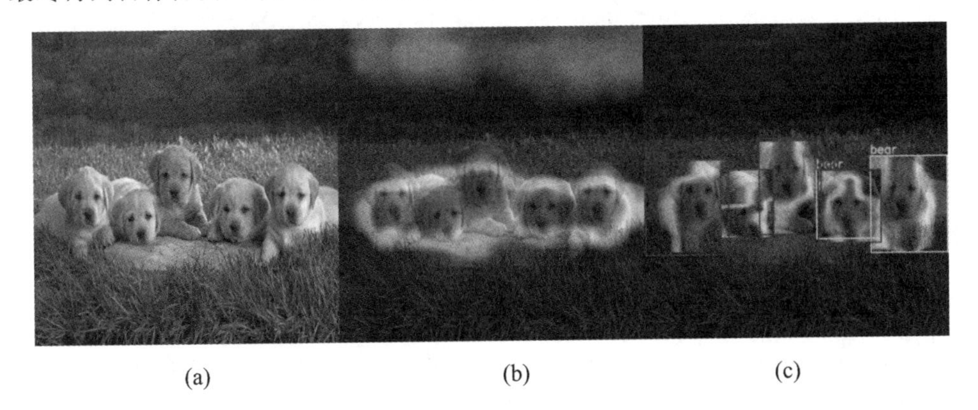

(a)　(b)　(c)

图 7-7　CAM 解释目标检测区域效果图

图 7-7(a)为输入图片，图 7-7(b)为 CAM 解释图，图 7-7(c)为目标检测区域的解释图及标注。

pytorch-grad-cam 极大地方便了用户对 CAM 的工程应用，像这样的第三方库还有很多，如 torch-cam、Torchcam 等，这里不再一一介绍。

本章小结

CAM 具有原理明晰、实现简单的特点，是一种非常具有实用价值的 CNN 可视化解释方法。基于基本 CAM 的思想，人们又开发出了梯度依赖和梯度非依赖两类方法，再加上诸如 pytorch-grad-cam 这样的工程化第三方库，CAM 方法不但能提供解释，还能支持一些高级的可解释应用。目前更多的 CAM 方法仍在不断地被提出。

第8章 CNN可视化解释应用

【思政融入点】 党的二十大报告提出："建设现代化产业体系。坚持把发展经济的着力点放在实体经济上，推进新型工业化，加快建设制造强国、质量强国、航天强国、交通强国、网络强国、数字中国。实施产业基础再造工程和重大技术装备攻关工程，支持专精特新企业发展，推动制造业高端化、智能化、绿色化发展。巩固优势产业领先地位，在关系安全发展的领域加快补齐短板，提升战略性资源供应保障能力。推动战略性新兴产业融合集群发展，构建新一代信息技术、**人工智能、生物技术、新能源、新材料、高端装备、绿色环保等一批新的增长引擎**。构建优质高效的服务业新体系，推动现代服务业同先进制造业、现代农业深度融合。加快发展物联网，建设高效顺畅的流通体系，降低物流成本。加快发展数字经济，促进数字经济和实体经济深度融合，打造具有国际竞争力的数字产业集群。优化基础设施布局、结构、功能和系统集成，构建现代化基础设施体系。"因此，探索新的人工智能技术为建设中国式现代化服务，是我国科技工作者始终应该秉承的奋斗目标。

正如本书前文所述，CNN可视化解释作为人工智能发展的新技术，具有促进深度学习发展与应用落地的双重意义，因此如何将合理应用转化为实践收效当然也是一个重要的话题。由于各个领域对于可解释的目的和要求差别显著，本章将主要针对代表性领域中CNN可视化解释的应用进行介绍。

8.1 应用概述

CNN可视化解释的重要性已经引起学界和业界的一致认同，一些可视化解释方法及其工具的陆续开发出来，为可视化解释的应用铺平了道路。在众多可视化解释应用领域中，CNN的教育与直觉理解、辅助模型设计与训练、工程用户信任与认同三个方面的应用最为迫切。

1. 教育与直觉理解

解释是人类学习和教育的重要环节，寻求解释的动力植根于人类的认知中。实际上，科学本质上也是一种解释系统。首先，在人类的学习中，解释是形成概念或范畴的过程，可帮助学习者形成或完善概念。其次，解释对理解有着显著而积极的影响，例如：基于解释的演绎和概括可以帮助学习者完善其知识体系结构。相关研究表明，让学习者解释专家的答案可以增进他们的理解，而在学习者提供自己的解释时，他们在理解上的不足也会随之暴露出来。教育的过程在某种程度上也是教师向学生解释的过程，知识是学习者在与他人和环境的交互过程中通过不断地自我解释和交互解释而建构的，因此解释的过程就是知识建构的过程。教育领域的诸多实践也表明，解释有助于促进学习者在各种环境的学习，包括科学教学、问题解决、策略制定等。试想，如果缺少解释机制，将难以实施有效的学习活动。教育人工智能系统的目标是赋能教学和教师，促进学习和学习评价，实现高效的知识传授。智能技术产生的教育决策也需要科学的解释方法并呈现有效的解释机制，从而针对策略结果展开溯源，使教育者和学习者在面对智能系统时能够知其然并知其所以然。

鉴于 CNN 的强大能力，每年有数以百万计的计算机、人工智能、智能科学与技术、自动化、电子信息工程等理工科类学生加入 CNN 的学习大军中。例如：像斯坦福大学李飞飞团队的 CS231n(Convolutional Neural Networks for Visual Recognition，即面向视觉识别的卷积神经网络)课程、麻省理工学院吴恩达的深度学习专项视频课程“Convolutional Neural Networks”，每年累计的学习点击量不下千万人次，国内许多优质的 CNN 课程也不胜枚举，并普遍受到广大深度学习爱好者的欢迎与追捧。然而 CNN 网络所固有的“黑盒”属性为学习带来了障碍，存在“模型是怎样的结构?”“模型是如何实现训练的?”以及“模型是如何实现判断的?”等问题。因此，为了向学习者与爱好者展示深度神经网络的工作机制，可视化解释方法的运用十分必要。

2. 辅助模型设计与训练

通过可视化解释手段对 CNN 的训练过程进行观察，已经揭示出很多神经元的奥秘。那么，是否可以通过这些发现去改进模型的设计呢？基于这一思想，很多可视化解释工具被用于完成此类实践，并取得了大量成果。例如：可视化库 Lucid 提供了顶尖的特征可视化技术和灵活的抽象功能，使探索新的研究方向变得非常简单；实时 CNN 可视化工具 ReVACNN 提供实时的模型训练“驾驶”能力，用户可以动态修改训练中的节点；递进式可视化分析系统 DeepEyes 提供训练过程中的稳定层识别、退化的过滤器神经元识别、未发现的模式识别、超过规模的层数识别、不必要的层或需要添加额外的层识别等高级功能。由此可见，人们已经不再满足于对 CNN 的分析，已经开始借助可视化解释工具尝试动态干预 CNN 的训练了。

除此之外，可视化解释亦是实现深度模型交互式训练的必要条件。斯坦福大学计算机系的 Ranjay Krishna、Donsuk Lee、李飞飞、Michael Bernstein 等人提出的社会化人工智能(Socially Situated AI)研究框架，即智能体通过在现实社会环境中与人的持续互动来学习。在这种社会化 AI 框架中，智能体同时有两个目标：一个是发起社交互动，让人们根据信息数据做出回应；另一个是通过收集有用的数据来改进其基础模型，从而使得模型训练更加有效。为了使人类更容易参与交互式训练，可视化解释工具必不可少。本书作者坚信，未来的深度学习模型的设计、训练必将采用更多的人类交互，让人类的知识直接可以赋予模型，形成更加有效的训练。

3. 工程用户信任与认同

获得用户的信任与认同是深度模型无法回避的问题，随着 CNN 的应用日趋广泛，这个问题也成为 CNN 的当务之急。沿着这个思路，为了获得用户的信任与认同，目前很多相对成熟的可解释性方法已经被应用于具体的领域，并开发出许多相应的系统，比如可解释的医疗诊断系统、可解释的推荐系统、可解释的法务评估系统以及可解释的金融算法模型等。

医疗诊断系统在投入临床实践时受限于人工智能的不可解释性。理论上，深度模型应当以医生可以理解的方式给出诊断结果，即：模型是基于哪些医疗图像特征和诊断标准进行的推理，最终得出了什么样的诊断报告。但是，由于深度模型缺乏可解释性，导致医生无法理解模型的诊断结果，因此极大地限制了医疗诊断系统的临床应用。此外，当医生之间的诊断结果不一致时，由人工智能医疗诊断系统提供的参考性意见将显得非常重要。

推荐系统能够给用户推荐其感兴趣的内容，并给出个性化的建议，如各式各样的购物消费平台。但是大多数的推荐系统只是给出最终的结果，而缺少对推荐结果的解释。基于推荐系统的解释结果，可以有依据地选择更明智、更准确、更安全的推荐结果，从而提升用户对该推荐系统的信任程度。

深度学习模型的不可解释性严重影响人工智能在金融风控领域的应用。例如：一家银行通过人工智能产品推荐系统来促成理财产品的交叉销售，但若管理人员无法解释模型建议背后的基本原理，则无法采纳这些建议。此外，如果依据模型的不透明建议直接采取行动，就可能会带来严重的后果。金融风控模型所需的可解释性程度是银行根据风险和偏好做出决策的关键。因此，模型必须能为决策提供明确的原因解释。

目前，法院已经可以使用机器学习模型对罪犯再次犯罪的概率进行评估了。评估结果将影响罪犯是否会被释放或继续羁押，这种模式也已引发了道德伦理上的担忧。单单依靠准确率和AUC(Area Under Curve)曲线并不能使人信服，公平的诉求要求模型必须具有可解释性。

上述领域的应用仅仅只是深度学习应用领域中对于可解释需求最迫切的部分，对于其他深度学习涉及的行业，同样具有不同程度的需求。

8.2 可解释教育领域应用

8.2.1 可解释教育领域应用价值

基于可解释人工智能技术，可以将复杂人工智能模型的各个输入项对模型预测结果的影响进行量化，从而实现对模型和所在系统的解释。在此基础上，对解释结果进行进一步分析，可以验证所构建模型是否存在与教育规律相悖的问题。如果存在，则应及时检查训练数据和训练方法，必要时调整模型本身。如果模型得到验证，就可以利用分析结果对模型进行功能阐述与说明，从而加深用户对模型和系统的理解与信任程度。

根据研究，可解释对于教育领域存在微观、中观和宏观三个层面的积极作用。由于教育领域已采用了很多可视化技术，CNN也成为相关领域教学的重要内容，因此本节不特指CNN可视化解释。

1. 微观层面的检验教育模型

随着深度学习等人工智能技术的快速演进，模型需要在大规模数据集上通过特定算法进行训练，且训练过程受训练集、测试集、模型超参数等诸多因素的影响。由于模型内部结构和训练过程日趋复杂，其学习到错误逻辑和无效信息的可能性也逐步增加。然而，模型的评估通常只采用精确率(Precision)、召回率(Recall)、AUC 值(ROC 曲线下方面积)等简单直观的指标，难以对模型进行充分检验并建立有效的问责机制。如果模型的内在逻辑存在谬误，不但会直接影响使用效果，甚至会产生偏见和伦理道德等问题。

2. 中观层面的辅助理解系统

以复杂人工智能模型作为核心的功能模块，开始逐步被应用到各类智能教学系统与平台中。这些核心功能模块提升和优化了系统与平台的性能，也直接导致其运行的规则与原理日趋模糊与复杂。如果使用者难以理解其背后的基本规则与原理，就容易丧失对系统或平台的信赖，从而导致其在一线教学中难以大规模落地和应用。在人机交互领域，能否理解和信任较为复杂的系统，取决于使用者的心理模型与系统实际运行规则是否相符。简单而言，用户心理模型指用户关于系统操作规则、组成的心理表示。当用户的心理模型与系统实际运行规则相符时，用户能够近似预见系统输出结果从而有助于理解和信任系统。如果可解释人工智能技术能够发现系统运行所依赖的重要规则和信息，且通过合理方式呈现给使用者，就可以帮助用户逐步修正其心理模型，辅助其理解系统并建立信任感。在辅助理解教育领域的系统和平台方面，可解释人工智能发挥着越来越重要的作用。

3. 宏观层面的支持教育决策

随着教育信息化程度的不断提高以及大数据技术的日趋成熟，长周期多模态的教育数据不断累积，其所蕴含的信息也更加具有分析和挖掘价值。传统机器学习和统计模型难以处理这类数据，因此深度学习和其他人工智能领域的模型开始被用于数据分析和建模。由于这些模型大都较为复杂，无法像传统模型(如线性回归)那样直接呈现出变量间的关系，可解释人工智能技术也开始用于对这些模型进行解剖、对数据进行分析，以形成教育推论，发现教育问题，揭示教育规律，从而支持教育决策。

此外，充分合理的解释说明，还可以进一步支持教师进行教学策略的选择和相关教育管理者的决策。

8.2.2　可解释教育领域系统架构

可解释人工智能系统基于连接主义研究范式，相应的可解释教育人工智能系统包括教育需求分析、教育数据处理与数据特征构建、可解释模型构建、可解释交互界面、智能教育应用等主要功能模块，如图 8－1 所示。构建可解释教育人工智能系统需要从需求分析出

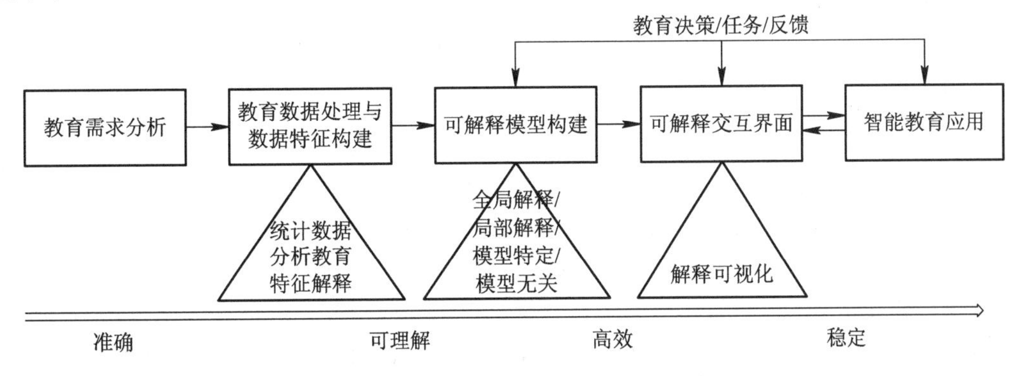

图 8－1　可解释教育人工智能系统框架

发，以解释为核心任务和目标，对数据的可解释、方法的可解释、技术的可解释、交互的友好可读性等功能进行设计。

对于可解释教育人工智能系统来说，准确、可理解、高效、稳定是其应用的基本要求与目标。

8.2.3 可解释教育领域应用案例

随着决策更多地从人类转移到机器，理解和解释将成为人工智能应用的核心使命。教育和科学在本质上就是一种解释的过程，通过可靠解释实现可理解的教育人工智能是智慧教育发展的现实诉求。在该任务目标下，诸如智能导师系统、可解释教育推荐系统、可解释学习分析系统等应用实例不断被推出。

1. 智能导师系统

智能导师系统(Intelligent Tutoring System，ITS)由领域模型、导师模型和学习者模型组成，通过模拟人类教师实现个性化的智能教学，是人工智能技术在教育领域中的典型应用。科纳蒂等研究开发了自适应智能导师系统，该系统通过用户建模和适应框架(Framework for User Modeling and Adaptation，FUMA)进行学习者模型构建，根据学习者行为数据，使用机器学习方法进行分析计算，并按照学习者能力对学习者进行分类，再以交互式方式为学习者提供与其学习水平相当的学习诊断与指导。在可解释的方法上，ITS系统使用了具有自解释机制的可解释方法。研究结果表明：可用的解释提升了学习者对智能导师学习系统的信任度、对系统有用性的感知度以及再次使用系统的意愿。

2. 可解释教育推荐系统

推荐系统通过推荐个性化信息向用户提供在线服务，是缓解信息过载问题的有效方式，已普遍应用于社会与教育系统。基于深度学习的推荐算法，极大提升了推荐性能。但在获得精确推荐的同时，人们也越来越关注为什么系统会推荐某些项目，希望在获取推荐的同时，也能得到对该推荐的解释。

在智能教育系统中，教育推荐对解释的需求相对较高，学习者往往需要获知推荐原因。在推荐系统中增加解释可以提高教育系统的可靠性，充分激励学习者与学习系统的交互，增加学习者对学习推荐的信任度和满意度，帮助学习者进行更有针对性的学习活动。如巴里亚·宾达等人设计实现了基于学习者特定目标的学习推荐系统，并对推荐结果给出了解释。在可解释的方法上，系统使用了局部解释的可解释方法。对推荐系统的实验研究表明：具有视觉和文本解释的推荐系统，促进了学习者对推荐系统的使用；建议和解释的存在，可以增加学习者对知识相关学习内容的参与度，从而提高学习成功率。

3. 可解释学习分析系统

学习分析是大数据和人工智能在教育领域的典型应用。学习分析依据学习者的学习行为和学习活动进行数据分析和学习规律挖掘，提供学习干预与学习反馈，从而提高教师的教学质量和学习者的学习效果。然而，已有分析在提供学习指导或反馈时，缺少对学习策略的解释，学习者无法得知为何得到该类分析反馈。阿尔扎夫等人将学习分析技术与可解释的机器学习相结合，提供自动和智能的可操作的解释性反馈，支持学习者以数据驱动的方式进行自我调节学习。

该研究基于大学课程管理系统平台数据构建了机器模型。根据学习者的学习行为数据，使用人工神经网络构建预测模型，预测学习者的学习成绩与学习表现，并通过可解释的机器学习方法，为每个学习者生成单独的可解释、可操作建议。该研究采用了反事实解释方法，通过选择特定实例来解释机器学习模型的行为，得到输出的特征列表与分析值。由于学习者理解和解释这些列表值仍较为困难，因此该研究设计了仪表板的可视化解释界面，来帮助学习者理解解释信息。

随着教学自动化水平的提升，可视化解释必将在教育应用中发挥更大的作用。

8.3 模型训练分析应用

客观而言，深度学习的发展还很不充分，加上人们还没有彻底弄清模型的真正运作机制，还需要采用一些方法对模型进行诊断探索。针对这些问题，本节将介绍一些适合 CNN 可视化解释方法进行模型设计与训练辅助的思路。

8.3.1 模型改进与进化

深度学习模型设计者如果仅靠理论分析来改进一个自学习和多参数分类器很容易陷入迷茫。大部分人只关心调整参数获得一个可用的结果，没有过多关心模型内部发生的事情。针对该问题，Zeiler 和 Fergus 采用可视化解释的手段，探索出了一条可行的模型改进手段。

在反卷积技术基础之上，Zeiler 和 Fergus 改进了 AlexNet，并提出了 ZFNet。ZFNet 网络结构如图 8 - 2 所示。

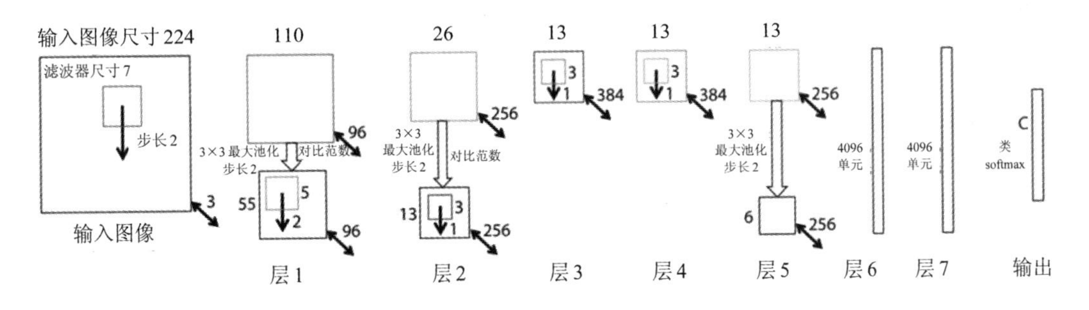

图 8 - 2　ZFNet 网络结构

ZFNet 的主要改进包括：改变了 AlexNet 的第一层，即将滤波器的尺寸由 11×11 变成 7×7，并且将步长由 4 变成 2。即便如此微小的改进，也使得 ZFNet 在 2013 年 ImageNet 大赛中夺冠。其改进的依据就是利用可视化解释手段发现的模型缺陷，具体解释如图 8 - 3 所示。

图 8 - 3(b)和(d)显示了 AlexNet 的第一层和第二层的可视化。可以发现：在第一层有一些没有任何特定模式的“死亡”神经元(用椭圆圈出)，这意味着它们对于输入没有激活，这可能是高学习率的表现或权值初始化不是很好；第二层可视化显示了混叠的假象，用圆圈突出显示，这可能是由于第一层卷积中使用的步长较大引起的。因此，ZFNet 减少了第一层滤波器的尺寸，缩小了 AlexNet 的卷积步长，从而在前两个卷积层中保留了更多特征。

图 8－3(c)和(d)展示了 ZFNet 引入后的改进，可以看到第一层中的图案变得更加独特，而第二层中的图案没有了混叠的假象。

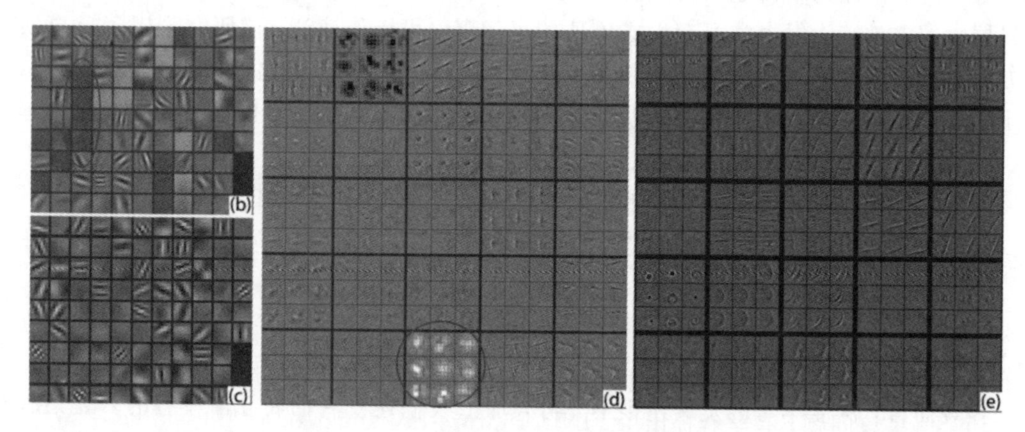

图 8－3　AlexNet 与 ZFNet 特征图比较①

上述示例证明，可视化解释技术可以有效应用于 CNN 分析、优化以及模型压缩等。除此之外，ZFNet 还利用可视化解释，帮助监视 CNN 训练过程以获得更好的训练效率。

除了上述应用，W. Samek 等学者利用 LRP 进行分类器的比较，进而不断改进模型，同样说明了可视化解释对于模型改进的价值。

8.3.2　模型交互式训练

通常模型的测试效果在很大程度上受训练的影响，因此高质量的训练有助于获得优质的已训练模型。通过在可视化解释与模型训练之间建立“桥梁”，可以实现交互式的训练。

如前所述，XAI 以可理解的方式向人类解释并呈现智能系统的行为与决策，其目标是使用户能够理解和信任机器学习算法所产生的结果和输出，使人工智能系统具备类人化的解释能力，从而建立起人与机器之间信任的桥梁，进而形成人工智能、社会科学、认知心理、人机交互多领域研究的融合交叉，如图 8－4 所示。

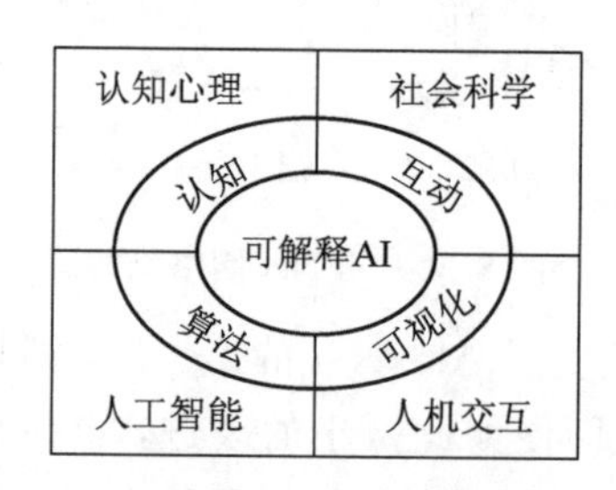

图 8－4　可解释 AI 领域融合交叉

图中，可以明确地发现，通过可视化的手段，可以实现人机交互。

交互过程中采用的解释方法不同，对训练的影响也不同。这里，将可解释性工具/方法按照局部可解释性、规则可解释性、概念可解释性划分为三类，则交互的方法也可以对应

---

① 该图来自“Visualizing and Understanding Convolutional Networks”原文图 6。

划分为三类，下面分别进行介绍。

1. 基于局部解释的交互

通过局部解释进行交互的方法是最常见的可解释 AI 方法，即给定一个预测器和一个目标决策，输入属性，确定哪些输入变量与决策“最相关”。例如 SHAP 解释模型、LIME 解释器都属于这一类方法。基于局部解释的交互方法的特点包括：使用户能够建立个别预测的心理模型；较难获取足够多的样本来获得模型决策过程的概况；可能会根据用户观察到的样本而产生偏见。

之所以要通过局部解释进行交互，是因为通常获得一个完美的训练数据集(即一个相当大的、无偏见的、能很好地代表未见案例的数据集)几乎是不可能的，并且许多现实世界的分类器是在现有的、不完美的数据集上训练的。因此，这些分类器有可能具有不理想的特性。例如，它们可能对某些子群体有偏见，或者由于过度拟合而在实际环境中不能有效工作。

为了解决该问题，有学者提出了 FIND(Feature Investigation and Disabling，特征调查和禁用)框架，使人类能够通过禁用不相关的隐藏特征来调试深度学习文本分类器。FIND 利用 LRP 解释方法来理解分类器预测每个训练样本时的行为，然后使用词云汇总所有信息，以创建一个模型的全局视觉图，使得人类能够理解由深度分类器自动学习的特征，从而在测试期间禁用一些可能影响预测准确性的特征。FIND 原理如图 8－5 所示。

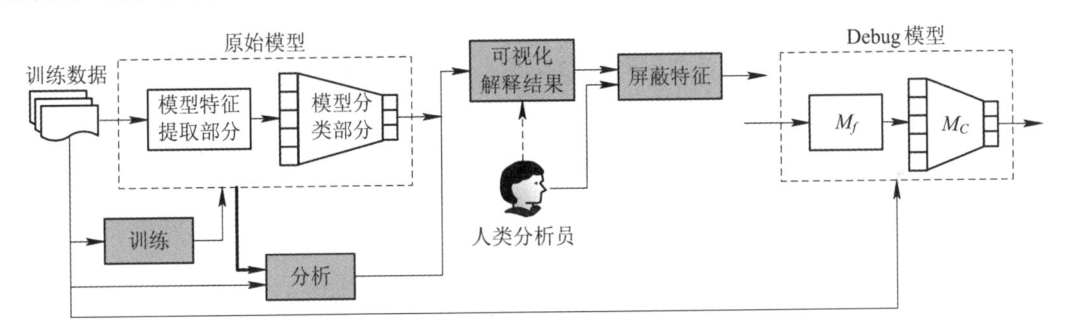

图 8－5　FIND 原理

虽然 FIND 完成的是文本分类任务模型交互训练，但是 FIND 采用的是 CNN 模型和 LRP 解释方法。在 FIND 交互的模型中，对于来自训练样本的每个特征都有一个包含 n-grams(模型)的词云，由 CNN 的最大池化选择。FIND 使用 LRP 对输入的特征值进行反向传播解释，并裁剪出 LRP 得分不为零的连续输入词，显示在词云中。训练者想知道学到的特征是否有效，是否与分类任务相关，以及它们是否从下一层获得适当的权重，就可以通过让人类考虑每个特征的词云在获得该特征时与哪个类别相关来实现。FIND 通过发现无关的特征，可以判断模型存在的问题，并进一步为用户提供禁用与任何有问题的词云相对应的特征的处理方式以改进模型。

FIND 通过可视化解释实现了训练的“人在环路中(Human in the Loop)”，其实现的代码详见 https：//github. com/plkumjorn/FIND。

2. 基于规则解释的交互

基于规则的解释可以看作是一种基于全局解释的方法。基于全局解释方法的特点包括：能够提供一个概述图；能够避免表述性差异所带来的偏见；这种全局简化的概述处理是以牺牲忠实性为代价的。

规则可以直接从数据中学习(白盒模型),也可以从模型的替代物中学习(黑盒模型)。现有基于规则的解释方法的区别主要在于"规则的复杂性、准确性、非重叠性"这三方面。此外,它们在展示规则的方式(决策列表、决策集)上也有差异。为了准确地反映决策边界,规则必须涵盖越来越窄的数据片/集,而这反过来会对可解释性产生负面影响。

解释性引导学习(Explanatory Guided Learning, XGL)是一种新型的基于规则的交互式学习策略。在XGL中,机器引导人类监督者为分类器选择信息丰富的样本。这种引导是通过全局解释来实现的,全局解释总结了分类器在样本空间不同区域的行为。XGL最大的优势在于:规则简单,而其主要缺点是全局解释的认知困难和计算成本高。

3. 基于概念解释的交互

基于概念解释的交互方法包括基于概念的模型(Concept-Based Model, CBM)和神经符号模型(Neuro-symbolic Model),这些模型注重模型解释更高语义水平的优势。由于局部或基于规则的方法难以访问模型内部、概念层面(特别是对于黑盒模型而言),而基于概念解释的方法则试图从概念和语义的角度分析AI模型的工作原理。交互式概念交换网络(interactive Concept Swapping Network, iCSN)就是这样一种交互网络,它可以通过弱监督和隐性原型表征来学习以概念为基础的新框架。这种以语义为基础的、离散的潜在空间有利于人类理解和人机互动。iCSN通过弱监督方式来隐含地将语义概念与原型表征结合起来,这是通过离散的距离估计和配对数据样本之间的共享概念表征来实现的。iCSN允许查询和修订其学习的概念,并将未见过的概念加以整合,是一种更加高级的交互方式。

总体来讲,在训练过程中将可解释方法与模型进行交互,是一种非常有潜力的思路。

8.3.3 模型的错误发现

人工智能技术往往不能很好地泛化到未知的环境,这是因为现有大部分机器学习模型主要是关联驱动的,这些模型通常只做到了知其"然"(即关联性)而不知其"所以然"(即因果性),这一事实可以比喻成如图8-6展示的情形。机器学习是一种用于复杂任务自动化的方法,它通常涉及创建处理数据统计分析和模式识别的算法,以生成输出。输出的有效性/准确性可作为反馈用于对系统进行更改,以使未来的结果在统计上更好。

图8-6中的场景示意了机器学习的过程。左侧的人身边有一堆垃圾(或堆肥)样的东西(实际上代表机器学习的"数据"),垃圾上面站着另一个人。这堆垃圾的一端有一个标有"数据"的漏斗,另一端有一个标有"答案"的盒子。数据通过漏斗进入,经历了一个"令人费解"的线性代数计算过程,最后给出答案到盒子中。在计算过程中,站在垃圾堆上的人,用桨搅拌干预计算(实际上这个人也可以视为该机器学习系统的一个功能部分)。当对答案不满意时,站在垃圾堆上的人会重新"搅拌"(实际上是调整模型参数)后再次将数据导入漏斗,往复工作,直到答案满意为止。具有讽刺意味的是,尽管这种描述过于模糊,没有对系统给出任何参数或细节,但它却接近于大多数专家对机器学习(包括支持向量机、线性回归器、逻辑回归器和神经网络)中许多技术的理解。目前,机器学习的最新进展通常相当于以不同的方式"堆叠"线性代数,或者改变"堆肥"或"搅拌"技术。

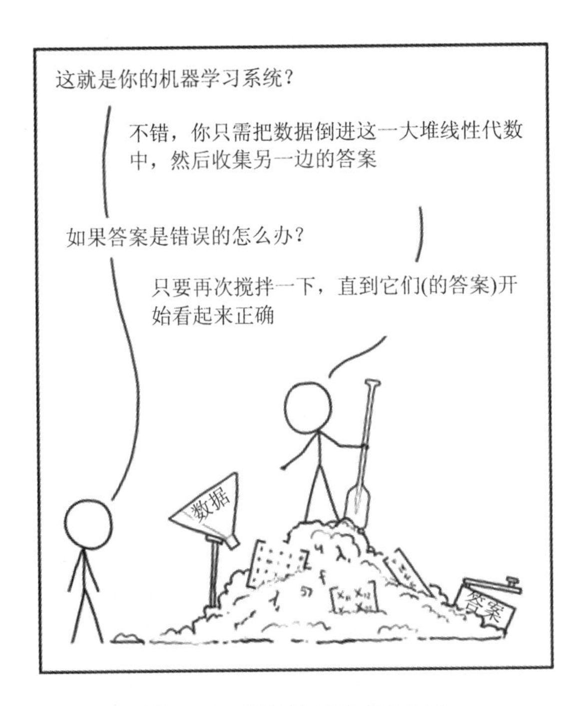

图 8-6 机器学习的实质比喻

在这样的机制下，学习难免会存在错误。目前机器学习之所以存在不稳定和难以解释的缺陷，其原因归结为学习错误相关的影响。因此，经过深度训练的模型即使具有超高的分类精度，往往也会将其缺陷隐藏起来，需要通过可解释方法才能发现。

本书所关注的 CNN 模型的错误可能包括注意力错误、样本误导、错误表达等。

1. 注意力错误

CNN 分类模型对图中对象的“上下文”很敏感，会将对象置入不一致的上下文中，从而导致分类错误。这显然是模型的一种缺陷。例如：把书包置入“不相关”的带有食物的餐盘中(见图 8-7(a))；把椅子放入“不相关”的汽车周围，并放大至占据整个图像空间(见图 8-7(b))，选择 VGG16、InceptionV3 以及 ResNet50 三种模型进行分类识别，产生的分类效果分别在图下标出。

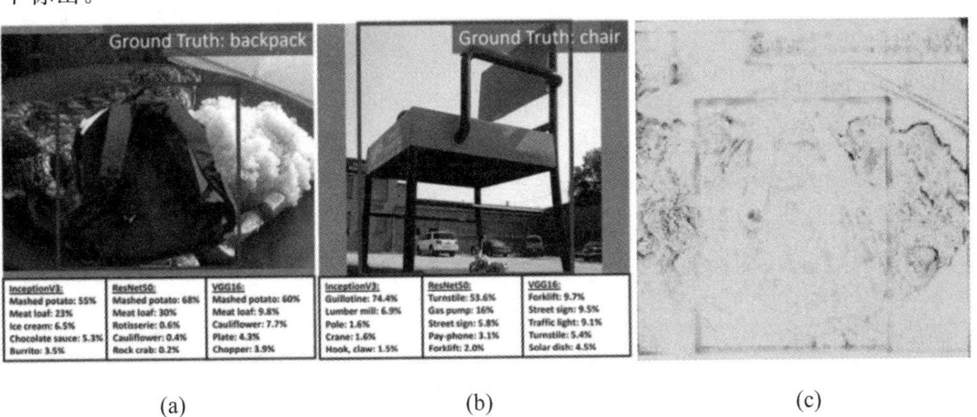

图 8-7 CNN 注意力错误实例与解释

检测结果显示："书包"被算法错误识别成了"土豆泥"，各模型对应分类概率为：55%(InceptionV3)、60%(VGG16)、68%(ResNet50)；"椅子"分别被错误识别成了"断头台""叉车"和"旋转栅门"，其中各模型对应分类概率为：74.4%(InceptionV3)，9.7%(VGG16)、53.6%(ResNet50)。如果采用 LRP(见 6.2 节)的方法，则很容易发现模型的关注点并没有放在图片中心，而是在周边的"上下文"上(见图 8-7(c))，这就是导致上述判断错误的原因。

2. 样本误导

模型训练时的样本至关重要，然而样本来源或样本工程中的不经意错误，会导致整个模型有可能被误导而隐藏一些意想不到的错误。图 8-8 所示的图像被 CNN 模型识别为货车，但是通过显著图(见 5.3.1 节)获得分类模型的解释就可以看到，判断图像为"货车"的依据区域还有很大一部分不是货车本身，而是左下角的方框区域，这显然是一个错误。

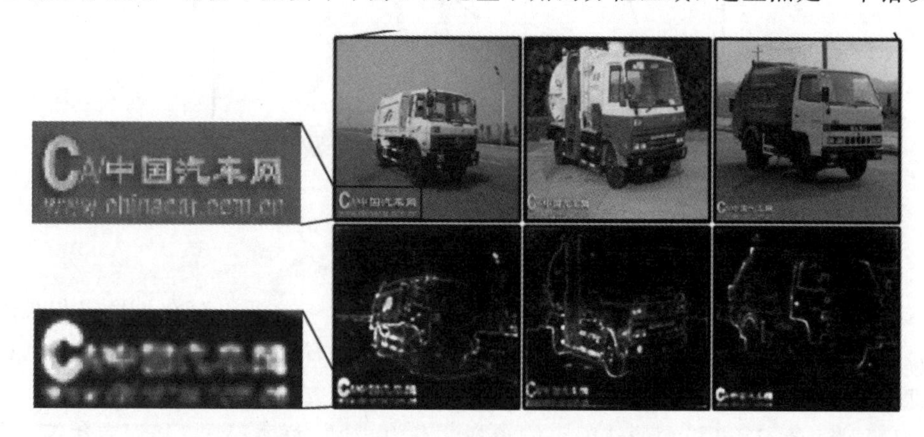

图 8-8 CNN 样本误导实例与解释

从图 8-8 中可以看出，该方框区域的内容实际上是一串字符，标注了图片来源的网站域名。之所以会出现这样的结果，是因为训练该模型的数据集样本中，货车的样本图片很多都是来自该网站，这些图片左下角都有此文字标识，最终误导了模型。

3. 错误表达

通过对深度学习模型的可解释探究，人们发现即使在测试样本上模型具有很高的精确度，也不能排除模型表达包含的错误。我们可以通过可视化解释来发现模型中包含的错误表达。

例如，利用训练好的 CNN 去判断一个人是否涂了口红，分类正确率应该在 90%以上。然而，如果采用 SA 方法(见 4.4.1 节)，人为遮住嘴唇部分，就会发现神经网络的分类值并没有出现预想中的大幅度变化。进一步，采用特征图可视化(见 4.3.1 节)的方法，将某个卷积层上对口红属性敏感的特征图区域显示出来，发现网络其实很大程度上在用眼睛和鼻子区域的特征对口红属性进行判断。因为在训练样本中，口红往往与眼睛、眉毛、鼻子同时出现，而神经网络使用了共现，而不是依靠上下文去建模对应的属性，从而导致了错误。

显然，对于模型的缺陷，通过可解释方法去识别，将有助于模型修正。

8.3.4 模型机理的探索

对于人们而言，深度学习的内部机理始终是有待探索的问题，利用可视化解释将有助于这方面的研究。

1. 验证人脸年龄分类器

当我们希望训练一个准确的 CNN 分类器用于从人脸图像中预测一个人的年龄时，可以通过 CNN 可解释方法对此任务进行辅助，探究分类器的分类依据。

从图 8－9 的解释中可以很容易地获得一些认识。例如，分类器已经学会关注面部所在的图像中心(这些分类依据反过来也可以指导人类)。此外，也发现了解释的局限性：图中基于遮挡的分析会产生蓝色遮挡背景(属于负相关)，而未将背景识别为不相关；梯度和 LRP-ε 两种解释过于复杂，局部特征变化频繁，很难提取更有价值的特征，尤其是对不同年龄组有贡献的特征。为此，通过使用改进的 LRP-CMP 解释方法，得到了更好的解释。

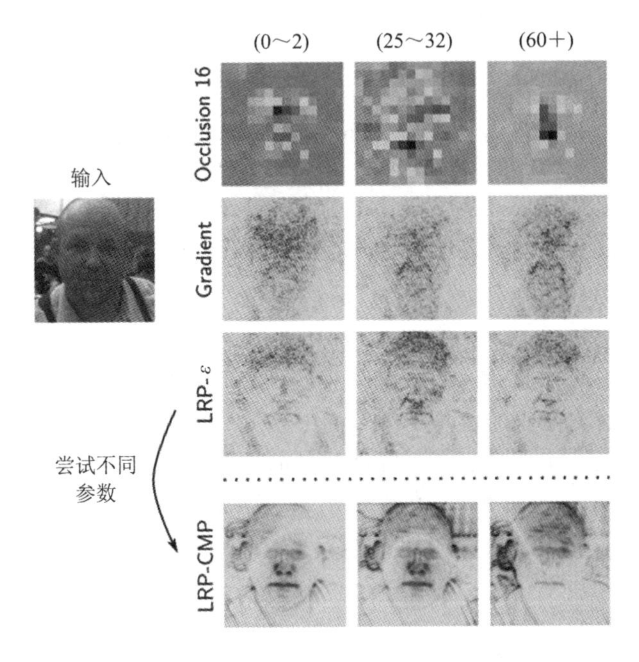

图 8－9　人脸年龄分类器可视化解释

2. CLIP 多模态神经元发现

当前，新型的模型被不断提出，模型内部的机理往往让人无法轻易知晓，而可视化解释为人们探索模型提供了工具。这里以 CLIP(Contrastive Language-Image Pre-training)模型的多模态神经元的发现为例，介绍可视化解释在模型探索方面的应用。OpenAI 的研究者在人工神经网络 CLIP 上的发现解释了 AI 模型对视觉进行分类时的极高准确性。研究人员表示，这是一项重要发现，可能对计算机大脑乃至人类大脑的研究产生重大影响。

CLIP(https://openai.com/blog/clip/)是 OpenAI 发布的一种采用对比学习的文本-图像对预训练模型，属于 CNN 的变种。CLIP 的例程(https://github.com/openai/CLIP)代码如下(需要安装 CLIP：安装 1.7.0 以上版本 pytorch 环境，依次执行“pip install ftfy regex tqdm”“pip install git+https://github.com/openai/CLIP.git”)：

```
import torch
import clip
```

```
from PIL import Image

device="cuda" if torch.cuda.is_available() else "cpu"
model, preprocess=clip.load("ViT-B/32", device=device)

image=preprocess(Image.open("CLIP.png")).unsqueeze(0).to(device)
text=clip.tokenize(["a diagram", "a dog", "a cat"]).to(device)

with torch.no_grad():
    image_features=model.encode_image(image)
    text_features=model.encode_text(text)

    logits_per_image, logits_per_text=model(image, text)
    probs=logits_per_image.softmax(dim=-1).cpu().numpy()

print("Label probs:", probs)
```

上述代码的输出是“[[0.9927937 0.00421068 0.00299572]]”，对应图片CLIP.png分类类别依次是“a diagram”“a dog”“a cat”的概率，可见CLIP实现了图片与文本之间的联系。

CLIP的训练数据是文本-图像对，即一张图像和它对应的文本描述。通过对比学习，CLIP模型能够学习到文本-图像对的匹配关系。CLIP的模型结构如图8-10所示，它包括两个模型：文本编码器(Text Encoder)和图像编码器(Image Encoder)。其中Text Encoder用来提取文本的特征，可以采用NLP中常用的text transformer模型；而Image Encoder用来提取图像的特征，可以采用常用CNN模型或者vision transformer。

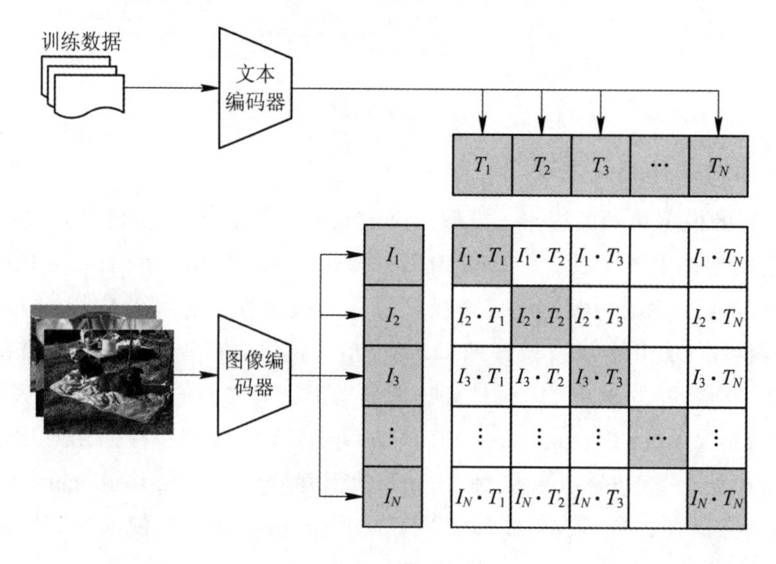

图8-10 CLIP的模型结构

为了训练CLIP，OpenAI从互联网收集了共4亿个文本-图像对，如果按照文本的单词量，它和训练GPT-2的WebText规模类似；如果从数量上对比，它比谷歌的JFT-300M数据集多1亿，所以说这是一个很大规模的数据集。

通过可视化技术的运用，OpenAI研究人员在CLIP模型中发现了多模态神经元。

多模态神经元是人类大脑中的一种特殊神经元，它会对一个高级主题的抽象概念（而不是对特定视觉特征的抽象概念）做出反应。其中，最著名的当属“Halle Berry”神经元，这个神经元会对如图8-11中“Halle Berry”的包括相片、草图、文字的任一数据做出反应。

图8-11 “Halle Berry”多模态数据

在CLIP模型中发现的神经元具备与人脑中“Halle Berry”神经元类似的功能，比之前的人工神经元有所进步。这一发现为合成视觉系统与自然视觉系统中的普遍机制——抽象提供了线索。研究人员发现CLIP的最高层将图像组织为主题的松散语义集合，从而为模型的通用性和表示的紧凑性提供了简单解释。

OpenAI的上述研究建立在近十年来对卷积网络解释的研究基础之上，并且首先观察到许多经典可视化解释方法都可以直接应用于CLIP。论文中提出，OpenAI主要使用两种工具来理解模型的激活，分别是特征图可视化（通过对输入进行基于梯度的优化来最大化神经元的激活实现）和数据集示例（通过观察数据集中神经元最大激活图像的分布实现）。

研究中，OpenAI使用可解释性工具对CLIP权重之内的丰富视觉概念进行了史无前例的研究。研究者在CLIP中发现了涵盖人类视觉词典大部分的高级概念，包括地理区域、面部表情、宗教图像、名人、时间、性别等（通过重绘得到的解释图如图8-12所示）。通过探究每个神经元的后续影响力，可以对CLIP如何执行分类任务加深了解。

此外，OpenAI还发布了用于理解CLIP模型的工具Microscope（https：//microscope.openai.com/models）。通过Microscope点击神经网络的每一层，可对图片的处理过程进行可视化的展示，具体到每一个神经元都会对应一张处理后的图片，非常清晰地展示了每一张图片的“渐进”过程。据OpenAI介绍，这种探索神经元的过程，为另一项神经网络可解释性研究“Zoom In：An Introduction to Circuits”提供了重要支持。

目前，人们对于神经网络工作机理的理解还处于初级阶段。

除了本节的应用，可视化解释在模型探索方面的应用还包括模型评价、神经网络修剪、神经网络优化等。

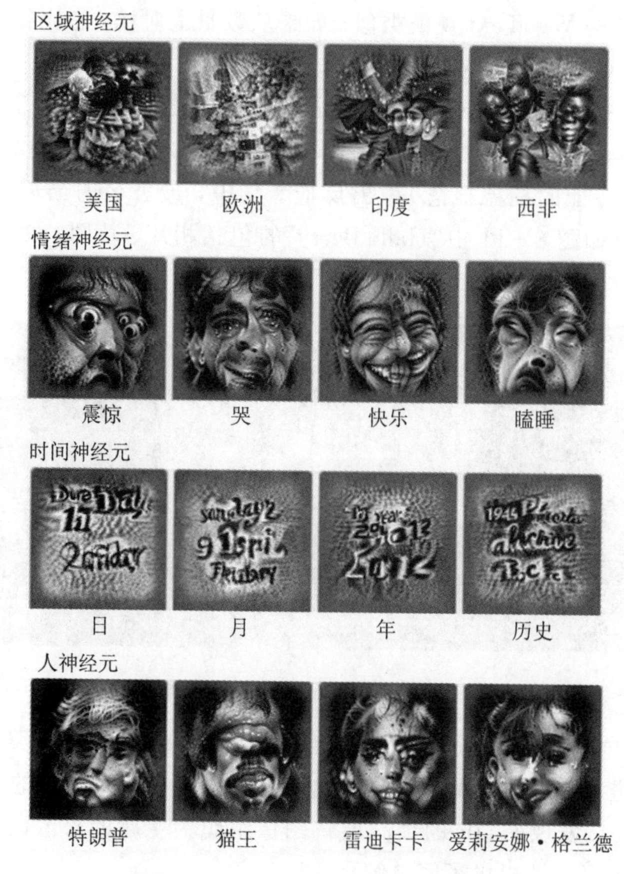

图 8-12　CLIP神经元重绘解释图

8.4　用户认同及工程辅助应用

当模型符合工程应用时，将其推广前还需获得用户的认同。本节将围绕这类应用进行举例说明。

8.4.1　天文影像解译

天文影像通常有惊人的数据量，借助于深度学习模型和可解释方法可以有效提升影像解译的效率。

1. 遥感图像分析

近年来，人工智能算法极大地推进了测绘遥感技术的发展，尤其是遥感智能解译在性能方面得到了显著的提升。随着影像解译可解释性方法研究的进展，一些学者使用已有的可解释性方法对遥感影像进行分析和算法改进。

研究者使用UC Merced Land Use数据集对ResNet50网络模型进行训练和测试。该数据集共包含21种土地利用类别，每个类别有100张像素分辨率为1英尺土地面积且图像尺寸为256×256的图像。图8-13给出了由IG、导向反传播、SmoothGrad、遮挡分析、Grad-CAM++和Score-CAM可解释性方法生成的遥感图像的显著图。可以看出，IG、导向反传播、SmoothGrad可给出细节较多的显著图，且导向反传播、SmoothGrad比IG更为清晰，噪声更少；与IG等方法不同，遮挡分析、Grad-CAM++和Score-CAM生成的显著图主要寻找对决策重要性高的片状区域。

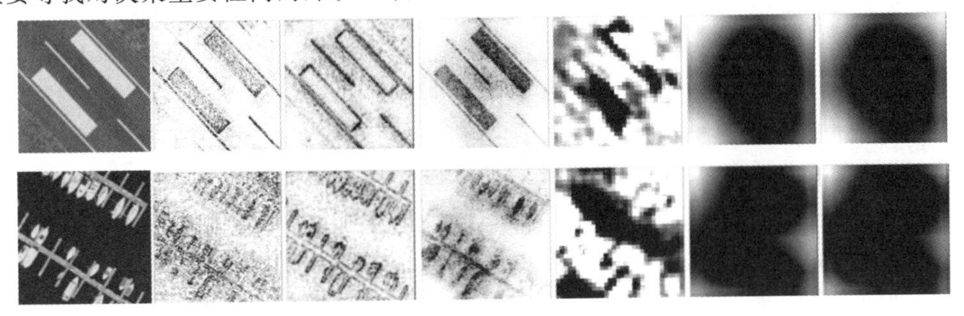

图8-13 遥感图像的显著图

2. 星系形态分类

随着观测技术的进步和观测仪器的发展，大天区星系图像巡天计划，如斯隆数字巡天(Sloan Digital Sky Survey，SDSS)、COSMOS巡天(Cosmic Evolution Survey)等逐步实施，星系观测数据呈现爆炸式增长趋势，新兴观测手段使得天文学迈入“大数据”时代。在星系物理研究方面，海量数据使得人工进行大规模星系形态分类已经绝无可能。如何在自动、快速、高效、准确地区分星系大规模样本不同形态的同时，从海量、高维数据中挖掘隐含的信息，甚至是发现新的科学问题是当前一项意义非凡而又充满挑战的任务。

可以将高维数据可视化技术引入星系形态分类的后续分析，从训练好的CNN模型的最后一层抽取星系高维抽象表征，运用t-SNE(见4.3.2节)降维技术，将星系高维表征降至二维空间并以散点图的方式呈现，进一步挖掘星系形态分类网络所学习到的高维抽象表征，直观呈现海量星系图片中隐含的全局结构和局部结构信息，并初步探究星系形态高维抽象表征的内在规律与联系。

图8-14是利用VGG模型最后一层全连接层激活值实现的星系形态t-SNE可视化。

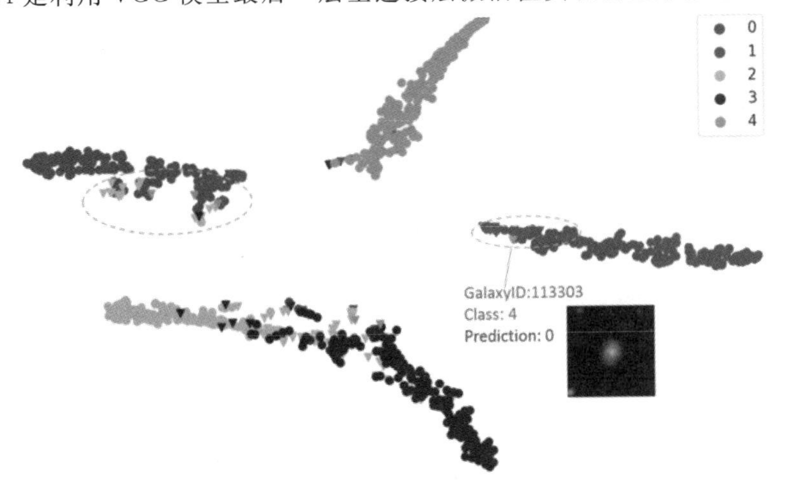

图8-14 星系形态t-SNE可视化

可以看出，星系形态之间的分离几乎是完美的，每一个形态类别呈条带状分布。

8.4.2 辅助医疗诊断

作为一种领先的人工智能方法，CNN应用于医学诊断任务也是非常有效的，在某些方面甚至超过了人类专家。目前，一些计算机视觉方面的最新技术已经应用于医学成像任务中，如阿尔茨海默病的分类、肺癌检测、视网膜疾病检测等。但是这些方法并没有在医学领域得以广泛推广，除了计算成本高、训练样本数据缺乏等因素，深度学习方法本身的黑盒特性是阻碍其应用的主要原因。

可解释性在医学领域中是非常重要的。一个医疗诊断系统必须是透明的、可理解的、可解释的，才能获得医生、监管者和病人的信任。理想情况下，它应该能够向所有相关方解释做出某个决定的完整逻辑。公平、可信地使用人工智能，是在现实世界中部署人工智能方法或模型的关键因素。

基于上述需求，可解释技术也被应用到医学领域。

1. 皮肤病变分类的决策支持

在医学领域，病症的检查诊断大多需参考医学影像，而医学影像高度依赖成像设备和成像环境。

相对于自然图像，医学影像更复杂，具体表现在：影像种类多，差异大，难以融合；影像大多是非可见光成像(如X射线)，通常显示某种特殊信号的强度值，信噪比较低；病灶等目标与非目标区域之间的颜色、灰度、纹理等外观差异较小；影像像素大，目标自身缺乏固定的大小、形状、灰度和纹理等外观特征，且因个体、成像原理、成像环境等不同而差异较大；因受成像原理和成像环境的影响，影像中含多种伪影。同时，医学数据以多种模态呈现，每种模态各有所长、相互关联，如不同疾病之间、不同病症之间、一种疾病与多种病症之间、多种疾病与同一病症之间等，极大地限制了对病症的预测和诊断。对于上述问题，深度学习具有很好的适用性，因此得到了广泛重视。但是，正如前文所述，获取用户认同是一个棘手的问题。为此，人们开始可解释在医学方面的尝试。

下面利用CNN进行皮肤病变分类诊断时，对模型进行可视化解释分析。

该方法所采用的CNN模型由4个卷积块组成，每个卷积块由2个卷积层组成，然后进行最大池化操作。卷积层的核大小为3×3，分别有8、16、32和64个滤波器。接下来是3个全连接层，分别有2056、1024和64个隐藏单元。所有层都引入了校正的线性单位(ReLU)以满足非线性处理要求。

通过医学数据对模型进行训练时，使用公开的ISIC档案中的数据(https://isic-archive.com/)组成一个包括12 838张皮肤镜图像的训练库，分为两类(11 910个良性病变，928个恶性病变)。在预处理步骤中，图像被缩小到300×300像素，并将RGB值经标准化处理到0和1之间。通过进行224×224像素的随机裁剪来增强训练集中的图像，并通过旋转(角度在0和2π之间均匀采样)、随机水平和/或垂直翻转，以及调整亮度(在−0.5和0.5之间均匀采样的因子)、对比度(在−0.7和0.7之间均匀采样的因子)、色调(在−0.02和0.02之间均匀采样的因子)和饱和度(在0.7和1.5之间均匀采样的因子)进一步增强每个裁剪后的图像。使用96个batch训练了192个epoch的网络，并用Adam算法更新了网络的参数，初始学习率为 10±4，一阶和二阶动量的指数衰减率分别为 0.9 和 0.999。

经过训练，CNN 学习到的皮肤病医学图像中的特征如图 8－15 所示。

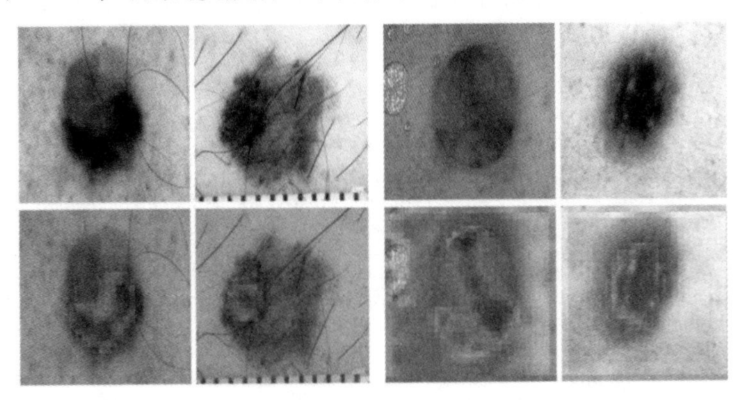

图 8－15　皮肤病医学图像中的特征

通过图 8－16 所示的可视化 CNN 的(6、7 层)特征图可以看到，高级卷积层在与皮肤科医生所使用的类似的概念中具有较高激活度，如病变边界、病变内的暗区、周围皮肤等；此外，一些特征图在各种图像伪造影区域具有较高激活度，如镜面反射、凝胶涂抹应用和标尺。

2. 青光眼病灶定位与定量

将深度学习引入医学领域，极大地提高了医学影像的特征提取能力、筛查水平和诊断效率。但受数据驱动的深度学习辅助疾病诊断与筛查系统只能输出单一的诊断结果或筛查结果，无法给出决策依据，难以被采纳，且对算法人员不友好。尽管深度学习可解释性研究已取得大量令人瞩目的成果，但大多聚焦于特定模型，其可解释性也侧重于算法设计人员而非医生、医学研究者和患者，极大地限制了医疗诊断系统的临床应用。病灶区域可视化主要指通过热力图、注意力机制等方法，结合其他手段，找出病灶区域并提供可视化证据，探究为决策提供依据的医学病灶影像像素。通过可视化方法在真实图像中定位或量化病灶区域，提供可视化证据，可提升对深度学习模型内部表征能力的感知，理解模型的决策依据。

图 8－16 显示了利用 CNN 可解释图实现青光眼的定位与定量表达。

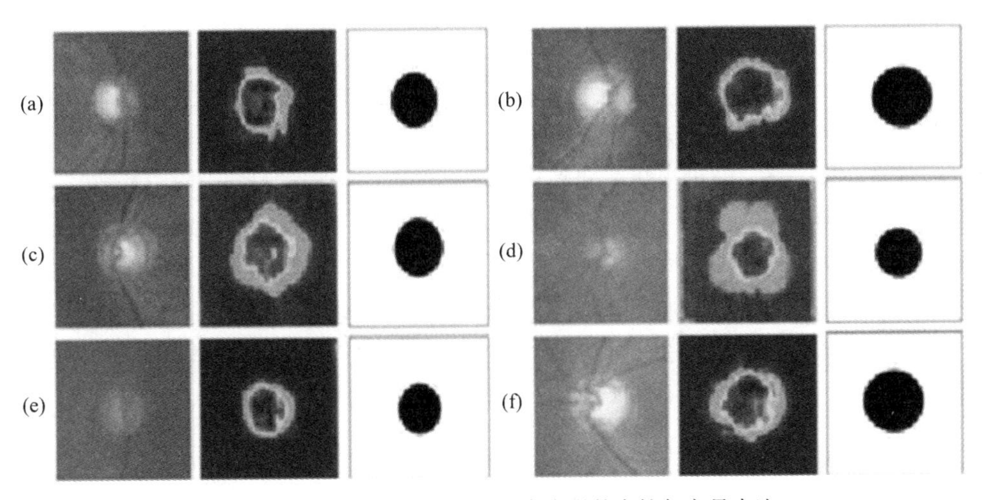

图 8－16　CNN 可解释图实现青光眼的定性与定量表达

3. 辅助 X 光胸片检索

通过检索类似病历的历史数据将有助于医生进行诊断。然而，已有的病历图片非常丰富，如何进行有效检索成为一个棘手的问题。由于一般的基于内容的检索技术并不支持医学图像所关注的病理特征，因此有学者利用显著图辅助定位医学图像的感兴趣区域，并使用显著图微调现有分类模型，以提高其作为医学图像检索的性能，效果如图 8-17 所示。

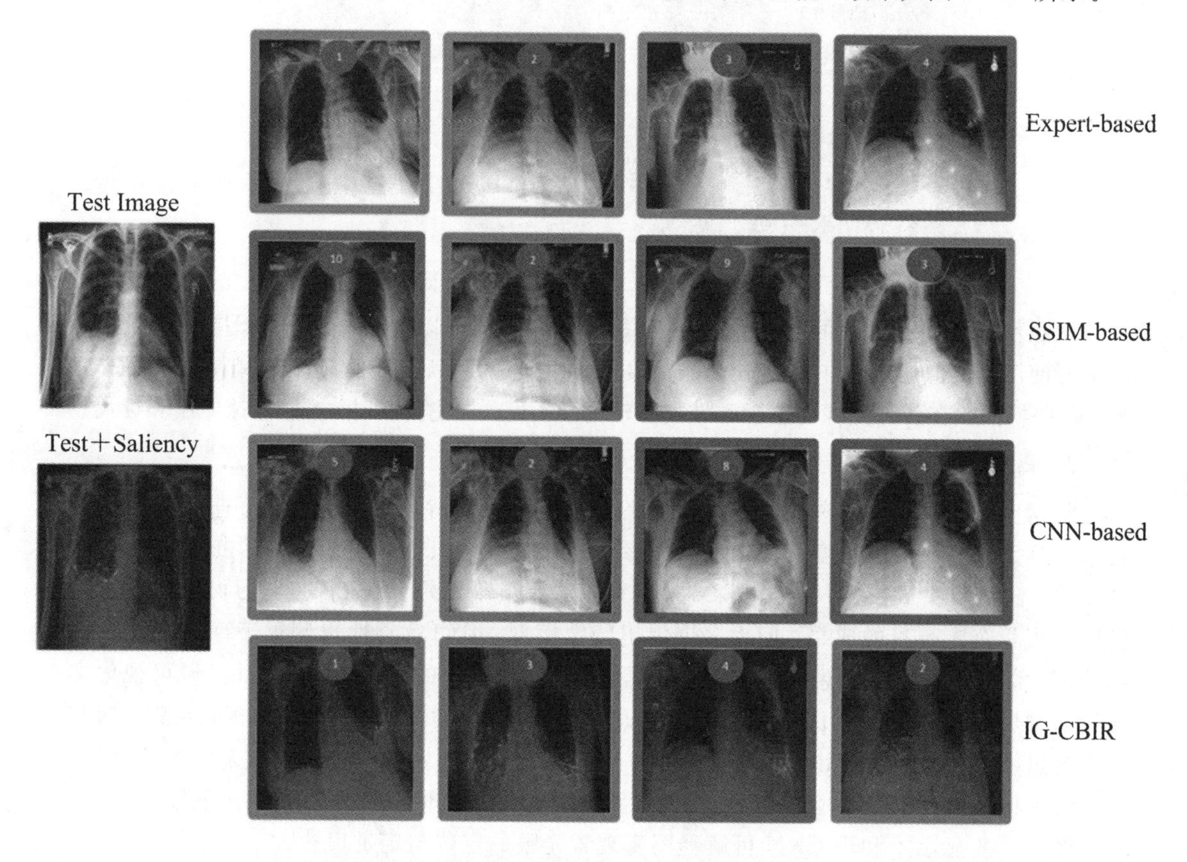

图 8-17 X 光胸片检索示意图

图 8-17 中左侧为侧视图和其显著图的复合，右侧是四种方法(人工基准(Expert-based)、SSIM、CNN 和 IG-CBIR)的检索排序。结果表明，通过显著图改良的 CNN 检索系统，能够明显改善检索过程，产生的结果与经验丰富的放射科医生的诊断结果非常吻合。

目前可视化输入数据、可视化中间隐层、可视化高卷积层的特征图等方法在一定程度上均增加了深度学习模型的透明度。通过改进深度学习模型内部的可视化，并将可视化特征图与医学知识融合，对模型所做决策的依据进行深入挖掘，以提高医学影像处理的深度学习可解释性，对降低模型的认知难度和提高模型的认知能力具有非常重要的意义。还可以利用可解释方法来改善机器学习模型，高质量的可解释性显著图将有助于定位图像的感兴趣区域，反过来使用显著图微调现有分类模型可以提高模型性能。

8.4.3 自动驾驶解释

随着人工智能的发展，汽车生产厂家开始将 AI 模型再来感知汽车环境并让其自动做出驾驶决策，为此采用基于深度学习的感知，尤其是 CNN 作为物体检测和识别的标准。由于社会对自动驾驶的接受程度在很大程度上取决于透明度、可信度和合规性。对自动驾驶汽车行为的解释，可以促进这些验收要求的合规性评估。因此，可解释性能力被视为自动驾驶落地应用的一项重要要求，即：自动驾驶汽车应该能够解释其运行环境所“看到”、做过和可能做的事情。

目前已经有不少的解释方法被提出，所面向的解释依据有因果过滤器、解释风格、交互性、依赖性、系统、范围、利益相关者和操作等。也有很多开源数据集为解释性开发提供了标注数据，包括 BDD-X、BDD-OIA、DoTA、CTA、HDD 等。

图 8－18 为自动驾驶的解释图。图中，在车辆加速度和路线变化时，解释模型会生成自然语言解释，例如：“汽车向前行驶，因为车道上没有其他汽车”，而解释图关注区域会直接影响该自然语言文本解释的生成过程。

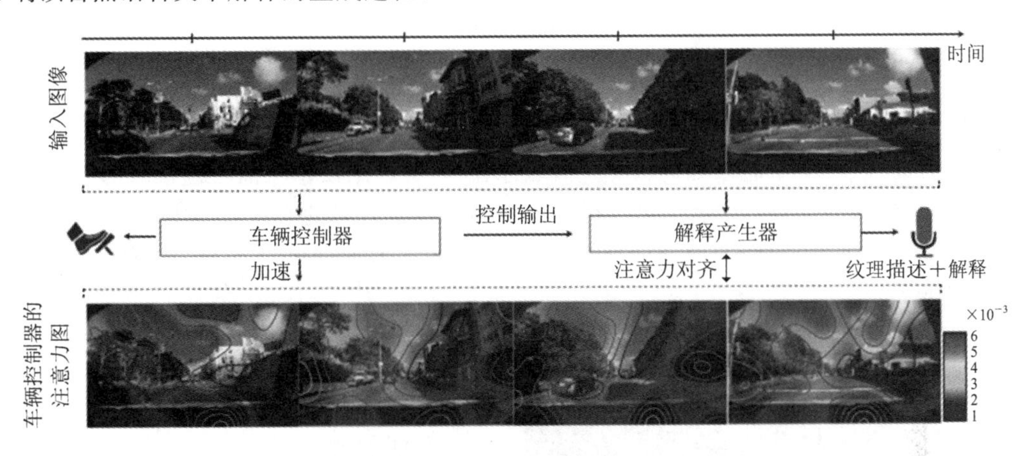

图 8－18　自动驾驶的解释图

这里，将自动驾驶解释实现方法分为场景理解和场景分割。

1. 场景理解

自动驾驶对驾驶场景的理解是通过语义分割来实现的，即通过语义分割表示图像中每个像素的分类标签。在自动驾驶环境中，像素可以用分类标签来标记，记为可驾驶区域、行人、交通参与者、建筑物等。实现语义分割后可以进一步实现场景理解的高级任务，包括自动驾驶、室内导航、虚拟现实和增强现实等。

用于语义分割的网络常见的有 SegNet、ICNet、ENet、AdapNet、Mask R-CNN 等，它们主要采用具有像素级分类层的编码器-解码器架构(如图 8－19 所示)。该结构中的特征提取模块采用的 CNN 模型常见的有 AlexNet、VGG-16、ResNet-18、GoogleNet、MobileNet、ShuffleNet 等。

图 8－19 中，编码器 CNN 模型在输入图像中检测诸如汽车或行人之类的高级对象特征。解码(Decoding)器获取这些信息，并用来自编码器较低层的信息对其进行丰富，从而为原始输入中的每个像素提供预测解释。

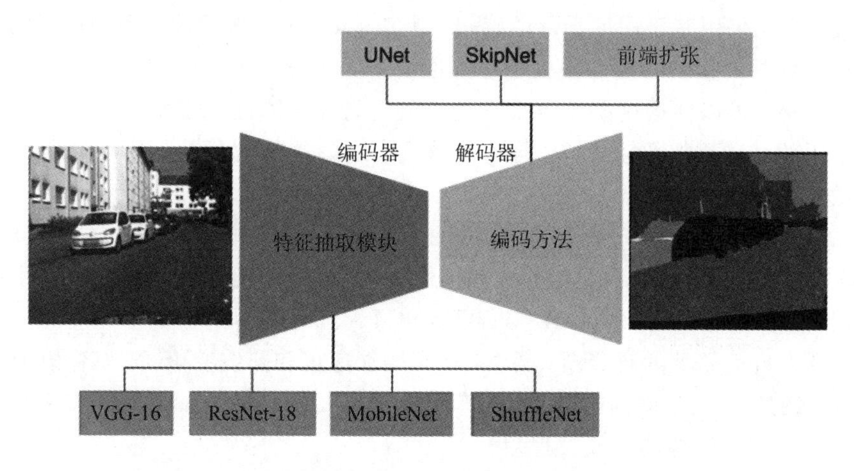

图 8-19　自动驾驶场景理解框架

2. 场景分割

这种方法利用特征消融(Feature Ablation)方法，将原本的某类标签(特征)消去(对应像素点的值设置为0，看起来如同被黑色区域遮盖)，而后比较遮盖前与遮盖后的其他区域模型预测类别的概率差异(也就是可以得到该消融部分对分类的贡献)。如图8-20分别探究交通场景中的遮盖公交车、火车、背景、人、自行车，对火车和公交车分类的影响(颜色越深贡献越大)。

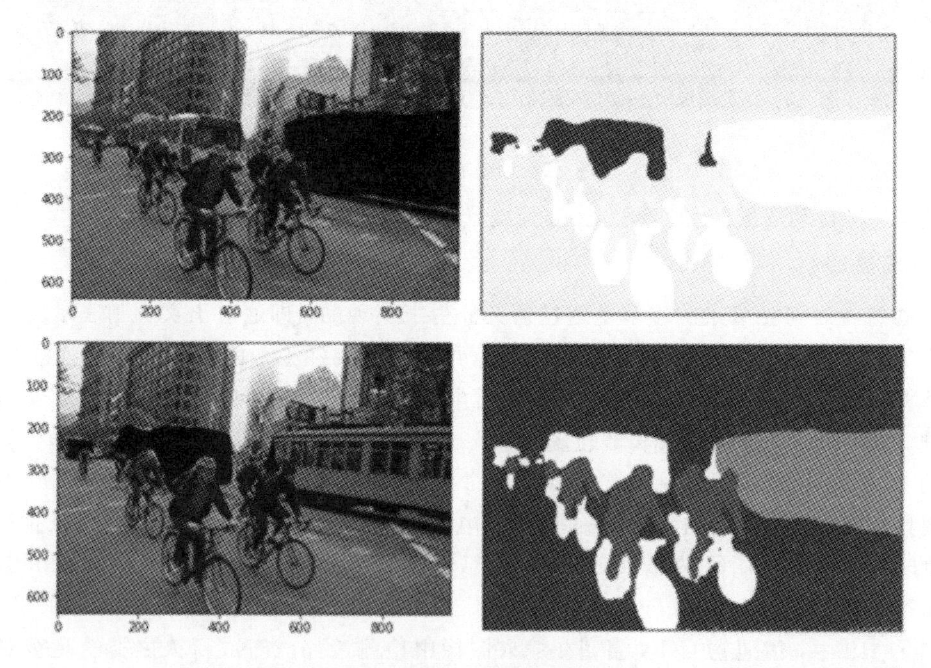

图 8-20　自动驾驶场景分割效果图

第一行为对火车分割的探究，从图中可以看出，公交车区域对火车的分割有着积极的贡献；第二行为对公交车分割的探究，从图中可看出背景和人对公交的预测有积极的贡献，自行车区域对公交车与火车的预测几乎都没有影响。因此，这种场景分割实现了对场景的理解与解释。

虽然自动驾驶的解释取得了一定的进展，但是距离问题的彻底解决依然有很长的一段路要走。现有工作的主要限制在于所产生的解释性可信度还很低。目前几乎所有现有自动驾驶数据集中都缺少自动驾驶操作中间数据或状态数据。此外，自动驾驶汽车可解释性的现有工作仅仅是人类试图使自动驾驶汽车的行为得到合理化的解释，功能还十分有限。

8.4.4　工业裂纹识别

CNN 也被广泛用于工业领域，如对工件、桥梁等的裂纹检测。

1. 激光焊接缺陷识别

激光焊接具有功率密度高、热输入量低、焊缝窄、热影响区及变形小、焊接速度快等优点，在航空发动机叶盘叶片、航空用薄壁件、飞行器等零部件的焊接中得到了广泛的应用。但是，由于参数不匹配、装配误差、焊接振动等复杂原因会导致未熔透、过熔透、间隙过大、左右错边、油污等缺陷的发生，因此，基于激光焊接过程信息实现焊接质量的有效监测对于提高激光焊接质量至关重要。其中，基于视觉传感的监测方法以其无接触、可靠性高、包含信息丰富等优势得到了学术界和工业界的广泛关注。

基于 VGG-16 网络的 5 个卷积块，每个块内部分别具有 2、2、3、3、3 个卷积层，在训练过程中，建立 5 条误差反向传播路径，如图 8-21 所示。

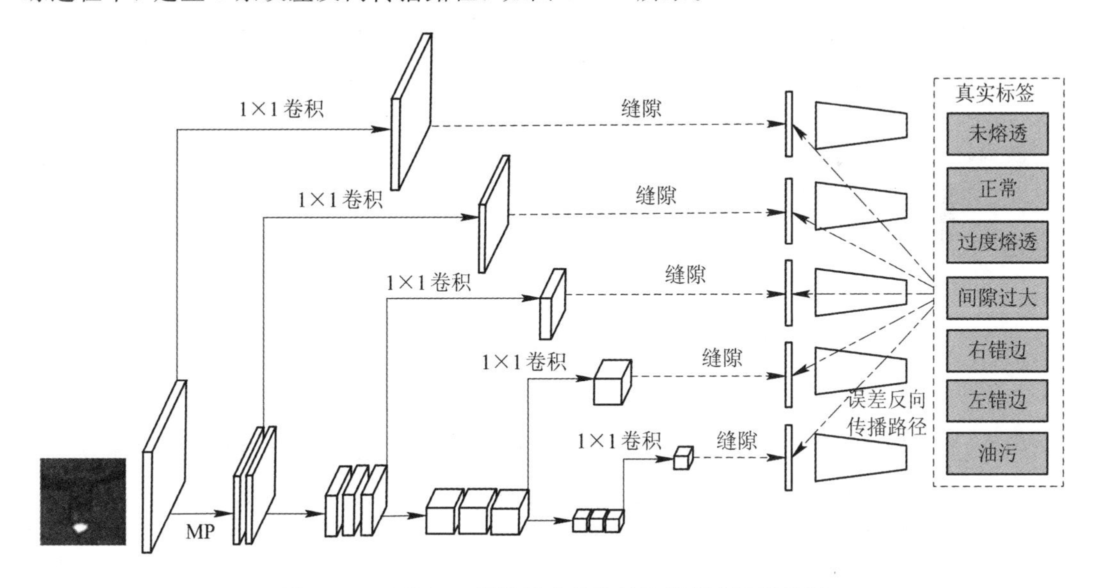

图 8-21　VGG-16 网络激光焊接缺陷识别方法结构图

对输入的图片，用每一个卷积块内的特征图进行多尺度融合，然后采用上采样操作将不同尺度下的类激活映射为与原图同一尺寸之后再将它们叠加，形成 CAM 图。融合多尺度特征的类激活映射方法不但可以对模型的决策依据做出分类目标级的解释，而且还可以从模型内部特征图的角度做出更直观的解释。

2. 螺丝钉裂纹检测

在工业中存在许多安全隐患，隐患不排除则可能导致严重的施工事故。因此经常需要人工检查工地各种设备是否存在安全隐患并判断隐患等级（一般隐患或严重隐患）。例如，塔吊螺母裂纹可能导致螺母的松动和脱落，以及影响基础螺栓的紧固，导致设备或结构的失效。通过人工频繁检测螺母是否存在裂纹缺陷，不仅需要花费大量的人力资源，而且如果螺母位于危险的位置或人类不易到达的位置，就容易出现事故。基于这些原因，工地的管理人员迫切希望通过模型来判别螺母是否存在裂纹，并且在识别裂纹后，还需要对裂纹进行定位。借助可解释方法能满足上述检测需求。

图 8－22 所示为采用可解释方法实现的螺丝钉裂纹检测解释图(类似的工业应用还有很多)。

图 8－22　螺丝钉裂纹检测解释图

除上述应用之外，还有一些学者利用 CNN 解决其他场合下的深度学习解释问题。例如：将 LIME 改进为 LEMNA 用于解决信息安全领域中深度学习在逆向工程和恶意软件分析过程中的结果解释。可以说，在深度学习的应用领域中或多或少都有解释的需求。

本 章 小 结

CNN 的应用越来越广泛，人们对模型背后的机理的探究也变得越来越迫切。在没有彻底揭开深度学习神秘面纱之前，采用可视化解释的方法可以初步解决当前一些较为迫切的应用问题。本章择其重点，对 CNN 的教育与直觉理解、辅助模型分析、工程用户信任与认同的可视化解释进行了介绍。相信随着可视化解释方法的不断进化以及 CNN 应用的进一步推广，还有更多的应用会涌现出来。

附　录

附录 A　开源资源工具

名 称	链 接	框　架	功　能
Anchor	https://github.com/marcotcr/anchor	scikit-learn	模型无关解释
BlackBoxAuditing	https://github.com/algofairness/BlackBoxAuditing	scikit-learn	梯度特征审计 GFA
Brain2020	https://github.com/vkola-lab/brain2020	PyTorch、3D Brain MRI	解释阿尔茨海默症 3D 图
Boruta-Shap	https://github.com/Ekeany/Boruta-Shap	scikit-learn	Boruta 特征选择算法
CASME	https://github.com/kondiz/casme	PyTorch	分类器显著图提取
Captum	https://github.com/pytorch/captum	PyTorch	深度模型解释库
CNN-exposed	https://github.com/idealo/cnn-exposed	TensorFlow	CNN 可视化解释
ClusterShapley	https://github.com/wilsonjr/ClusterShapley	sklearn	非线性降维
DALEX	https://github.com/ModelOriented/DALEX		模型透视软件包
DeepLIFT	https://github.com/kundajelab/deeplift	TensorFlow、Keras	DeepLIFT 实现
DeepExplain	https://github.com/marcoancona/DeepExplain	TensorFlow、Keras	统一框架梯度扰动归因
Deep Visualization Toolbox	https://github.com/yosinski/deep-visualization-toolbox	Caffe	深度可视工具箱
DIANNA	https://github.com/dianna-ai/dianna	ONNX	XAI 方法统一接口

续表一

名称	链接	框架	功能
ELI5	https://github.com/TeamHG-Memex/eli5	scikit-learn Keras、xgboost 等	机器学习分类解释器
Explabox	https://github.com/MarcelRobeer/explabox	scikit-learn、Pytorch、Keras、Tensorflow、等	数据科学家解释工具箱
Explainx	https://github.com/explainX/explainx	xgboost、catboost	数据科学解释框架
ExplainaBoard	https://github.com/neulab/ExplainaBoard		系统输出分析
ExKMC	https://github.com/navefr/ExKMC	Python	扩展可解释 k-Means
Facet	https://github.com/BCG-Gamma/facet	sklearn	有监督机器学习解释
Grad-cam-Tensorflow	https://github.com/insikk/Grad-CAM-tensorflow	TensorFlow	Grad-CAM 实现
GRACE	https://github.com/lethaiq/GRACE_KDD20	PyTorch	深度学习预测解释
Innvestigate	https://github.com/albermax/innvestigate	TensorFlow、theano、cntk、Keras	CNN 解释工具箱
Imodels	https://github.com/csinva/imodels		机器学习解释工具箱
InterpretML	https://github.com/interpretml/interpret		机器学习解释工具
Interpret-Community	https://github.com/interpretml/interpret-community		实验性解释知识库
Integrated-Gradients	https://github.com/ankurtaly/Integrated-Gradients	TensorFlow	IG 实现
Keras-grad-cam	https://github.com/jacobgil/keras-grad-cam	Keras	Grad-CAM 实现
Keras-vis	https://github.com/raghakot/keras-vis	Keras	神经网络高级可视化调试
keract	https://github.com/philipperemy/keract	Keras	激活图与梯度可视化工具
Lucid	https://github.com/tensorflow/lucid	TensorFlow	解释基础设施和工具集

续表二

名称	链接	框架	功能
LIT	https://github.com/PAIR-code/lit	TensorFlow	可视化交互式解释工具
Lime	https://github.com/marcotcr/lime	Nearly all platform on Python	LIME 实现
LOFO	https://github.com/aerdem4/lofo-importance	scikit-learn	特征集重要度计算工具
modelStudio	https://github.com/ModelOriented/modelStudio	Keras、TensorFlow、xgboost、lightgbm、h2o	自动机器学习预测解释
M3d-Cam	https://github.com/MECLabTUDA/M3d-Cam	PyTorch	分类/分割注意力图生成
NeuroX	https://github.com/fdalvi/NeuroX	PyTorch	神经网络解释分析工具
neural-backed-decision-trees	https://github.com/alvinwan/neural-backed-decision-trees	PyTorch	神经支持决策树
Outliertree	https://github.com/david-cortes/outliertree	Python、R、C++	基于智能决策树可解释
InterpretDL	https://github.com/PaddlePaddle/InterpretDL	Python PaddlePaddle	PaddlePaddle 解释工具箱
Polyjuice	https://github.com/tongshuangwu/polyjuice	PyTorch	反事实句生成
pytorch-cnn-visualizations	https://github.com/utkuozbulak/pytorch-cnn-visualizations	PyTorch	CNN 可视化工具箱
PyTorch-grad-cam	https://github.com/jacobgil/pytorch-grad-cam	Pytorch	计算机视觉可解释 AI 工具
PDPbox	https://github.com/SauceCat/PDPbox	Scikit-learn	可视化监督学习特征影响
py-ciu	https://github.com/TimKam/py-ciu/		上下文重要性和效用解释
PyCEbox	https://github.com/AustinRochford/PyCEbox		个体条件期望曲线可视化
path_explain	https://github.com/suinleelab/path_explain	TensorFlow	神经网络特征重要性分析
Rule Fit	https://github.com/christophM/rulefit		基于 PDF 预测算法

续表三

名称	链接	框架	功能
RuleMatrix	https://github.com/rulematrix/rule-matrix-py		模型无关的机器学习解释
Saliency	https://github.com/PAIR-code/saliency	TensorFlow	显著图工具箱
SHAP	https://github.com/slundberg/shap	Nearly all platform on Python	SHAP机器学习解释工具
Shapley	https://github.com/benedekrozemberczki/shapley		机器学习二分类评估工具
Skater	https://github.com/oracle/Skater		可解释机器学习辅助框架
TCAV	https://github.com/tensorflow/tcav	TensorFlow、scikit-learn	概念激活图解释实现
skope-rules	https://github.com/scikit-learn-contrib/skope-rules	scikit-learn	基于树模型的规则抽取器
TensorWatch	https://github.com/microsoft/tensorwatch.git	TensorFlow	微软研究院数据科学工具
tf-explain	https://github.com/sicara/tf-explain	TensorFlow	神经网络辅助理解
Treeinterpreter	https://github.com/andosa/treeinterpreter	scikit-learn	决策树随机森林解释器
torch-cam	https://github.com/frgfm/torch-cam	PyTorch	CAM工具箱
Understanding NN	https://github.com/1202kbs/Understanding-NN	TensorFlow	CNN可视化工具库
WeightWatcher	https://github.com/CalculatedContent/WeightWatcher	Keras、PyTorch	DNN诊断工具
What-if-tool	https://github.com/PAIR-code/what-if-tool	TensorFlow	分类回归模型解释器
XAI	https://github.com/EthicalML/xai	scikit-learn	XAI工具箱
Xplique	https://github.com/deel-ai/xplique	TensorFlow	神经网络解释

附录 B 经典文献

名 称	发表时间	主要贡献	对应章节
Artificial Intelligence as a Positive and Negative Factor in Global Risk	2008	解释需求提出	第 1.2 节
Interpreting CNN Knowledge Via An Explanatory Graph	2017	过滤器解释图	第 3.3.1 节
Understanding The Role of Individual Units in A Deep Neural Network	2020	神经元理解	第 3.3.1 节
How Functions Evolve in Deep Convolutional Neural Network	2018	过滤器进化分析	第 3.3.2 节
Explainable Image Classification With Evidence Counterfactual	2020	反事实	第 4.2.1 节
Examples are not Enough，Learn to Criticize! Criticism for Interpretability	2016	MMD	第 4.2.2 节
Understanding Black-box Predictions via Influence Functions	2020	有影响力实例	第 4.2.3 节
This Looks Like That：Deep Learning for Interpretable Image Recognition	2018	ProtoPNet	第 4.3.2 节
ImageNet Classification with Deep Convolutional Neural Networks	2012	特征图检索	第 4.3.3 节
Vializing data using t-SNE	2008	t-SNE	第 4.3.3 节
Rich feature hierarchies for accurate object detection and semantic segmentation	2014	RIMAN	第 4.3.4 节
Network Dissection：Quantifying Interpretability of Deep Visual Representations	2017	网络解剖	第 4.3.5 节
Visualizing and Understanding Convolutional Networks	2014	块遮挡	第 4.4.1 节
Explaining Classifications for Individual Instances	2008	预测差异分析	第 4.4.1 节
Visualizing Deep Neural Network Decisions：Prediction Difference Analysis	2017	CNN 预测差异分析	第 4.4.1 节
RISE：Randomized Input Sampling for Explanation of Black-box Models	2018	RISE	第 4.4.1 节
Interpretable Explanations of Black Boxes by Meaningful Perturbation	2021	有意义扰动	第 4.4.2 节

续表一

名　　称	发表时间	主要贡献	对应章节
Understanding Deep Networks via Extremal Perturbations and Smooth Masks	2019	极值扰动	第4.4.2节
Interpreting Image Classifiers by Generating Discrete Masks	2022	GAN生成解释掩膜	第4.4.2节
Why Should I Trust You Explaining the Predictions of Any Classifier	2016	LIME	第4.4.2节
A Unified Approach to Interpreting Model Predictions	2017	SHAP	第4.4.2节
Learning Deep Features for Discriminative Localization	2015	基本CAM	第5.2.1节
Interpretable Basis Decompositionfor Visual Explanation	2018	IBD	第5.2.2节
Deep Inside Convolutional Networks Visualising Image Classification Models and Saliency Maps	2013	显著图	第5.3.1节
Daptive Deconvolutional Networks for Mid and High Level Feature Learning	2011	反卷积	第5.3.2节
Striving For Simplicity：The All Convolutional Net	2015	GBP	第5.3.3节
A Theoretical Explanation for Perplexing Behaviors of Backpropagation-based Visualizations	2020	BP方法比较	第5.3.3节
Visualizing higher-layer features of a deep network	2009	AM	第5.4.1节
Rich feature hierarchies for accurate object detection and semantic segmentation	2014	最大激活特定神经元	第5.4.1节
AM Understanding Neural Networks Through Deep Visualization	2015	AM正则化优化	第5.4.1节
Synthesizing the preferred inputs for neurons in neural networks via deep generator networks	2016	DGN-AM	第5.4.1节
Understanding Deep Image Representations by Inverting Them	2015	FI	第5.4.3节
Deep Neural Networks are Easily Fooled：High Confdence Predictions for Unrecognizable Images	2015	对抗样本	第5.4.5节
On Pixel-Wise Explanations for Non-Linear Classifier Decisions	2015	LRP	第6.2节
Explaining NonLinear Classification Decisions with Deep Taylor Decomposition	2015	DTD	第6.3节
SmoothGrad：removing noise by adding noise	2017	SmoothGrad	第6.4节

续表二

名　　称	发表时间	主要贡献	对应章节
Why are Saliency Maps Noisy Cause of and Solution to Noisy Saliency Maps	2019	RectGrad	第6.5节
Axiomatic Attribution for Deep Networks	2017	IG	第6.6节
XRAI：Better Attributions Through Regions	2019	XRAI	第6.7节
Learning Important Features Through Propagating Activation Differences	2019	DeepLIFT	第6.8节
Full-Gradient Representation for Neural Network Visualization	2019	全梯度	第6.9节
Learning How To Explain Neural Networks：Patternnet And Patternattribution	2017	PatternNet	第6.10节
Grad-CAM：Why did you say that?	2017	Grad-CAM	第7.1.1节
Grad-CAM++ Generalized Gradient-based Visual Explanations for Deep Convolutional Networks	2018	Grad-CAM++	第7.1.2节
Axiom-based Grad-CAM：Towards Accurate Visualization and Explanation of CNNs	2020	XGrad-CAM	第7.1.3节
Use HiResCAM instead of Grad-CAM for faithful explanations of convolutional neural networks	2021	HiResCAM	第7.1.4节
LayerCAM：Exploring Hierarchical Class Activation Maps for Localization	2021	LayerCAM	第7.1.5节
Score-CAM Score-Weighted Visual Explanations for Convolutional Neural Networks	2020	Score-CAM	第7.2.1节
Desai Ablation-CAM Visual Explanations for Deep Convolutional Network via Gradient-free Localization	2020	Ablation-CAM	第7.2.2节
Eigen-CAM：Class Activation Map using Principal Components	2020	Eigen-CAM	第7.2.3节

参 考 文 献

[1] DICKSONJYL560101. 深度学习发展史[EB/OL]. http://blog.itpub.net/29829936/viewspace-2217861/.

[2] ZHANG M, TSENG C, KREIMAN G. Putting visual object recognition in context[J]. 2019. DOI: 10.48550/arXiv.1911.07349.

[3] 张荣，李伟平，莫同. 深度学习研究综述[J]. 信息与控制，2018，47(04)：385－397＋410.

[4] 陈园琼，邹北骥，张美华，等. 医学影像处理的深度学习可解释性研究进展[J]. 浙江大学学报(理学版)，2021，48(01)：18－29＋40.

[5] 司念文，张文林，屈丹，等. 卷积神经网络表征可视化研究综述[J/OL]. 自动化学报：1－31[2022－05－11].

[6] GUNNING D, VORM E, WANG J Y, et al. DARPA可解释AI研究(XAI计划)的4年回顾与经验总结[EB/OL]. 牛梦琳，编译. [2022-02-17]https://blog.csdn.net/BAAIBeijing/article/details/122974983.

[7] 成科扬，王宁，师文喜，等. 深度学习可解释性研究进展[J]. 计算机研究与发展，2020，57(06)：1208－1217.

[8] QIN Z, et al. How convolutional neural network see the world-A survey of convolutional neural network visualization methods[J]. 2018. DOI: 10.48550/arXiv.1804.11191.

[9] 腾讯研究院. 2022可解释AI发展报告：打开算法黑箱的理念与实践[R/OL]. (2022－01－11)[2022－02－12]. https://csdn.net/xw_classmate/article/details/122904420.

[10] 徐凤. 人工智能算法黑箱的法律规制：以法律投顾为例展开[J]. 东方法学，2019(6)：78－86.

[11] 焦李成，刘若辰，慕彩红. 简明人工智能[M]. 西安：西安电子科技大学出版社，2019.

[12] 高随祥，文新. 深度学习导论与应用实践[M]. 北京：清华大学出版社，2019.

[13] ZHANG Q S, ZHU S C, CALIFORNIA U O. Visual interpretability for deep learning: a survey[J]. 信息与电子工程前沿：英文版，2018，19(1)：13.

[14] FEICHTENHOFER C, PINZ A, WILDES R P, et al. What have we learned from deep representations for action recognition? [J]. IEEE, 2018.

[15] ZHANG Q, et al. Interpreting CNN knowledge via an explanatory graph[C]. AAAI Conf. 2018: 4454－4463.

[16] 陶大程. 可信人工智能的前世今生[C]// 2021年世界人工智能大会. 上海，2021.

[17] 克里斯托夫·莫尔纳. 可解释机器学习：黑盒模型可解释性理解指南[M]. 朱明超，译. 北京：电子工业出版社，2019.

[18] KRIZHEVSKY A, SUTSKEVER I, HINTON G. ImageNet Classification with Deep Convolutional Neural Networks[J]. Advances in neural information processing

systems，2012，25(2).

[19] TANG Y. Convolutional Top-Down Mask Generator for Performance Improvement of Neural Network Classifiers[D]. 2015.

[20] DAI J，HE K，SUN J. Convolutional Feature Masking for Joint Object and Stuff Segmentation[J]. IEEE，2015.

[21] ZINTGRAF L M，COHEN T S，ADEL T，et al. Visualizing Deep Neural Network Decisions：Prediction Difference Analysis [J]. 2017. DOI：10. 48550/arViv. 1702. 04595.

[22] 刘煦阳，段潮舒，蔡文生，等.可解释深度学习在光谱和医学影像分析中的应用[J].化学进展，2022，34(12)：2561－2572.

[23] PETSIUK V，DAS A，SAENKO K. RISE：Randomized Input Sampling for Explanation of Black-box Models[J]. 2018. DOI：10. 48550/arXiv. 1806. 07421.

[24] 绛洞花主敏明. 反卷积(Transposed Convolution)详细推导[EB/OL]，CSDN.

[25] MONTAVON，GRÉGORIE，LAPUSCHKIN S. et al. Müller Explaining NonLinear Classification Decisions with Deep Taylor Decomposition[J]. Pattern Recognition，2016，65：211－222.

[26] 卢宇，章志，王德亮，等.可解释人工智能在教育中的应用模式研究[J].中国电化教育，2022，427 (08)：9－15＋23.

[27] 王萍，田小勇，孙侨羽.可解释教育人工智能研究：系统框架、应用价值与案例分析[J].远程教育杂志，2021，39 (06)：20－29.

[28] 龚健雅，宦麟茜，郑先伟.影像解译中的深度学习可解释性分析方法[J].测绘学报，2022，51(06)：873－884.

[29] 戴加明. 基于深度卷积神经网络的星系形态分类研究[D].中国科学院大学(中国科学院国家空间科学中心)，2018.

[30] 仵冀颖. 一文探讨可解释深度学习技术在医疗图像诊断中的应用[EB/OL].(2020－10－20). https：//m. thepaper. cn/baijiahao_9636274.

[31] SILVA W，POELLINGER A， CARDOSO J S， et al. Interpretabilityguided content-based medical image retrieval. MICCAI，2020.

[32] SIAM M，et al. A Comparative Study of Real-Time Semantic Segmentation for Autonomous Driving[C]// 2018 IEEE/CVF Conference on Computer Vision and Pattern Recognition Workshops (CVPRW). IEEE Computer Society，2018.

[33] 刘天元，郑杭彬，杨长祺，等.面向激光焊接缺陷识别的可解释性深度学习方法[J].航空学报，2022，43(04)：451－460.

[34] 郭江坡. 面向稳定学习的深度神经网络可解释图对象相关分析研究[D].厦门大学，2023.

后　　记

当前，人们已经认识到，深度学习模型还只能解决关联关系而不能解决因果关系，表现为很多样本特征的共生关系被模型错误地关联成因果关系。粗暴地把相关性当作因果性，会让我们离事实越来越远，也会带来很多不必要的谬论，形成偏见，这是导致现有深度学习模型能力无法质地提升时出现瓶颈的根本原因，也迫使我们必须为深度学习模型引入逻辑和因果关系正则化。因此，一些新的观点认为，下一代深度学习将更多地导入符号主义，使其由“感知”向“认知”过渡，并逐步实现可解释、稳定的学习。而要真正突破一些最底层逻辑上的问题，因果关系的发现与甄别是一条必经之路。即便是在多模态大模型日渐流行的背景下，模型规模不断扩大，看似越来越智能，但偏见问题依旧存在。显而易见，如果不把因果关系考虑进去，大模型只是在进行强行关联，也是没有前途的。

从全局来看，目前的解释可以视为相关分析的一部分。“贝叶斯网络之父”、图灵奖得主、计算机科学家朱迪亚·珀尔认为，目前的人工智能还只是弱人工智能(“人工勤奋”或“人工智障”)，无论做了多么复杂的曲线拟合，其本质还是处于因果阶梯(观察、干预、反事实三级阶梯)第一级的相关关系分析阶段，而发现相关根本就不是真正的智能，洞悉因果才是真正的智能。所以，未来要进入强人工智能境界，使智能机器具有自主行动、权衡利弊、明辨善恶和适时反省的自由意志，而不是只会机械地被动执行指令，就必须超越观察阶段，实现向干预和反事实推理的升华。

本书所探讨的前向传播因果解释方法和反向传播归因解释方法都是探索深度学习模型因果的尝试，这对未来极其重要。希望在本书的启发下，读者们能够探索、实践更多深度学习模型的解释方法，为新型智能模型的提出与发展贡献力量。